城市空间

GIANT SYSTEM
OF
URBAN SPACE

巨系统

冉淑青 著

社会科学文献出版社
SOCIAL SCIENCES ACADEMIC PRESS (CHINA)

前　言

　　城市是个开放、复杂的巨系统，城市空间是城市各要素的综合载体，是人类现代及历史上各种城市活动的投影，其形态与组织反映出城市系统中各主客体的存在形式和相互关系。随着城市发展与变化，城市空间经过城市社会历史的荡涤而不断演化并沉淀下来。回首过往，我国刚刚经历了被誉为世界奇迹的高速城市化发展历程，随着城市人口、资金、科技等各种发展要素的快速集聚，城市空间巨系统中存在空间与经济、人口、历史、科技等多个维度协调发展的压力，高速城市化背景下城市空间与城市要素之间的矛盾逐步显现。展望未来，我国经济发展进入新常态，城市化也将进入一个崭新的发展阶段，城市空间关注的焦点应当从"量"的增加转变为"质"的提升。基于此，本书围绕城市空间的合理构建，通过理论分析和实践论证，着眼历史演变与未来展望，系统分析了城市空间巨系统中城市空间与城市要素的协调发展。首先，本书梳理了城市空间与经济、科技、社会及历史遗留等要素协调发展的理论认知以及我国城市空间发展的历史，并对我国城市化协调发展的相关理论认知和顶层设计进行了探讨。其次，本书从经济发展、遗存保护、空间优化等多个维度，探讨了城市空间协调发展的理论与实践问题。最后，本书探究了城市服务功能国际化以及大城市空间发展网络化趋势。

　　本书是对笔者从事城市经济学研究工作近十年以来科研积累的一次梳理和升华。笔者在科研工作历程中，先后参与了1项国家社科基金课题——文化大繁荣背景下遗址保护与都市圈和谐共生机制研究，主持了1项陕西省社科基金课题——城市空间发展与大遗址区保护协调性评价及优化机制研究,以及 1 项陕西省社会科学院重点课题和 3 项该院青年课题。以课题为依托,先后研究了城市空间与经济发展的协调问题,国际化大都市区建设问题,城市开发区建设问题,城市历史文化遗产保护与空间协调发展问题,城市经济、人口、空间协调发展问题,城市群体系空间经济联系问题以及城市空间网络化问题,并发表了《国内外大遗址保护的经验借鉴与启示》《城市空间发展与大遗址保护协调性研究——以西安为例》《大城市发展过程中经济、人口、空间相互作用力空间分异研究——以陕西西安为例》《开发区建设引导下的西安城市空间布局优化与发展极培养研究》《西安建设国际化大都市路径研究》《西安城市空间结构与经济发展关系研究》《丝绸之路经济带城市群空间经济联系空间分异研究》等多篇核心期刊论文及调研报告。这些课题研究及论文是笔者从事城市经济学研究工作的学术积累,同时为本书撰写奠定了研究基础。

目　录

第一章

城市空间理论基础

　　城市是开放、复杂的巨系统，城市空间是城市各要素的综合载体，其形态与组织反映出城市系统中各主客体的存在形式和相互关系。随着城市的发展与变化，城市空间也在不断地演变，它是人类现代及历史上各种城市活动的投影，也是经过城市社会历史的涤荡而不断演化、沉淀下来的客观实体。作为一种社会与文化的存在形式，城市空间蕴含着社会观念和人的价值，因此，从空间经济与社会学的意义上来讲，城市空间常常被赋予政治、经济、文化、生态等意义。

第一节　城市空间内涵

一　城市空间概念

（一）城市空间

　　城市空间一直是建筑学和城市设计研究的重要领域，它主要对以城市空间物质性要素为基础的三维空间环境品质进行研究。空间作为一种社会与文化的存在形式，有很多种解释理论，从空间社会学的意义上，赋予空间以政治、文化、时间、结构等意义。曼纽·卡斯特对城市空间有多种层面的解释："城市是社会的表现"，"空间是结晶化的时间"。

罗伯特·克莱尔在《城市空间》一书中讨论了城市空间的形态和现象，将城市空间理解为由街道和广场两种要素构成，并且以广场空间的三原型（方形、圆形和三角形）与街道之间的相互关系来描述城市空间，三种基本广场形态可通过变形、融合、重合、集合、切除和变换等方式演变为多种多样的空间形式。约翰·O.西蒙兹认为，当我们在一个空间布置一棵树或者放置一个物体时，不仅要考虑它们与空间的位置关系，还要考虑其与所有享用空间的人的关系，应该通过一系列关系的设计来充分展示物体最吸引人的特性，从而控制人对物体的感知。周俭认为，城市生活是城市空间形成的基础，一个良好的城市空间应该具备与社会生活密切相关的活动内容，以及与这种活动内容相符合的布局结构和空间景观特征。城市空间蕴含着社会观念和人的价值，它反映活动在其中的人们的生活，这在城市的旧城区可以明显地体验到。现代城市的趋向之一是着力寻找关心人的需求、增强社区感和空间识别性的途径，即通过物质空间的人性化设计为满足人们使用方便、心理平衡、社会交往和视觉舒适等方面的需求提供可能性和选择性。[①]

（二）城市空间结构

城市空间结构作为城市存在的理性抽象，其内蕴为城市各项实质的与非实质的要素在功能上与时空上的有机联系，引导或制约城市发展。城市空间结构一直是城市地理学和城市规划研究的主要方向之一，其主要研究城市内部各组成部分及其相互间的关系。

城市作为一个社会、经济、生态复合的巨系统，存在复杂的社会结构、经济结构和生态结构，这些结构要素最终都要在空间地域上反映出来。城市要素的空间分布、空间组合和功能联系构成了城市空间结构。城市空间结构是指城市各要素在城市成长过程中，在城市地域空间中所处的位置和在运营过程中的形态。就其广义来说，除了由城市物质设施所构成的显性结构，还包括社会结构、经济结构和生态结构等内在的、

---

① 段汉明：《城市设计概论》，科学出版社，2007，第113～117页。

相对隐形的结构内容。虽然这些结构内容有着各自不同的形成过程和变动水平，然而它们均以一定的组织方式相互支撑并推动城市的运转。城市空间结构的主要特征有可辨识性、持续性（系统性）、动态性（变化性）、层次性（不对称性）。

城市空间结构性质包含两个层面意义。第一，人们通常会依照自身的社会文化背景、生活需要、价值观与象征意义等来选择、利用空间，因而对于空间结构的形成产生最直接的影响。第二，人们作为社会中行动的代理人，在社会中所有的实践行为、决策过程、选择结果均会积极影响空间结构塑造的结果，而并非只是消极地被空间结构所决定。

城市空间具有社会的、经济的、环境的和体制的深层结构，而不是对这些深层结构的简单反映。任何一种单一的因素都不能全面反映空间发展的特征，同样，任何一种规划也不能替代空间规划。众多因素的综合作用使得城市空间这个复杂的载体形成了自己的发展规律和任务。城市空间发展的深层结构主要为：空间发展的社会文化结构、经济技术结构、建设环境结构和政治政策结构。

（三）城市空间结构的要素

空间层面不同决定了城市空间结构的要素也是多层次的。

节点。城市由不同性质、功能的用地组成，它们包括商业、住宅、工业、金融等实体空间。这些实体空间成为居民的集聚活动场所，形成城市的节点，如居民点、工业点、金融点、交通枢纽等。

梯度。在市场经济作用下，不同区位土地效益和价格各不相同。一般金融区土地投入产出效率最高，形成城市的核心区。其他类型用地的节点围绕中心区呈现由核心向边缘的空间梯度。

通道。由于梯度的存在，客观上存在的各个节点间的物质、信息等流动形成通道。概括来说主要有生产协作通道、商品流通通道、交通邮电通道、技术扩散通道、资金融通通道、劳动力流动通道、信息传递通道。

网络。节点与通道组成城市空间的网络系统。这种网络通过多种渠道、多种方式来实现多部门、多系统和多企业之间的千丝万缕的社会经济联系。

环与面。由网络的边界构成不同的环，由环生成各具特色的面，成为城市的社区和功能区。

二　城市空间结构形成的动力机制

城市空间发展是一种内因和外因复合发展的过程。城市的自然生长与发展以及有意识的人为规划设计，交替作用而构成城市的空间形式与发展阶段。其中空间发展内部因素作为一种城市发展内在规律性机制，隐性而长效地作用于城市空间的发展和演化；而城市空间发展外部因素作为空间发展阶段性规划控制，显性地作用于城市空间发展，同时也在一定程度上反映人们对空间发展规律的认知程度。[①]

（一）内部因素

纵观城市空间布局演变历程，将影响城市空间布局的内部因素总结为经济因素、技术因素、地理环境因素、生态因素、社会文化因素、政治与政策和其他因素等。在通常状况下，经济因素和技术因素是推动城市空间形态演变的最重要因素和决定性因素。依据社会发展所处的不同历史时期、不同社会背景，以上诸多因素所处的地位不同。

1. 经济因素

经济是影响城市形态的最重要因素，经济功能是城市的核心功能。社会经济发展和技术进步使城市中出现新的功能或导致原有的部分功能衰退，使城市空间形态与城市主导功能产生矛盾，从而推动城市空间形态的演变。经济发展和技术进步使城市居民的活动打破时空限制，削弱了城市空间扩散过程中的由距离引起的摩擦力，使城市得以延伸其各种功能的地域分布，从而推动城市区域在空间层面上的迅速蔓延，对城市

[①]　周春山：《城市空间结构与形态》，科学出版社，2007，第244~250页。

空间形态的演变起着不可替代的作用。从西方城市空间结构与形态的发展历程不难看出，产业革命引起的经济井喷式发展是城市空间结构演变的主要动力因素。

2. 技术因素

技术进步是城市空间结构与形态变异的决定性因素，新的业态发展要求城市有与之对应的空间格局和空间发展模式。交通技术及运输条件、交通通信技术的进步对城市形态的更替演进起着非常重要的作用。

（1）交通技术及运输条件

交通技术是影响城市空间结构最为直接的因素，交通技术进步使单位距离产生的时间成本减少，直接促进城市规模的扩大。城市交通依次经历了人力畜力、机动化公共交通、机动化私人交通阶段，城市的空间布局与形态也经历了从小到大，从紧密到疏散的空间布局形式。[①] 同时，城市由于不同的交通政策出现了不同的空间扩展模式：发展小汽车政策的城市在城市空间形态上表现出用地的低密度、离心分散型的形态；以公共交通为主的交通政策使城市空间形态表现出了紧密集中、紧凑发展的形态。如东京的铁路及城市轨道网培育了东京市区的"一核七心"结构和以轨道网络为骨架的都市圈多中心结构。[②]

（2）交通通信技术

随着信息时代的来临，重工业将向以信息技术为支撑的产业转变，大工厂逐步向现代化的中小企业转变，这些使得影响工业布局的区位制约等因素在约束功能布局诸多"门槛"中的作用明显下降，而自由配置的作用日益凸显。此外，信息产业在功能和空间上生产运作呈现的分散化特征及信息产业对区位选择所表现出的高弹性特征，使得产业布局对城市中心区的需要大大减少，工业经济时代的集聚效益、规模效益、

---

① 金自君：《城市轨道交通与城市空间布局结构优化分析》，《科技与社会》2009 年第 5 期。

② 葛亮：《城市空间布局与城市交通相关关系研究》，《华中科技大学学报》（城市科学版）2003 年第 4 期。

区位效益已不再处于决定性地位。随着城市中心集聚成本的提高、信息网络的发展，工业生产的空间组合形式在地域上不再以传统大规模工业区的方式存在，企业的组合形式更趋于小型化、分散化。城市离心力大大增强，城市形态出现分散化的倾向。①

3. 地理环境因素

各个城市由于所处的地理环境不同，空间形态千差万别，但城市发展模式具有一定的规律。通过分析地理环境对城市肌理形态的影响，形成了城市空间形态发展变化受地理环境因素影响的观点。如太原市的自然地理格局为"三山合抱、一水中流"的簸箕形河谷，这种特有的自然地理格局基本决定了太原市的空间结构形态为带状空间结构形态，城市用地建设较分散，是一种带状的空间发展模式。②

4. 生态因素

城市所处区域的生态条件，是影响城市空间布局及发展模式的关键要素。尤其是城市形成伊始，由于人们改造自然的力量有限，自然的地形地貌对城市的空间形态起着决定性作用。地域生态环境的差异导致城市空间布局差异很大。平原城市受自然天堑的影响较小，城市空间多为规则整齐的布局方式；山地城市受到周围较大型山体、山脉的阻隔，城市空间布局形态多为依山就势，充分考虑地形建设城市，如兰州市、延安市。而江南水乡由于河网密布，城市多为沿河流走势而建，弯弯曲曲的河流在城市中穿行构成了这类城市的空间布局形态，如苏州市。

5. 社会文化因素

城市空间形态是地域文化的信息载体，城市空间形态是在文化的长期积淀和作用下形成的，同时，相异的城市形态也造就了不同的地域文化。

---

① 姜石良：《信息时代城市空间结构的演变趋势探讨》，《规划师》2006 年第 7 期。
② 李国伟：《自然生态因素对太原城市空间结构的影响》，《科学之友》2008 年第 1 期。

（1）思想文化

思想文化会影响特定社会中居民对城市空间的需求，它对城市空间结构的影响比较间接与缓慢。思想文化作为一种内化于城市居民的存在，影响着人们的价值取向和世界观，影响着人们对空间的选择与需求，从而影响着城市的空间结构与形态。古代中国严格的礼制思想和"天人合一"的思想是古代城市空间布局理念的源泉，古都西安、北京历史上的空间布局无不是古代主流思想文化的物质体现。

（2）人口与阶层

人口因素包括人口结构、家庭结构、人口增长等。城市的人口结构决定城市中不同年龄的人口数量，影响城市的空间结构、家庭结构，影响住宅开发中的户型比例，影响家庭在城市中的区位选择和人口的增长情况，影响城市用地扩张情况和居民的居住选择情况。阶层的分化与互动亦影响城市空间结构，尤其影响城市社会空间结构。城市各阶层对住房的消费能力不同，导致贫富阶层在空间上的分化。如18、19世纪形成的多元结构的殖民地城市，无产阶级、手工业者、资产阶级、农民聚居在城市不同空间内，形成贫民区和富人区的强烈对比。再如西方富有阶层居住在环境优美的郊区，而赤贫者则多分布在内城。在我国也有类似情况，经济实力较强的居民多居住在小区环境较好的地区，而经济实力较差的外来工则往往只能租住城中村的出租屋或市郊区的简陋住房。

6. 政治与政策因素

城市的空间结构反映城市的政治体制状况，城市的核心、重要建筑等往往占据城市的空间或视觉的主导地位。另外，政治体制通过影响土地制度影响城市土地利用。实行土地私有制的资本主义国家与实行土地公有制的社会主义国家在城市空间结构上差别很大。我国改革开放前城市用地依赖行政划拨，行政因素对城市空间结构的形成起关键作用；而西方城市用地则以市场交易为主，市场因素对城市空间结构的形成起主要作用；我国计划经济时期，城市空间的增长具有产业空间先导、功能分区、单位制独立地块布置、圈层式布局特点，西方城市虽然也存在圈层式的布局形态，但受地价调控。

7. 其他因素

除上述因素外，城市本身就是一个高度复杂、自身具有调节能力的巨系统，是一个能主动适应周围环境而不断成长的特殊生命体。因此，随机因素以及城市系统由此产生的反馈机制也对城市空间结构产生重要影响，一些细微的改变都可能会由于非线性的变化机制而演变成巨大的差异。城市空间结构演化过程中出现的某些微小变动，就可能通过这种效应不断放大。

（二）外部因素

城市空间作为人类聚居活动的主要场所，其发展必然会受到人类意志的宏观干预。人类对城市空间发展的宏观干预几乎伴随着城市一起产生，人们总是希望按照自己的意愿来组织、安排城市空间的发展，人为地构建城市环境。这种宏观干预集中表现为城市规划对城市空间结构的影响。人类这种主动的、有意识的空间干预对城市空间结构的形成和演化起到了相当大的外部作用。

城市规划作为人类干预和组织城市空间发展的外部手段，是城市空间发展的"特定"干预因素，是人们对城市土地使用的综合研究及在此基础上的城市空间使用组织，它作为一种来自城市空间系统外部的组织手段，作用于城市空间结构的形成与发展。在中西方相当长的历史时期中，出于对美学、伦理、权利等的价值判断，从"匠人""转译"统治阶级意志成城市形态，到空想家"一厢情愿"并"单枪匹马"进行有限的新城实验，均以强有力的方式限定城市的空间发展及其结构形式。当时"技术专家专制"唯功能理性至上，城市空间结构死板而无人性；随后规划界呼唤人性、文态等的回归，城市空间结构在控制或契约中演进；到了现代社会，在混沌系统、复杂体系下的城市空间结构有了新的含义，为解决城市发展中的具体社会、经济问题，以日益进步的技术条件为支撑，当城市的维度超越了传统的"禁锢"，对城市空间进行规模更大、内容更丰富的组织，便是城市规划的一项重要工作。如英国为了疏散城市过于密集的人口和产业，在二战后进行了三代卫星城的建设，对城市空间的发展产生了根本影响。

第二节　基于实体要素的城市空间理论

实体要素的城市空间理论基于对城市空间物质形态的认知与分析，通常研究对象为二维到三维的城市地图、规划与建筑设计和城市实体研究，其目的是解释城市空间现象和剖析其中隐含的政治、经济、文化意义。

一　古代城市空间要素布局理论

早期城市空间构图大都由简单规则形式组成，对称性、重复性、节奏性是其普遍特征。如"对称法则"成为古典建筑构图与城市构图理论的基本法则。在世界各地的古代城市中，这种对称结构的平面构图十分普遍。公元前 5 世纪古希腊建筑师希波丹姆的棋盘式路网骨架的城市空间布局、公元前 1 世纪古罗马维特鲁威（Vitruvius）在《建筑十书》中设想的蛛网式八角形城市结构以及中国古籍《周礼·考工记》中所记载的"匠人营国，方九里，旁三门，国中九经九纬，经涂九轨"的城市结构，都是人类较早的对理想化城市空间的探讨。城市空间的建立基于神权或君权思想，强调形成以宗祠、王府、市场等为核心的城市空间布局以及规整化、理想化的静态城市空间结构。

二　"均衡"法则

工业革命推动了城市交通和城市生活方式的变化，在现代艺术的推动下，"静态对称"的构图方式逐渐被现代建筑运动打破，"对称"逐渐向"均衡"发展。柯布西埃的"城市功能主义"理论将几何人工城市环境变成了现实，"均衡"法则成为现代城市构图理论的基础。1933年《雅典宪章》中提出的城市功能分区原则为"均衡"法则的实现提供了理论依据，把城市分为相对独立的功能区，城市的形式美就必须取决于各个功能区的"均衡"布局及把它们联系成一个整体的道路网格的均衡性。巴西首都巴西利亚和印度新城昌迪加尔等均表现出这种空间构图特征。

三　城市空间艺术原则

19 世纪末，奥地利建筑师卡米诺·西特（Camillo Sitte）在其代表作《依据艺术原则建设城市》中提出了城市空间艺术原则，对城市空间中的实体与空间的相互关系以及形式美的规律进行了深入的探讨，该理论是基于城市物质空间形态中各实体要素之间功能关联及组合关系得出的，艺术原则的核心思想是注重整体性、关系及关联的内在性。

四　要素分析理论

罗伯特·克莱尔（Robert Krier）于 1979 年在其专著《城市空间》中讨论了城市空间的形态和现象，通过对欧洲传统城市的研究分析，将城市空间理解为城市中物质性的实体共建，并主要由建筑物、构筑物及环境、街道、广场等多重要素组合而成。哈米德·雪瓦尼（Hamid Shirvani)[1] 的空间设计理论提出了城市空间组织结构中的"八要素"，即土地利用、建筑形式与体量、交通与停车、开放空间、步行道、支持活动、标识、保存与维修等，该理论关注城市空间最基本的构成要素的特征、作用以及具体的城市空间分析与设计。

五　底图关系理论

底图关系理论是基于心理学的知觉选择性研究城市实体空间与开放空间关系的理论。在大多数情况下，城市中的实体空间由于其形象清

---

[1]　Hamid shirvani, *The Urban Design Process*, Van Nostrand Rein hold Company, 1985.

晰，刺激强度高，往往成为视觉对象，而其周围的空间环境则成为衬托的背景，这样的实体空间被称为"图"，周围被模糊的环境对象则被称为"底"。通过图形与背景关系的研究可以更加清楚地认识城市实体空间结构，从而更加深入、全面地理解和研究城市空间环境。通过底图关系分析，我们能够鲜明地揭示出特定城市空间格局在时间跨度中所形成的"肌理"和结构组织的交叠特征，从而能够反映出城市建设发展的动向。

六 联系理论

联系理论又称为"关联耦合"理论，是研究城市形体环境中各构成元素之间存在的"线性"关系规律的理论。这里所谓的"线"是指交通线、线性公共空间和视线等具有线性空间特征的城市空间元素。通过这些元素之间"联系线"的分析来挖掘形态元素的形成组合规律及其动因，其目的是组织一种关联关系或一种网络，从而建立达成空间秩序的空间结构。然而该理论也存在一定的局限性，它只看到视觉艺术和形体秩序，而掩盖了城市实际空间结构的丰富内涵和活性，特别是社会、历史、文化诸方面对城市设计的影响。

七 空间句法分析理论

英国学者比尔·希列尔提出的"空间句法"（space syntax）[1] 分析理论又称为"社区空间分析"，是一种建立在底图分析理论、联系理论与社区分析基础上的城市空间分析方法。在城市和建筑两个层次上，空间句法理论用客观、精确的描述方法，实际调查研究环境，把社会可变因素与建筑形体严格联系起来，并借助于电脑进行模式试验，以此作为空间分析、评价设计的工具。比尔·希列尔通过对 100 个城市设施方案的分析，证明

---

[1] 比尔·希列尔（Bill Hiller）：《空间句法——城市新见》，赵兵译，《新建筑》1985 年第 1 期。

了城市空间组织对活动与使用模式的影响主要涉及三个方面，即空间的可理解性、使用的连续性和可预见性。因此可以说，空间句法理论是传统美学原则分析与现代计算机信息技术结合的一种有益尝试。①

第三节　基于经济发展的城市空间理论

城市空间结构是城市经济活动的一种重要结构，也是空间分布状态及空间组合形式。在城市经济发展中，随着城市空间结构的不断演变，城市经济活动的优化配置和在空间上的合理组织可以减轻空间距离对经济活动的约束，降低成本，提高经济效益。

一　理论阐释

作为城市的核心功能以及深刻影响城市空间最重要的因素，经济发展对城市空间的影响一直是经济学家、地理学家以及社会学家积极关注的焦点。关注经济发展的城市空间理论包括区位论、新古典主义学派理论、行为学派理论、均衡生产力布局理论。

1. 区 位 论

区位论从经济角度对生产、产品及其市场的空间进行了系统的研究，这些理论都以实现成本的最小化为目标，力图实现空间要素结构的最优化。

德国"古典经济学"学者为区位论的发展做出了巨大贡献，杜能（Vou Thunen）② 于 1826 年提出的农业区位论被认为是西方城市空间结构研究的开端，其理论主要探讨在某特定区位寻求最佳的土地利用方式。韦伯（Alfred Weber）③ 在 1909 年提出了工业区位论，试图从交通成本、劳动力成本以及集聚经济三方面来解释工业活动的区位选择。

---

① 黄亚平：《城市空间理论与空间分析》，东南大学出版社，2002，第 32 ~ 38 页。

② 〔德〕杜能：《孤立国同农业和国民经济的关系》，商务印书馆，1986。

③ 〔德〕阿尔费雷德·韦伯著《工业区位论》，李刚剑、陈志人、张英保译，商务印书馆，2009。

1923 年，伯吉斯的同心圆城市用地结构可以说是对韦伯工业区位论的强烈呼应，同心圆结构清楚地解释并模拟城市的内部结构，并且符合一元的（工业区位）城市结构的特点。克里斯塔勒（Walter Christaller）于 1933 年在其著作《德国南部的中心地原理》一书中提出了中心地理论，该理论把经济学价值观点和地理学的空间观点结合起来，引入古典经济学的假设条件，即生产者和消费者都属于经济行为合理的人。克里斯塔勒认为中心地提供的每一种货物或服务都有可变的服务范围，其上限是消费者愿意去一个中心地得到货物或服务的最远距离，其下限是保持一项中心地职能经营所必需的腹地的最短距离。中心地提供的商品和服务的种类有高低等级之分，根据中心地商品服务范围的大小又将中心地划分为不同等级，不同等级的中心地在分布秩序和空间结构上具有一定规律性，这也是中心地理论研究的重要方面。西方文献将上述理论奉为四大经典区位论。

2. 新古典主义学派理论

在四大经典区位论基础上，西方学者又拓展了区位论研究的深度和广度，其中最著名的是奥古斯特·廖士（August Losch）1939 年在其巨著《区位经济学》中提出的经济地景模型，其是对于僵化的古典中心地理论的突破。二战后，区位论从古典阶段发展到现代阶段，William Alonso（1964）[1]、Harris 和 Ullman（1945）[2] 等学者应用学科交叉的研究方法，在宏观与微观研究方向上都取得了长足进展。宏观方面，一些经济学家突破了古典区位论以单个企业最优区位为研究对象的传统，根据区域经济社会发展的要求，把区位论发展成为区域总体经济结构及其模型研究，并形成了以研究区域综合开发和组织为主要研究对象的区域科学。微观层面，现在区位论的区位决策动机和目标不再是成本最低或

---

[1] William Alonso, *Location and Land Use: Toward a General Theory of Land Rent*, Cambridge: Harvard University Press, 1964.

[2] C. D. Harris, E. L. Ullman, "The Nature of Gties", *Annals of American Academy of Political & Social Science*, 1945, 242（1）.

利润最大，而是各种非货币收益和效用的最大化。其中，**Alonso** 的研究最具影响。他运用新古典主义经济理论解析了区位、地租和土地利用之间的关系，还运用竞标价格曲线解析土地成本和区位成本之间的关系以及城市内部居住分布的空间分异模式，为城市土地在不同活动中进行分配提供了一个基本框架。

3. 行为学派理论

行为学派理论关注交通、通信技术与城市空间结构之间的关系。A. Z. Guttenberg（1960）[①] 提出了可达性影响土地使用的理论，并称之为"社区居民用以克服距离的努力"，运输条件的好坏直接与城市空间的集聚或是分散相关，因此，运输系统掌握着城市成长的命运与方向。R. L. Meiter（1962）提出城市成长的交通理论，认为运输和交通技术成为现阶段人类互相影响的主要媒介。[②] 他还提出了"城市时间预算"（urban time budget）与"空间预算"（space budget）的观念，试图通过分析居民交通时间的利用及其空间分配来预测未来城市空间结构的成长与变迁。M. M. Webber（1964）[③] 提出的人类行为互相影响理论，把城市看成"在行动中的动态系统"，认为形成城市土地空间布局的过程与交通、居民、货物、信息等因素的交流以及经济活动、社会活动等活动区位的影响密不可分。J. Brotchie、P. Newton 和 P. Nijkamp（1985）[④] 提出技术变化和城市的结构模型，认为人类城市在资源利用、技术发展以及社会需求等层面上的进步，势必导致城市区位决策的改变。总的来说，行为学派理论将空间视为人类彼此交流、互相影响下的空间模式；行为学派理论构建了一个开放的体系，

---

① Albert Z. Guttenberg，"Urban Structure and Uban Growth"，*Journal of the American Institute of Planners*，1960，26（2）.

② 黄亚平：《城市空间理论与空间分析》，东南大学出版社，2002。

③ M. M. Webber，"Culture，Territoriality，and the Elasticmile"，*Papers of Regional Science Association*，1964.13（1）.

④ J. Brotchie，Peter Newton，Peter Nijkamp，*The Future of Urban Form：The Impact of New Technology*，Croom Helm，Kent and Sydney and Nichols Publishing Company，New York，1985.

认为城市空间将随世界范围的科技进步、生产力发展而发生变化。

4. 均衡生产力布局理论

均衡生产力布局理论主要产生于苏联、东欧等实行计划经济的社会主义国家。该理论认为，一个国家的社会经济发展要依据自然资源条件和消除城乡差别的原则，均衡布置生产力，均衡布置城镇居民点，反对城市和城乡间经济发展的不平衡。这种理论反映在新城布局上更为明显，一是要从全国各地区考虑均衡建设新城，使贫困地区的经济和社会水平得到提高，赶上发达地区；二是新城要就地利用自然资源，做到最经济、最合理，节省交通运输和开发投资；三是要以中小城市为主，限制大城市的规模，要把新建企业放到位于广大农村地区的中小城市去，以促进中小城市的全面发展。均衡生产力布局理论对苏联、东欧和我国20世纪50年代到70年代的城镇规划与建设有着重大影响，苏联在东西伯利亚建设的很多新城以及我国在20世纪50年代建设的很多工业城市大都受到均衡生产力布局理论的影响。①

二　几种经典的城市空间布局模型

1. E. W. Burgess（伯吉斯）的同心圆城市布局理论

伯吉斯从人文生态学角度对城市各功能区的布局和功能之间的入侵和集成进行了研究，于1925年创立了著名的同心圆模式。该理论认为城市以不同功能的用地围绕单一的核心，有规则地向外扩展形成同心圆结构。实质上将城市的地域结构分为中央商务区、过渡性地带、工人阶级住宅区、中产阶级住宅区、高级或通勤人士住宅区五个同心圆地带。中央商务区主要由中心商业街、银行、高级购物中心和零售商店组成。商业中心的外围是早期建造的旧房子，其中一部分被零售商业侵占，一部分为低级住宅、小型工厂、批发商业及一些仓库的过渡地带；再外围的第三带，是原来较大工厂的工人住宅区，为海外移

---

① 汪德华：《中国城市规划史纲》，东南大学出版社，2005，第19页。

民和贫民居住带；再向外第四圈层是较富有的中产阶级住宅区；最外围地带是富人居住区，散布着高级住宅和娱乐设施，密度低，房舍宽敞。

2. H. Hoyt（霍伊特）的扇形城市布局理论

美国土地经济学家霍伊特（Hoyt，1939）① 通过对 142 个北美城市房租的研究和城市地价分布的考察得出，高地价地区位于城市一侧的一个或两个以上的扇形范围内，成楔状发展；低地价地区也在某一侧或一定扇面内从中心部向外延伸，扇形内部的地价不随离市中心的远近而变动。城市的发展总是从市中心向外沿主要交通干线或沿阻碍最小的路线向外延伸。按照扇形理论，城市地域结构被描述为：中央商务区位居中心区；批发和轻工业区沿交通线从市中心向外呈楔形延伸；由于中心区、批发和轻工业对居住环境的影响，居住区呈现由低租金向中租金的过渡，高租价房却沿一条或几条城市交通干道从低租金区开始向郊区成楔形延伸。

3. 哈里斯与乌尔曼的多核心城市布局理论

美国地理学者哈里斯、乌尔曼（1945）② 在研究不同类型城市地域结构情况下发现，除了 CBD 为大城市的中心外，还有支配一定区域的其他中心的存在。他们认为，越是大城市，核心数量越多，核心所承担的职能越专业化。行业区位、地租房价、集聚效益和扩散效益是导致城市地域结构分异、功能分区的主要因素。中央商务区不一定居于城市的几何中心，却是市区交通的焦点；批发和轻工业区虽靠近市中心，但又位于对外交通联系方便的地方；居住区分为三类，低级住宅区靠近中央商务区和批发、轻工业区，中级住宅区和高级住宅区为了寻求好的居住环境常常偏离城市的一侧发展，而且它们具有相应的城市次中心；重工业区和卫星城则布置在城市的郊区。

---

① H. Hoyt, "The Structure and Growth of Residential Neighborhoods in American Cities". *Development*, 1939, 19（3）.

② CD Harris, El Ullman, "The Nature of Cities", *Annals of American Academy of Political & Social Science*, 1945, 242（1）.

第四节 基于文化传承的城市空间理论

城市现代化建设是建立在城市历史发展基础之上的，历史文化遗产区域构成城市特色文化空间，并形成空间格局特色。对于历史文化信息丰富的城市而言，承载着历史文化信息的人文物质空间也是城市空间理论研究的重要视角。

一 理论渊源

20 世纪 40 年代，人类生态学理论层出不穷，其基本理论特征是：把城市当作一种文化形式，强调文化社会因素的互相依赖关系。W. Firey（1945）[①]认为空间是某种文化价值的象征，区位活动不应只是经济取向，而应有情感及象征意义，而且情感及象征意义会反过来影响区位活动的运作。类型学（typolegical studies）和文脉研究（contexual studies）从文化的角度对城市空间理论进行了阐释。类型学起源于意大利与法国，意大利建筑师玛拉托利（Maratori）、坎尼吉亚（Canniggia）和罗西（Rossia）的研究奠定了类型学的基础。[②] 根据罗西的解释，类型是普通的，它广泛存在于所有的建筑学领域，类型同样是一种文化因素，从而使它可以在建筑与城市分析中被广泛应用。根据该理论，通过类型的选择与设计对象类型的转换，城市空间试图实现历史与文化的延续。文脉研究着重于对物质环境的自然与人文特色的分析，其目的是在不同的地域条件下创造有意义的环境空间，文脉研究理论中最有影响的概念是卡勒恩的"市镇景观"（townspace），这一概念的建立基于两点假设，一是人对客观事物的感知规律可以被认知，二是这些规律可以被

---

① W. Firey, "Sentiment and Symbolism as Ecological Variables", *American Souological Review*, 1945, 10 (2).

② 谷凯：《城市形态的理论与方法——探索全面与理性的研究框架》，《城市规划》2001 年第 12 期。

应用于组织市镇景观元素，从而反过来影响人的感受。通过分析"系列视线"（serial vision）、"场所"（place）和"内容"（content），建立具有地方特色，并能唤起地域人民情感的市镇文脉。卡勒恩同时指出，英国 20 世纪 50 ~ 60 年代的"创造崭新、现代和完美"的大规模城市更新建设和富有多样性特质的城市肌理（包括颜色、质感、规模和个性）相比，后者更具有价值和值得倡导。

二 国际宪章的约定

关于如何实现历史遗存与城市空间的协调发展，不论是在文物保护领域还是在城市发展领域都没有形成完整的理论体系。随着世界各国对城市空间发展中文化遗产继承的关注以及历史文化保护实践经验的积累，国际社会发布了从 1933 年的《雅典宪章》到 2005 年的《西安宣言》等系列相关宪章或者宣言，通过对这些宣言的梳理，我们可以清晰地看到，文化传承与城市空间协调发展理论是如何适应实践的需要而随着时代进步逐渐发展的（见表 1 - 1）。

表 1 - 1　国际宪章关于遗址保护与城市空间发展方面的理论梳理

年份	国际宪章	主题	有关遗址保护与城市空间协调发展的内容
1933	《雅典宪章》	城市规划的理论与方法	强调对历史遗产静态保护,规定在所有可能条件下,将所有干路避免穿行古遗址,并使交通不增加拥挤,亦不使妨碍城市有转机的新发展
1964	《威尼斯宪章》	古遗址的保护与修复	强调对文物环境的保护
1976	《内罗毕建议》	城市历史地段的保护	强调每一历史地区及其周围环境应从整体上视为一个相互联系的统一体,其协调及特性取决于它的各组成部分的联合 历史遗产的保护计划要对社会、经济、文化和技术数据与结构以及更广泛的城市或地区联系进行全面的研究

年份	国际宪章	主题	有关遗址保护与城市空间协调发展的内容
1977	《马丘比丘宪章》	以人为本的城市规划	从城市规划的角度探讨历史遗址区的发展问题，认为保护、恢复和重新使用现有历史遗址和古建筑必须同城市建设过程结合起来，以保证这些文物具有经济意义并继续具有生命力
1981	《佛罗伦萨宪章》	古迹园林景观保护	规定历史园林保护的规则，为了恢复该园林真实性的主要工作应优先于民众利用的需要
1987	《华盛顿宪章》	城镇历史地区的保护	将历史城区的保护列入各级城市和地区规划的内容，新的作用和活动应该与历史城镇和城区的特征相适应，包括与周围环境和谐的现代因素的引入、公共服务设施的安装或改进、历史城区的交通控制
1994	《奈良宣言》	遗址的文化多样性和价值的真实性	当地社会还有义务根据相关的保护文化遗址的国际宪章和条约精神与原则保护这些遗址，平衡本地文化和其他文化社区之间的不同要求
2005	《西安宣言》	环境对于遗产和古迹的重要性	承认周边环境对古迹重要和独特的贡献，强调通过规划手段和实践来保护和管理周边环境

1. 《雅典宪章》

雅典宪章是国际上最早反映保护历史遗产思想的国际宪章，于1933年在国际现代建筑协会（CIAM）第四次会议上通过。宪章只强调对历史遗产静态保护，规定在所有可能条件下，将所有干路避免穿行古遗址，并使交通不增加拥挤，亦不使妨碍城市有转机的新发展。受当时城市发展的限制，人们并未认识到历史遗产与城市发展之间的矛盾，因此没有涉及关于如何实现二者协调发展的内容。

2. 《佛罗伦萨宪章》

1981年国际古迹遗址理事会（ICOMOS）与国际风景园林师联合会（IFLA）组成的国际古迹遗址理事会与国际历史园林委员会在佛罗伦萨

起草关于保护古迹园林的宪章，1982 年底通过，即《佛罗伦萨宪章》。宪章从园林环境容量方面规定了历史园林保护的规则，为了恢复园林真实性的主要工作应优先于民众利用的需要。虽然任何历史园林都是为观光或散步而设计的，但是其接待量必须限制在其容量所能承受的范围之内，以便其自然构造物和文化信息得以保存。

3. 《华盛顿宪章》

1987 年底在华盛顿哥伦比亚举行的国际古迹遗址理事会全体大会第八届会议上，正式通过了《保护历史城镇与城区宪章》，即《华盛顿宪章》。宪章认为对历史城镇和其他历史城区的保护应成为经济与社会发展政策的完整组成部分，并应当列入各级城市和地区规划的内容；强调要保护该城镇和城区与周围环境的关系，包括自然的和人工的；历史城区新的作用和活动应该与历史城镇和城区的特征相适应，使这些地区适应现代生活需要，认真仔细地安装或改进公共服务设施；当需要修建新建筑物或对现有建筑物改建时，应该尊重现有的空间布局，特别是在规模和地段大小方面；与周围环境和谐的现代因素的引入不应受到打击；历史城镇和城区内的交通必须加以控制，必须划定停车场，以免损坏其历史建筑物及其环境。《华盛顿宪章》第一次系统地阐述了历史城区的保护与城市发展尤其是城市空间发展相适应的原则。

4. 《威尼斯宪章》

1964 年从事历史文物建筑工作的建筑师和技术员国际会议第二次会议在威尼斯讨论通过了《保护文物建筑及历史地段的国际宪章》，即著名的《威尼斯宪章》，它诉诸建筑保护和创作，是对 1933 年《雅典宪章》精神的继承和发展。宪章第 1 条指出历史文物的概念，"不仅包括个体建筑本身，也包括能够见证某种文明、某种有意义的发展或某种历史事件的城乡环境，这不仅适用于伟大的艺术品，也适用于随着时光流逝而获得文化意义在过去较不重要的作品"，宪章同时还强调了对文物环境的保护，确认"保护一些文物建筑意味着要适当地保护环境"，"一座文物建筑不可以从它所见证的历史和它借以产生的环境中分离出来"。至此，文物环境与文物本身休戚相关的概念才成为国际上人们的共识。

5. 《内罗毕建议》

1976 年，内罗毕联合国教科文组织第 19 次大会正式提出保护城市历史地段的问题，提出了《关于历史地区的保护及其当代作用的建议》，简称《内罗毕建议》。随着世界城市化进程的加快，历史遗产区的环境与特征不断受到城市新开发区的威胁，基于此，《内罗毕建议》强调每一历史地区及其周围环境应从整体上视为一个相互联系的统一体，其协调及特性取决于它的各组成部分的联合，这些组成部分包括人类活动、建筑物、空间结构及周围环境。因此，一切有效的组成部分，包括人类活动，无论多么微不足道，都对整体具有不可忽视的意义。因此，历史遗产的保护计划要对社会、经济、文化和技术数据与结构以及更广泛的城市或地区联系进行全面的研究，如有可能，研究应包括人口统计数据以及对经济、社会和文化活动的分析，生活方式和社会关系，土地使用问题，城市基础设施，道路系统，通信网络以及保护区域与其周围地区的相互联系。

6. 《马丘比丘宪章》

1977 年 12 月，一些城市规划设计师聚集于利马（ILMA），以《雅典宪章》为出发点进行了讨论，讨论时四种语言并用，提出了包含若干要求和宣言的《马丘比丘宪章》（Charter of Machu Picchu）。12 月 12 日与会人员在秘鲁大学建筑与规划系学生以及其他见证人陪同下来到了马丘比丘山上的古印加城市遗址签署了新宪章。《马丘比丘宪章》从城市规划的角度探讨历史遗址区的发展问题，认为保护、恢复和重新使用现有历史遗址和古建筑必须同城市建设过程结合起来，以保证这些文物具有经济意义并继续具有生命力。

7. 《奈良宣言》

在 1994 年 11 月 1~6 日召开的关于真实性的奈良会议上，来自 28 个国家的 45 名与会人员讨论了关于真实性的定义和评价的复杂问题。

《奈良宣言》关于遗址与城市空间如何协调发展的问题较少，重点提倡保护和增进世界文化和遗址的多样性，认为保护一切形式和任何历史阶段的文化遗产就是保护根植于遗产中的文化价值，当地社会有义务根据相关的保护文化遗址的国际宪章和条约精神和原则保护这些遗址，平衡本地文化和其他文化社区之间的不同要求，而这种平衡的获得不应以贬低遗址的基本文化价值为代价。

8.《西安宣言》

《西安宣言》是 2005 年 10 月 17～21 日在古城西安通过的环境宣言，其将环境对于遗产和古迹的重要性提升到一个新的高度。《西安宣言》承认周边环境对古迹重要性和独特性的贡献，强调通过规划手段和实践来保护和管理周边环境。可持续地管理周边环境，需要前后一致地、持续性地运用有效的法律和规划手段、政策、战略和实践，同时这些方法手段还须适应当地的文化环境。规划手段应包括相关的规定以有效控制外界急剧或累积的变化对周边环境产生的影响。重要的天际线和景观视线是否得到保护，新的公共或私人施工建设与古建筑、古遗址和历史区域之间是否留有充足的距离，是对周边环境是否在视觉和空间上被侵犯以及周边环境的土地是否被不当使用进行评估的重要考量。除了实体和视觉方面的含义之外，周边环境还包括与自然环境之间的相互关系；所有过去和现在的人类社会和精神实践、习俗、传统的认知或活动，创造并形成了周边环境空间的其他形式的非物质文化遗产，以及当前活跃发展的文化、社会、经济氛围。至此，城市旧区保护与更新的理论随着历史街区的保护与实践而逐渐深化，逐步走向"整体保护"（integrated conservation），即从对单体建筑的保护扩大到对包括自然环境、人文环境、文化特色等都加以保护。

第五节　基于生态建设的城市空间理论

城市建设过程必须协调好城市与区域范围内各种人类活动与地理环

境之间的关系，从空间结构上来考虑这种人地关系的协调。城市规模不断扩大和空间不断扩张必然导致人口、资源及生产力的高度集聚，易于出现城市生态失衡的大城市通病。因此，城市的建设与发展在更为广阔的空间内规划和调控，使城市生态系统合理有序、可持续发展。从生态学角度探讨城市空间结构的发展演化有助于较为深入地认识城市发展演化的规律。

一　理论梳理

1. 中国风水学理论

中国古代风水理论的地理观，即天、地、生、人各系统之间的整体有机观与现代生态环境的观点不谋而合。风与水也是组成城市自然环境的重要因素，对我国古代城市空间形成以及城市规划思想产生了极其重要的影响。[①]

我国东晋学者郭璞所著《葬经》是风水学最早最重要的典籍，《葬经》有云：葬者乘生气也，经曰，气乘风则散，界水则止，古人聚之使不散，行之使有止，故谓之风水。《易经》是中国传统科学文化思想的精神支柱，它代表的中国传统思维方式是从"天人合一"的整体、有机性来认识天、地、生、人的关系。这种"天人合一"观承认天道与人事、自然界与人类社会存在密切的联系，两者是相类相通的，强调注意调节人类社会与自然界的关系一方面要尊重客观规律，另一方面又要注重发挥主观能动作用，以达到天人谐调。所以说"天人合一"是风水学最重要的组成部分，其理论和方法都是围绕"天人合一"这个问题而展开的。

古代中国人从生活的实践中认识到，人的命运和大地是相连的。当土地丰美富饶时，人们生活随之繁荣兴旺；而当土地贫瘠或生态平衡被破坏时，人们也随之遭灾受难。这促使古人对大自然的种种现象进行探

---

①　陈怡：《"风水学"生态思想的探讨》，《浙江万里学院学报》2005年第3期。

索，这种探索就体现了风水学的生态观念。风水选择不外乎对地形地貌、水源水质、气候环境、土质情况、植被绿化和景观氛围进行综合的考虑，再加上社会方面的政治、文化、经济、军事等因素而进行裁定。研究风水最主要的要素有：气、风、水。

气，不同于空气的气。风水学受"天地间只有一个气""万物皆成于气"观念的影响，认为大地像人体一样，是一个充满生气的有机体，各部分之间相互联系、相互协调。这是风水学中最基本而又最神秘的内容。现代科学研究证明，气是自然界物质和能量的交换和转化的结果。由此可知"聚气"之地必为草木旺盛、适合生物生长之所。

风，空气流动而成风。"气遇风则散"，这里的风指强风、烈风、大风、冷风；所谓"风为送气之媒"，此处所指则为微风、和风、暖风。因而风水学强调要避开强风，求得微风，就是所谓的"藏风"。藏风的目的就是达到"聚气"——保持小环境（或气场）的生气而不散失。因为生气是化生万物的根本。从中国所处的地理环境的特点来看，冬季，中国境内大部分地区吹偏北风，所以在北方黄土高原等广大地域，人们便挖窑洞而居，或以四面高墙围成合院，创造了良好的御寒避风场所。夏季，东南部地区所形成的高温多雨的气候以及台风的肆虐，使人们认识到只有山坡台地有利于防洪、减少危险，能提供较安全的居住地，于是形成了具有一定防风、防潮、防洪的干栏式和穿斗式建筑。

水，是生命之本，生活生产离不开水，优美的自然环境组成离不开水。在风水学中，水是生气的体现。"山环水抱必有气"，何以水抱必有气？原来，水最容易吸收微波，"气"遇水则界，是水收拢了宇宙之气的缘故。风水学中通过水来找聚气的好地方。这种情形最讲求弯曲环抱。弯曲的河流是以河曲之内为吉地，河曲外侧为凶地。这是以水为居住条件的先民在对河流变化做了长期观察后得出的结论，这一结论与现代河流地貌河曲的变化规律是一致的。水质的好坏也直接影响着生态环境的好坏，所以风水学中强调的"得水"不仅在水流形状上要求弯曲环抱，利于聚气，而且水质上也要求色碧、味甘、气香，这样才有助于优美自然环境的形成。①

2. 田园城市理论

工业革命的发展以及城市的恶性扩张带来了一系列的问题，城市居民的生活质量急剧降低，为了协调城市与自然的关系，解决工业革命带来的城市发展问题，西方学者进行了长期的探索并提出了相关的理论。其中最具有代表性的是埃比尼泽·霍华德（Ebenezer Howard）1898 年在《明日：一条通往真正改革的和平道路》一书中提出的田园城市理论，他倡议建设一种兼具城市和乡村优点的田园城市（garden city），而若干个田园城市围绕中心城市构成城市群。1919 年，英国"田园城市和城市规划协会"将田园城市正式定义为"为健康生活以及产业而设计的城市，它的规模能足以提供丰富的社会生活，但不应超过这一程度，四周要有永久性的农业地带围绕，城市的土地归公众所有，由一委员会受托掌管"。

3. 有机疏散理论

为缓解城市机能过于集中所产生的弊病，美籍规划师沙里宁于1943 年在《城市：它的发展、衰败与未来》一书中提出有机疏散理论。沙里宁认为，城市作为一个机体，它的内部秩序实际上是和有生命的机体内部秩序一致的。如果机体中的部分秩序遭到破坏，将会导致整个机体的瘫痪和坏死。为了使今天城市免趋衰败，必须对城市从形体上和精神上全面更新，按照机体的功能要求，把城市的人口和就业岗位分散到可供合理发展的离开中心的地域。有机疏散的实质就是把传统大城市那种拥挤成一整块的布局形态在合适的区域内分解成为若干个集中单元，并把它们组织成为在活动上相互关联的有功能的集中点，它们彼此之间将用保护性绿化带隔离开来，以此来应对城市

---

① 陈怡：《"风水学"生态思想的探讨》，《浙江万里学院学报》2005 年第 3 期。

发展的需要。有机疏散理论强调了"疏散"的作用，城市的功能与形态在一定基础上进行分离，实际上在城市规划与建设的实践中很难做到各功能节点之间的"有机"联系，从而带来了新的城市问题。有机疏散理论在20世纪60～70年代对美国城市的典型形态——周围有无数连绵不断的独院住宅，中心地区是集中紧凑的高层商业区——有很深的影响；对欧洲第二次世界大战后的新城运动，大城市向郊区扩散也有很重要的影响。但是到了20世纪70年代世界能源危机时，又发现城市过度疏散使能源消耗增多，旧城中心衰退，故而对其产生了怀疑。

4. POET 生态复合体理论

到20世纪20年代，美国社会学家将生态学的概念和理论大量应用到社会学研究中来，确立了社会学研究的生态学方法论框架。其中，以帕克为代表的芝加哥学派（Chicago School）所创立的人类生态学理论为20世纪早期生态社会学的发展奠定了重要基础，并成为城市社会学研究的主要理论流派。人类生态学的早期研究主要是采用类比方法，借用生态学中的概念（如共生、入侵和继替等）及相关理论，来研究一些社会学问题，与自然生态学家一样，人类生态学家把城市空间结构看作人类群体竞争的自然结果，群体的经济竞争力是决定因素。人类生态学家以城市为独立的研究单位，将城市视为一个相互依赖的共生社区，研究城市空间区位的形成和变迁规律。20世纪50年代末，邓肯（OD Duncan）在人类生态学的基础上，提出由人口（population）、组织（organization）、环境（environment）、技术（technology）四个因素组成的"生态复合体"，简称POET生态复合体。① 生态复合体强调了人类利用组织和技术作用对自然环境的生态适应系统的建构理念。

---

① OD Duncan, "Culture, Behavioral, and Ecological Perspectives in the Study of Social Organization", *American Journal of Sociology*, 1959, 65 (2).

二 基于生态理念的城市空间发展导向

随着近年来生态问题逐渐成为城市空间关注的焦点之一，城市空间研究的生态学理念的回归已经成为新时期城市空间规划理论发展的新趋势。如1980年代以后兴起的生态城市理论、城市生态承载力理论、紧缩城市空间布局理论以及城市空间"精明增长"理论等都吸收了生态价值理念，重新认识人与自然、社会与自然的生存与发展的辩证关系，并融入城市空间规划思想实践之中。这些重要的探索无疑会对人类进入后工业化时代条件下的城市空间理论发展提供新的主导路径，这理应成为城市空间规划思想的又一次升华。

1. 生态城市理论

1971年10月，联合国教科文组织（UNESCO）在"人与生物圈计划"（MAB）中提出了"生态城市"的概念。它的提出是对传统的工业化和工业城市的反思，同时也是人类生态文明的觉醒。生态城市作为现代城市发展的全新理念，表达了人类追求人与自然和谐共处的动态平衡的美好愿望，强调实现社会—经济—自然复合共生系统的全面持续发展，其真正目标是创造人—自然系统的整体和谐。

生态城市是一个自然、经济、社会相综合的巨大的人工生态系统。社会子系统主要以人为中心，通过对人口控制、社会服务、人力资源的利用体现人与地理环境的和谐相处；经济子系统由不同的产业构成，具有生产功能；自然子系统即城市的自然地理环境——空气、水、土地、植物等，它具有自然净化和人工调节两类还原功能。

生态城市思想在城市规划实践领域的三个层面上展开：在城市—区域层次上，生态城市强调对区域、流域甚至全国系统的影响，考虑区域、国家甚至全球生态系统的极限问题；在城市内部层次上，提出按照生态原则建立合理的城市结构，扩大自然生态容量，形成城市开敞空间；在城市最基本实现层次——社区层面上，建立具有长期发展和自我调节能力的城市社区。联合国教科文组织的"人与生物圈计划"（MAB）对城市生态建设曾提出了5项原则：生态保护战略，生态基础设施，居民生活标准，文化历史的保护，将自然与人工环境相融合。简言之，集经济发展、社会文明、环境优美为一体的人居环境——生态城市是人们所追求的理想目标。

从理论上分析，生态城市的科学内涵体现在以下方面。①从联系上看，生态城市不是一个独立的、单一的、封闭的系统，而是一个开放的，与周围区域紧密联系并且共生的系统。它不仅仅局限在城市地区，还囊括了周围广大的农村地区。②生态城市牵涉的领域涉及自然环境系统、人工环境系统、城市的经济系统和城市的社会系统，是一个以自然环境系统为基础、人的自身行为为导向、资源流与能源流为血脉、社会体制为经络的"自然—经济—社会"的复合体，是环境、经济、社会统一的共生结构。③从城市的环境方面来看，生态城市的能源和自然资源会得到高效合理的使用，自然环境及其演进过程得到最大限度的保护，生态环境得到恢复和发展，环境消纳人类活动所产生的各种污染物和废弃物的能力得到进一步提升。④从城市的经济方面看，生态城市不再只是一味地注重经济的增长速度和规模，而是更加注重经济质量的提高。生态城市的规划科学布局了城市的产业结构、能源结构，为生产力的发展提供了更大的潜能。生态城市的生产是清洁的生产，通过采用节能降耗、再生循环、污染防治、信息管理等新技术新手段，调整生产、流通和消费的结构，使得城市的经济系统和生态系统融为一体、协调发展，在良性循环的状态下，达到经济效益和环境效益的高效有机结合。⑤从城市的社会方面来看，生态城市要求人们拥有较高的科学文化素质、自觉的生态意识和正确的生态环境价值观。生态城市为人们提供了方便舒适智能的生活环境、安定有序的社会秩序、公正合理的民主法治、健全完善的社会保障体系、蓬勃全面多元的文化发展、绿色健康的社区生活，在这样的一个城市中生活，人的个性和才能将得到充分展现。

2. 城市生态承载力理论

1921 年，美国的帕克等在有关的人类生态学杂志中，提出了承载力的概念，即某一特定环境条件下（主要指生存空间、营养物质、阳光等生态因子的组合），某种生物个体存活的最大数量。如今，承载力概念广泛应用在环境、经济和社会的各个领域。

生态承载力以资源的持续承载力为基础，以环境承载力为约束条件，以生态弹性力为支持条件，以人类社会的可持续发展为承载目标。生态系统是以生命系统为核心，对内外干扰具有阻抗和恢复能力，但一旦承受的压力超过一定值后，就会过渡到另一个等级的生态体系中。对城市生态系统来说，尽管有足够的资源从外界输入，但如果对生态系统的破坏超过了城市生态系统的承载值，则这个城市将不再存在。

城市生态系统是开放的自然、社会和经济复合的生态系统，其主要功能表现在能量、物质、信息和人口的流动过程中。这就决定了城市生态系统的承载力与传统的承载力包括资源承载力、环境承载力等有很大程度的不同。城市生态系统除了自身的资源、环境条件外，还不断地与外界进行物质、能量和信息等交流，并不断将废物转移和消化。因此，城市生态系统承载力是指城市生态系统维持其自身健康发展的潜在能力，主要表现为城市生态系统对可能影响甚至破坏其健康状态的压力产生的防御能力和在压力消失后的恢复能力。城市生态系统承载力包括城市环境承载力、城市资源承载力和城市生态弹性力。城市生态系统承载力是以城市资源承载力为基础，以城市环境承载力为基本条件，通过城市生态弹性力来调节，以社会经济发展为表象，以容纳城市人口为目标的城市发展能力。

当城市社会经济发展所需的城市资源和城市环境超出其承载力范围或达到一定的阈值时，城市外系统将向城市生态系统提供相应的物质能量支持。反过来，在城市生态承载力充足的情况下，城市生态系统还可以向城市外系统提供承载力支持。

3. 紧缩城市空间布局理论

在紧缩城市空间布局理论指引下，城市空间布局主要反映出以下特征。一是城市适度紧凑。相对较高的密度更能减少能源需求以及环境污染，从而更好地保证生活质量和环境状况。而通过构建能有效利用能源的城市形态，能减少交通需求，从而降低交通尾气的排放，并且保护乡村免遭破坏。二是用地功能混合。邻里、城镇甚至是城市的土地功能混合有利于社会公平性，有利于减少出行时间、交通距离和交通能耗，可以鼓励步行和自行车，提高公共设施的利用率。[1] 紧凑城市的设计原则包括以下几个方面。①控制城市发展，反对城市蔓延。城市蔓延（urban sprawl）导致城市建成区无节制扩张，绿色空间减少，环境恶化，内城投资减少，财政靡费，生活品质下降。紧凑城市所反对的就是这种城市的无序蔓延。实现紧凑城市，首先就是实现对城市无序蔓延的控制，加强对城市发展速度、规模、建设用地等方面的控制。[2] ②土地综合使用，反对功能分区。通过提倡多样化的高密度住宅、办公、学校、商店以及文化休闲服务的混合区域发展，将鼓励步行与骑自行车出行，减少对汽车出行的需求，创造适合多种活动的道路空间，同时可以吸引不同种族和收入层次的人来此居住。其目的是最大限度地减少土地、能源以及各种资源浪费，提高城市和社区的效率，增加城市活力。③提倡公共交通，限制小汽车。公共交通由于其运输量大、能效高、占用停车面积少，可以缓解交通拥挤等优势，受到紧凑城市理论的推崇。并且，公共交通适用于高密度的城市，且交通资源分布较为集中，空间有效利用，排放较少的固体废弃物，社会成本更低，噪声和空气污染更小。④创造适于步行的邻里空间。适于步行的邻里空间为人们提供了方便和安全的步行地区，是一个人乐意去居住、工作、学习和休闲娱乐的

---

① 〔英〕迈克·詹克斯、伊丽莎白·伯顿：《紧缩城市：一种可持续发展的城市形态》，周玉鹏等译，中国建筑工业出版社，2004。

② 叶锺楠：《2000 年以来"紧缩城市"相关理论发展综述》，《2008 城市发展与规划国际论坛论文集》，2000，第 155～158 页。

地方，能降低交通费用，提供更多的交流机会，并拥有较好的环境质量。[①]

4. 城市空间"精明增长"理论

城市空间"精明增长"理论诞生于 20 世纪 90 年代末的美国，其旨在提高土地利效率，控制城市扩张，服务社会经济发展，保护生态环境，促进城乡协调发展和提高人们生活质量，是一种紧凑式城市规划的发展模式。城市空间"精明增长"理论强调：土地的混合使用，用足城市存量空间；加强对现有社区的重建，重新开发废弃、污染工业用地以保护空地；将开发投资重心转到中心城区，合理控制空间向外无序蔓延侵占农田；以创造一个更为高效、紧凑、可持续发展的城市空间为目的。其具体内涵包括：城市空间紧凑成长，通过规划建造紧凑型社区，发挥现有基础设施的效力，通过提供更加多样化的交通和住房选择来控制城市蔓延；为达到经济、环境、社会的公平，城市发展要使每个人受益，新旧城区都有投资机会，得到良好发展；城乡政府在开发管理和基础设施的决定中，以最低的设施成本去创造最高的土地开发效益。

基于城市空间"精明增长"理论的城市空间规划须遵循以下原则：混合型的土地使用原则；创造多种住宅机会和选择原则；紧凑式的城市发展或设计原则；步行式邻里原则；保护空地、农田、风景区和生态敏感区原则；创造具有强烈空间感的特色型、魅力型社区原则；加强现有社区的开发利用原则；使发展具有可预测性、公平性和成本节约性原则；提供各种交通选择原则；鼓励公众参与原则。

城市空间"精明增长"理论实际上是一种新的城市发展策略，它并不反对城市的扩张，但认为，这种扩张必须将城市的发展融入区域整体生态体系中，以实现人与社会的和谐发展。同时提出在城市的边缘设置扩展边界，通过建立公共交通系统，将城市土地利用和交通综合考虑，促进更加多样化的交通出行选择，通过公共交通导向的土地开发模

---

① 马奕鸣：《紧凑城市理论的产生与发展》，《现代城市研究》2007 年第 4 期。

式，将商业、居住和公共服务设施混合布局在一块。从荒废土地下手，鼓励填充式的高密度开发，将开敞空间和环境设施的保护置于同等重要的地位，认为必须在城市增长和保持生活质量之间建立联系，以实现城市有效、合理、公平的增长。[①]

第六节 基于信息社会的城市空间理论

城市信息化表现在城市社会、经济、文化等各个领域广泛运用信息技术，提高城市管理水平和运行效率，提高城市生产力和竞争力，完善城市服务功能，促进城市社会和经济的协调发展，加快城市化进程等方面。随着信息时代的到来，信息化日益成为推动城市化进程的重要动力，并在极大程度上影响和决定着城市空间的演化。[②]

一 信息化——城市空间新型驱动因素

信息化是人类由工业社会向信息产业高度发达且在产业结构中占优势的信息社会演进的动态过程，是社会经济发展从以物质和能量为重心的经济结构向以信息与知识为重心的根本转变。信息化既包括信息产业、信息咨询服务业的高度发展，以及信息技术对传统产业的改造和产业结构的提升，也包括社会生活中信息的广泛利用以及信息对人们生存环境和生活方式的影响。

1. 快速发展的信息技术

信息技术的快速发展带来城市产业结构的更新。随着信息时代的到来，信息产业的比重大幅上升，其将取代传统产业，在社会经济发展中占据主导地位，信息技术与信息产业成为新经济发展的基础。信息产业对城市经济发展的影响主要体现在两个方面。一方面是信息产业自身的

---

① 贺素莲：《基于紧凑城市理念的长株潭城市群空间结构研究》，湖南师范大学硕士学位论文，2010，第 10~12 页。

② 方维慰：《信息技术与城市空间结构的优化》，《城市发展研究》2006 年第 1 期。

高速发展。如美国 20 世纪 90 年代以来，大量以通信、软件等为主的信息产业已超过制造业等传统产业的规模，1997 年美国对信息产业的投资达 2060 亿美元，占美国企业固定资产投资的 35.7%，而美国的经济增长中有 27% 归功于高技术通信和信息产业，信息产业已成为社会经济发展的主要产业，促使美国经济保持近 10 年的超长周期增长。另一方面是高速发展的信息技术对传统产业的改造。信息技术强大的扩散力与渗透力，使传统产业在信息获取、处理、传递及生产组织等方面产生了巨大的变革，信息产业为传统产业提供信息技术、信息内容和信息服务，从而推动传统产业的改造与升级。信息产业的快速发展以及对传统产业的改造将带来城市各功能区的扩展与更新，使得城市产生新型的集聚与扩散模式，进而影响城市空间结构的演变。

2. 高度发达的通信、运输网络

发达的通信网和运输网的结合构成了信息时代的基础设施。信息技术的迅速发展与广泛应用形成了发达的通信网络，由此带来运输网的现代化，这在很大程度上降低了大都市的集聚性，相应的在另一层面上则加强了城市功能扩散与分化的趋势。通信网络在更大范围内可达，尤其是国际互联网络的快速发展，使得传统的时间与空间的概念被重新定义。高度发达的通信网络缩小了郊区与城市中心区的空间距离感，消除了远离城市的闭塞感，使人们的活动范围摆脱了时间和距离的限制，在很大程度上改变了人们的生产与生活方式，新的生产和生活方式将导致新的居住模式与工作方式的出现。此外，通信网络的高度发达使得以信息产业为主的新兴产业以及一些传统产业的布局摆脱了传统的产业区位理论的束缚，打破了传统的产业发展范式，企业分布更趋分散化、小型化，从而使得城市发展分散化、中小型化，形成开放式、网络型的城市发展模式。城市开放式、网络化的发展将突破城市空间结构发展的各种限制门槛，促使新的城市空间结构的产生。总之，在信息时代，发达的通信与运输网络使得居住、工作、生产等种种城市功能在区位选择、地域布局上更具有弹性与可选择性，各种城市功能的布局形式以及功能间的组合模式将更加灵活与多样。发达的通信与运输网络所带来的各种城市功能在地域布局形式以及功能间组合模式方面的转变，必将引起城市新的发展模式的形成，由此也必将导致全新的城市空间结构的产生。

二 信息化作用下城市空间演变趋势

在信息技术的推动下，经济活动的全球化加剧，从而使得城市的空间结构和空间功能发生巨大变化。此外，信息技术给人们生活生产方式带来前所未有的变化，使得居住、交通、工业等城市功能发生相应的改变，城市各种显著功能的转型以及组织方式、空间布局上的变化导致城市空间结构产生巨大的变化，进而改变城市化过程和城市空间结构。①

1. 城市功能组织

早在 1980 年代就有学者关注到信息技术对城市空间集聚—分散的影响，托夫勒（Toffler）认为通信技术的发展弱化了空间距离的作用，凯姆克罗斯（Caimcross）则提出了"距离已死"的观点。在信息时代，产业与人口的空间布局有更大的选择余地，这在一定程度上促进了城市功能在空间上的分散化。但高速运行的信息科技革命在加强空间扩散能力的同时，也蕴含着集聚的需求，引导经济、社会等要素向一定的地域空间集聚，如美国硅谷、波士顿 128 公路、北京中关村等高技术开发区内信息密集型、知识密集型企业依托高校密集区、人才密集区而集聚发展起来。同时，普通的商务办公职能则会向外扩展，形成更为分散的格局，在城郊形成一定规模的办公小区。在信息时代背景下，城市的各项功能呈现与以往不同的集聚和扩散，从整体上看，城市绝大部分功能向城市郊区或者更远的城市影响区扩展，而能够体现时代优势的产业向城

---

① 周华伟、朱大明：《信息时代城市空间结构演变研究——以昆明为例》，《江西科学》2010 年第 6 期。

市的战略地区或优势地区聚集。

2. 城市—区域空间结构向网络化发展

城市—区域空间结构是在一定的经济技术条件下区域经济和社会活动进行空间分布与组合的结果。随着时代的演变，区域空间结构也随着产生相应的变化。信息时代的到来使得城市与区域的发展更加活跃，逐渐超越行政管辖范围的约束，走向更广阔的地理空间。城市与城市以及城市与区域之间改变了原来的经济割据与同构性显著的特点，开展广泛的技术合作与信息交流。原有的"核心—边缘"结构模式已被群体间高度发达的、复杂的、功能上一体的区域关系网络代替，形成了多中心、多层次、组团型发展模式。城市与区域已经不再是一个静态空间，而是一个在地域和功能等方面相互融合、相互包含的动态弹性空间。以往区域发展中具有指导作用的传统规模等级规律在区域发展中所起的作用将减弱，水平联系取代垂直联系而具有主导地位。时空距离对各种功能活动的空间位置的约束作用极大程度的缩小，信息时代便捷的通信网络取代可达性因素成为占主导地位的影响因素，使区域间的时空距离以及区域间的界限淡化与模糊。城市在区域中的地位和作用不再仅仅取决于其规模和经济功能，在很大程度上还取决于其作为复合网络连接点的作用。区域的发展不仅仅取决于网络节点的规模与功能，还取决于网络节点间的联系类型以及联系的复杂性。

3. 物质交通网络依然是塑造城市生活空间的主要轴线

城市的交通功能主要体现在两方面：其一，满足人们的出行需求，人们利用交通设施外出工作、购物、休闲娱乐等；其二，作为货物运输的通道以及载体。随着信息时代的到来，一些人认为物质交通网络将被信息网络所替代，但交通与信息网络间复杂的关系，与其说成替代，不如定为互补或者促进的关系。信息网络的替代作用非常有限，对交通系统并没有明显的影响，新产生的交通量相对于替代作用所减少的交通量要远远大得多。具体表现如下。第一，虽然许多以前需要在外完成的工作可以在家中完成，人们可以在家中办公，进行网上购物，上班旅途被通信所取代，电视会议取代了商业旅行等，人们出于上述目的的出行频率降低，城市道路上的上班族、购物族大大减少，但是由于信息时代工作效率的提高，人们可以享有更加充足的个人时间，此外，随着人们可支配收入的增加，人们产生巨大的休闲需求，此时人们更倾向于进行户外旅游以及其他休闲娱乐活动，这样虽然减少了工作、购物的出行频率，但增加了外出旅游、休闲的频率，城市道路上增加了更多的旅游族与休闲族，并且较之现在，活动的范围将更加宽泛，出游距离将更加远。第二，在知识经济时代，信息网络技术高度发达，人们可以通过网上购物实现网上轻松消费，但是具体的物质产品并不通过网络传输，货物的运输传送需要有交通设施作为其工具与载体，因而货运交通的功能将有所加强。第三，一个强调及时性和柔性生产的信息社会，对交通系统提出了更高的要求，为了支持灵活、快速的经济系统，交通系统的任务将更加繁重。

在信息时代，信息流的重要性显而易见，但信息网络的发展所带来的物质交通网络的发展将是非常巨大与明显的。城市的交通功能在程度上将有所加强，城市交通将更加发达与繁密，这一点不仅在城市内部有所体现，在城市的郊区以及更外围地区也能很好地体现。因此，在信息时代，密集的信息网络以及由此产生的繁密的信息流通固然重要，但物质实体的流通仍然是最基础的，物质交通网络仍然是塑造城市空间的主要轴线。此外，从城市交通结构的外在形态来看，信息时代的交通结构与工业时代相比将产生很大的变化，其将由松散的扩展形态向环形的网状结构发展，城市交通的延伸方向更着重于郊区以及更远离的城市地区。

4. 居住由城内转向城外，由邻里单位转向复合功能社区

居住空间是城市最主要的空间结构单元。当前，我国绝大部分城市均呈现这样一幅景象，即大量人口源源不断地从城市外围向城市中心汇集，人们希望在城市中心工作，进而定居。这主要由于城市中心相对于城市郊区以及其他外围地区，为人们提供了更为舒适的条件，这包括便捷的交通设施，良好、方便的购物环境以及其他顺畅、优质的服务。此外，人们为满足自身交往的需求，也源源不断地向城市聚集。但是，随着信息时代的到来，资讯科技向光纤和数字化方向发展，大大增加了信息传递的容量和清晰度。发达的信息基础设施以及虚拟现实（Virtual Realify）和遥科学（Telescience）技术的发展为人类提供了一种前所未有的生活交往方式，很大一部分工作可以在家中完成，原来由社会所承担的许多服务功能可以回到家中完成，如在家读书、就医、开会、学习以及接受护理、远程娱乐等。这使得人们不必为这些而聚于城市中心，聚于交通便捷、购物方便、休闲娱乐方便的地段。高速信息网络的"同时化"效应以及便捷的交通网络，使得人们对于住宅区选择的余地更大，此时人们会更加倾向于远离市区，而居住于城市郊区或者更远一点的地方，以远离城市的嘈杂，充分享受城市外围新鲜、清新的空气。伴随着人口的大量外迁，城市空间景观也向外迁移与延伸，形成城市的郊区化现象。此时在城市中心将看不到连片的、大面积的住宅区，居住空间大都集中于自然环境优美、气候宜人的乡村地区，信息化与分散化的城市产业与人们的居住环境灵活地融合在一起。随着社会生产趋向清洁化、软件化与非物质化，相当一部分生产场所将实现家庭化或通过设立分散的分支机构使生产场所与生活场所再次相互混合、相互临近。处于郊区的居住社区不再仅仅局限于承担居住功能，其他诸如生产、教育、交通、游憩等城市功能被纷纷赋予郊区的社区。人们的居住环境不仅是生活的场所，而且是办公场所、教育场所、娱乐场所等，形成居住环境在功能上的整合。信息时代住宅的吸引力不再是卧室的大小、户型的样式，而是信息基础设施、网络速度。这一居住发展模式对外依靠信息高速公路和快速交通干线进行物质和信息的交流，对内注重营造功能齐全、环境宜人的人居环境，将商业、公园、公共设施等布局于适宜的步行距离之内，增强社区的活力与多样性。

5. 工业布局更趋向于分散化与网络化

工业经济时代，城市的工业功能布局完全遵循集聚效益、规模效益的原则以及以可达性作为区位选址的原则，因而在空间上因区位因素而产生的城市土地成本的差异以及内外联系的交通成本差异等因素影响着工业功能区的布局，影响着工业企业的发展。但随着信息时代的来临，重工业将向以信息技术为支撑的产业转变，大工厂逐步向现代化的中小企业转变，这些使得影响工业布局的区位制约因素在约束功能布局方面的作用明显下降，自由配置增加。此外，信息产业在功能和空间上生产运作呈现的分散化特征以及信息产业对于区位选择所表现出的高弹性特征，使得产业布局对于城市中心区的需要大大减少，工业经济时代的集聚效益、规模效益、区位效益已不再处于决定性地位。随着城市中心集聚成本的提高，信息网络的发展，工业生产的空间组合形式在地域上不再以传统大规模工业区的方式存在，企业的组合形式更趋于小型化、分散化；在生产组织与管理上，纵向树形结构将减少，取而代之的是更加错综复杂的网状结构。此外，企业在区位上的选择更倾向于城市边缘以及更远的城市影响区，从整体上呈现一种由紧凑型向松散型演化的趋势。[①]

三 基于信息技术的城市空间结构优化

基于信息化能够改变城市空间结构的认识，未来在城市空间发展方面，我们可以提前谋划城市空间结构，以适应信息化时代背景与发展趋势。

1. 促进产业用地合理配置

利用信息技术，提升城市中心区的吸引力，并在各级城市因地制

---

① 张婷、姜石良、杨山：《信息时代城市空间结构的演变趋势探讨》，《干旱区资源与环境》2007 年第 1 期。

宜地发展信息产业，提高城市空间的使用效率。我国是个人均土地资源十分有限的国家，因而，信息技术首先应该用于城市的内涵型发展，即加大旧城改造的力度、完善城市的各项功能。大城市的CBD 不能再走西方城市 CBD 繁荣、衰落、再振兴的老路，而是应该未雨绸缪，利用信息技术先给予优化。可在 CBD 有计划地建设电子信息港和信息特区，为尚不能自主进行信息化建设的中小企业提供廉价和及时的信息服务，提升 CBD 的吸引力。因地制宜地发展信息产业：小城镇应注重信息技术在农业和乡村工业中的应用；中等城市应侧重发展信息制造业；大城市应重点发展信息开发业和信息服务业，为产业优化供应链、降低流通成本、满足个性需求而构造平台。利用信息技术和生态技术淘汰城市的"三高"产业，优化城市的人居环境，大力发展电子商务、电子政务、电子社区、智能交通，促进城市管理、监控和规划的智能化，以技术创新推动管理创新和体制创新，力求对空间的使用更加充分。

2. 推动城市空间组团式发展

合理规划城市的空间运动，构建以中心城市为主，以卫星城、工业园区为辅的多功能、多极核、分散化的组团式城市结构。城市内部的密度过大，会造成交通拥挤和人居环境恶化；密度过小，又会导致通勤成本增加，城市聚集效益下降。因而，在集聚与扩散中寻求最佳的平衡点是中国众多城市面临的问题。信息技术可以提高城市集聚与扩散的强度，使城市空间处于整体扩散和局部集聚的状态。因而，利用信息技术可以有效地推动城市的规模扩张，实现产业区位的下层渗透。同时，信息网络对地域空间的超脱性，还可以使城市的空间运动摆脱地理延续性的限制和行政束缚，采取"飞地"扩展方式向城市的中远郊扩散，以保留城市外围的绿地和农田，优化城市生态环境。利用信息技术对于城市要素空间相互作用的贡献，积极培养城市的下级规模中心，形成多中心、分散化的组团式结构。相比建成区"摊大饼"式地蔓延所形成的过度极化的单中心城市结构，多中心的城市结构可以避免城市内部的交

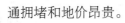

通拥堵和地价昂贵。

3. 打造"网络型"城市体系

依托交通网和信息网构造的互动平台，推进各级规模城市的功能分工和组合效应，构建有序的"网络"型城市体系。利用信息技术增强城市之间的依赖性和关联度，打破行政地域的壁垒，使城际的物资流、人才流、资金流、信息流在更广阔的空间领域甚至全球范围内流动和交汇，以实现资源的最佳配置。将虚拟的网络空间与实体的地域空间有机结合，以改变中国城市产业结构雷同、地区经济割据、重复投资建设所导致的分割化的空间形态。促进区域中各级规模城市的分工合作，以形成错位竞争和优势互补的协同性空间。凭借信息技术对构建新型数字城市体系的作用，积极推动城镇群向都市聚合轴、都市连绵带等高级形式演变，最终形成功能互补、各具特色、大中小相结合并具备地缘优势的城市空间组群结构。[1]

---

① 后锐、西宝：《信息化条件下城市空间演化的特征研究》，《学术交流》2004 年第 2 期。

第二章
城市空间发展历史演化

城市是一部石刻的史书。每一个历史时期都会在城市的土地上留下印记，历经千百年的兴衰及重生，形成今天我们所看到的面貌。每一座城市因经历不一样的历史，有着不同的自然地理环境，生养着不同的人群，与人类一样，都有各自的独特"气质"。

第一节　城市空间演化

一　西方国家城市空间演变历程

1. 工业化时期①

19 世纪，在两次产业革命的推动下，西方主要资本主义国家先后实现了工业化。这一时期，西方多数国家都经历了快速城市化的过程，这种工业化以及与之相伴的城市化的快速发展一直延续到 20 世纪上半叶。

工业革命打破了农业文明下的城镇平衡，大机器生产使工业蓬勃发展，大量乡村人口快速向城市集中，城市规模迅速扩大，导致城市居住

---

① 周春山：《城市空间结构与形态》，科学出版社，2007，第 43～145 页。

区房屋密集，人口稠密。随着工业化进程的推进，工业成为国民经济的支柱，作为工业载体的城市逐渐成为社会经济活动中的主体。

这一时期的城市形态呈集中式外延发展，多为单中心结构，伯吉斯的同心圆城市布局理论是这一时期城市空间结构与形态的浓缩。伦敦、巴黎、柏林、纽约等城市均为单中心结构。此外，在工业化的快速推进过程中，除了原来存在的城市有很大的发展外，还出现了工业城市、矿业城市、港口城市、运河和铁路城市等。英国的曼彻斯特、伯明翰、利兹、谢菲尔德等都是这一时期兴起的城市。

2. 工业化后期

20 世纪 50 ~ 60 年代正是工业时代和后工业时代交替的时期。工业生产机械化程度不断提高，制造业产量的增长可以在制造业劳动力少量增长甚至减少的情况下取得，城市的主要功能逐渐由产品加工和低层次服务向信息处理和高层次服务过渡，城市空间也开始发生转变。战后欧美国家经历了城市郊区化、城市绿带控制、新城建设过程，城市呈现轴线发展趋势，并且同一区域的城市呈现集聚发展态势，出现了城市群。

针对工业化时期城市扩张过程中各类用地布局混乱的状况，城市各功能用地出现分化，城市从单中心向多中心发展。著名的霍伊特扇形城市布局理论、哈里斯与乌尔曼多核心城市布局理论就是在这一时期提出的。这一时期的大城市与外围空间不断作用、演化，出现了以中心城市为核心，连同毗邻的内地、腹地的大城市地区，即大都市区。其组织形式有三种：单中心型、一主多副型、多中心型。

3. 后工业化时期

这一时期城市功能由工业制造转变为以商业金融、行政办公、文化娱乐等服务业为主。随着经济的高速发展和交通条件的改善，拥有高收入的人们开始往更远的郊区迁移，以求更佳的生活环境。郊区化往纵深发展，并出现了所谓的逆城市化现象。

在这种背景下，欧美的城市空间出现了新的情况。一方面，市区的持续衰退导致政府加强规划干预，市区重建导致内城空间形态发生变化；另一方面，郊区化在一个更广阔的地域不断蔓延，城市外围出现了与传统城市迥异的边缘城市。大都市区蔓延式的发展最终导致都市连绵带的出现，城市结构变得更加复杂化、网络化，城市形态也显得更加宏大、松散。

（1）紧凑的多中心型城市

紧凑多中心的城市能限制城市蔓延。紧凑型是可持续发展的城市空间结构的一种重要设计理念，多中心是城市空间发展的一种趋势。

首先，从资源的消耗角度看，紧凑型有利于节约资源，包括交通燃料、水、材料、人力和时间，同时可以减少污染。总之它能节约出行的个人成本和社会成本。

其次，它有利于提高生活质量。因为紧凑的多种新结构可以提高人们社会交往、获得服务和利用各种设施的便利性。尤其是社会交往，它是城市非常重要的功能，更多的社会交往有利于激发创意、相互理解，从而推动社会发展，促进社会的和谐。

再次，紧凑型可以提高用地密度，从而提高城市空间的利用效率，这种高密度不是任意的，而是在当前技术水平下的适宜的高密度，其前提是不会造成负面的影响，比如过分拥挤。紧凑的城市要开发先前未充分开发的城市土地，重新开发已经存在的建筑物或者先前已开发的地区，实现土地利用细分和功能转换，提高城市空间发展的质量。

最后，多中心意味着网络化，既不造成中心区的超负荷运作，又牵制过分的分散，多中心是信息社会城市空间的一种基本形态，城市在高速公路网和信息网的联结中形成各有分工、紧密合作的区域星座式结构。

（2）空间发展受控的城市

城市空间发展应是受控的。城市不可能不受节制地对外爆炸式扩张，城市发展应更多地"向里看"，而不是单纯地向外看。受限制的城市，其空间结构形态应该能对环境用地、农田和来自土地的各种资源进行保护，虽然它们的经济价值不如城市开发，但是它们隐含着巨大的环境价值。此外，要重新开发城市化地区，控制城市发展的模式和城市密度，可采取以下三个方面的措施。

一是建设环城绿带。以环城绿带来控制城市"摊大饼"式扩张的典型城市是伦敦和巴黎。绿带是一种空间控制的手段。绿带通常由公共空间、非营利性开敞空间构成，设立绿带以保护土地、水源免受发展的影响。绿带可以保护对生态环境具有重要意义的物种聚集地，通过生态廊道的连接，即使在紧邻已经开发的地区，绿带仍能够有效地保护生态系统。

二是设立城市增长边界。城市增长边界政策的第一次实施是在1958年的美国肯塔基州的列克星敦市，随后其便逐步流行开来。增长边界常用来控制城市蔓延，保护开敞空间，并促进内城邻里关系的重建。其目的也是形成一个比较紧凑的城市。城市增长边界位于乡村地区和城市化地区，依靠管理政策阻止不连续的以及跳跃式的土地利用和发展。它是在一个特定阶段的用地限制，当用完之后再另划定下一个规划期的增长边界。城市增长边界的功能与环城绿带相似，只不过它是一条政策性的边界，而非一个实体。

三是提高城市的服务能力。环城绿带和城市增长边界限制了城市向外扩张的离心力，提高城市的服务能力则增强了城市的吸引力，三者形成二"推"一"拉"的合力。它包括优化城市内部用地，完善城市的服务功能，积极进行城市设计，创造富有吸引力的城市环境。

（3）多样性的有机城市

多样性是可持续发展城市的本质。美国的简·雅各布斯将这个概念流行开来，随后其作为一种规划方法而为广大的城市规划者所接受，例如新城市主义、城市空间"精明增长"理论以及可持续发展理论。

第一，混杂的城市用地。分区思想的城市规划建造出来的城市是单一、呆板、功能不完善的城市。混杂的城市用地要求可兼容的商业、居住、工业、各种机构以及与之相联系的交通用地都尽可能地相互接近。其好处是可以减少出行量，从而降低交通费用和交通污染，方便人们的工作、购物和休闲等。

第二，多样性的城市空间。包括更多的建筑样式，更多样的建筑密度，更多样的住房规格，这些都能增加都市景观的吸引力。

第三，多样性的文化。城市是多种多样文化汇集的地方，有活力的城市应该有丰富的文化气息，也需要不同的文化风格，促使不同文化背景的人群，如不同宗教信仰、语言和年龄的人聚在更接近的地方，增进了解，相互学习，提高城市文化景观的吸引力，同时促进文化的发展。

第四，多样性的城市是紧凑的。因为紧凑城市意味着更多异质的事物、人群集中在有限的空间里，紧凑的城市是步行和公交导向的，更有利于城市不同阶层的人更多地面对面交流。

（4）公共交通导向的城市

汽车的普及和通向郊区的道路基础设施的建设，带动西方城市郊区的发展。城市越摊越大，形成分散性的空间结构，且时常导致交通拥堵。可持续发展的城市需要有发达的公共交通来支撑，是公共交通导向的城市，因为它更有效率。

第一，公共交通有利于降低社会和环境的费用。公共交通能够节约能源的使用，而且更易于维修，产生的污染更少。有效率的公共交通有利于节约费用，提高社会总产出，同时也使财政更易于维持，因为发展私人交通政府必须随时准备建设更多的道路设施。

第二，公共交通更有效率。它拥有更大的运载能力，而且能够大大提高交通工具的实际利用率。另外，公共交通更加安全，本身需要更少的用地，且发展公共交通能够有效地减少城市公共停车场地的用量。

第三，有利于城市的多样性。公共交通设施本身就是一个公共的空间，不同的居民利用它上下班、购物、娱乐，为人们提供更多相互接触的机会。

二　我国城市空间结构演变

1. 古代

我国古代城市至周代发展为形态规整方正的平面特征。《周礼·考工记》中《匠人营国》篇记载，"匠人营国，方九里，旁三门。国中九经九纬，经涂九轨。左祖右社，前朝后市，市朝一夫……"。春秋战国至秦汉一段时间内，城市建设依照管子的"城郭不必中规矩，道路不必准绳"的原则，中轴线从局部发展到整体，形成沿中轴线两侧对称布局的城市形态，道路网简单、不甚严格的棋盘式结构演变为复杂的、具有功能分工的棋盘方格网式，两宋至明清则是这种平面形式稳定发展的时期。

中国古代城市大多源于防御的需要，这种需要使得城市具有多重城，从龙山文化时期的藤花落古城开始大体分为两重城，一直到明清的北京城发展为三重城。各个城的功能明确：宫城是全城的中心，承担了政治功能，其规划最为完整，布局最为规整；皇城一般是贵族居住区域，同时散布一些为其服务的手工业和商业活动场所，整个城市的主要交通干道在皇城体现得最为明显；外城一般是普通居民居住区域以及手工业、商业的集中活动场所。

2. 近代

帝国主义入侵、资本主义缓慢发展、政治不稳定、农业经济落后是这一时期城市发展的大背景。近代城市的发展历程充分体现了这一时期社会经济由完全封建型向半殖民地半封建型转化的社会巨大变动。城市类型主要有开埠通商城市、近代工矿城市、近代交通城市。城市内部结构构成要素不断丰富，主要有租界、近代资本主义工商业街区、近代工业区、新型公共建筑、近代市政公用设施。随着近代城市的产生，城市规划也在我国开始起步。各帝国主义国家依据本国城市发展的经验和城市规划理论对城市进行规划，如青岛。国民政府也将欧美的卫星城市、邻里单位、有机疏散的城市规划理论应用到"大上海都市计划"中。

城市的空间布局具有当地城市特征。主要分为两种。其一，由于当地城市经济呈现二元结构：农业经济和外来资本主义经济。两类不同的商业中心——本土化商业中心和西式商业中心形成整个城市空间布局结构，也就是著名的麦吉模式。其二，由于这一时期城市多由多个资本主义国家共同控制，城市空间布局又可以分为几个由不同势力所牵制、各个地域功能相对独立、风格迥异的"多区拼贴"空间结构特征。依据形成背景的差异，胡俊（1994）① 提出可将其划分为老城区、商埠区、新市区等几大块。

3. 计划经济时期

在单一计划经济体制的环境下，城市发展的动力来源主要是国家有计划投资建设新城或扩建旧城，工业建设是城市发展的先导，城市发展受国家政策变化影响较大。在"变消费城市为生产城市"方针的指导下，城市发展以工业建设为先导，工业建设决定了城市用地扩展速度、城市用地结构形态，并带动居住和仓储、交通用地的向外扩展。"大而全""小而全"的单位制独立大院也是这一时期计划经济的产物。随着计划经济体制的确立，城市公共中心布局发生新的变化。行政办公和工业用地占用城市中区位优越的土地，与此同时，中心零售商业则进一步发展，城市中心地区也新建了各类大型国营、集体商店和各种娱乐设施，导致中心区的功能更不明确。

由于工业生产的迅速发展，城市人口大幅增加，城市空间快速扩展，城市结构呈现圈层式发展，典型的是沿交通线大面积、低密度、粗放式伸展。城市内部出现大量与工业生产功能混杂的综合体，城市边缘也有一些郊区工业，同时也有相当数量的农田。

从空间形态来看，主要有两种：圈层模式，有老的城市核心、工业—居住单元、绿带等开敞空间以及食品、农作物和加工工业区；功能分区模式，以工业用地布局为主导，各项功能用地计划配置。

---

① 胡俊：《中国城市：模式与演进》，中国建筑工业出版社，1994。

4. 转型时期

改革开放以来，经济全球化、区域一体化进程加快，城市社会经济迅速发展，新型城市空间要素，如新产业空间、新型商业空间、新居住空间、大学园区、新生态保护空间、中央商务区等出现。这一阶段城市发展迅速，由于单中心城市承载力有限，多中心的发展模式成为城市优化空间结构、拓展城市功能、提升城市地位的组织手段，城市逐渐摆脱原有封闭、单中心、量变的发展过程，走向弹性开发、多中心、质变的空间重组过程。这一时期城市空间扩展方式除了同心圆扩展外，还有交通导向的轴向扩展和打破连续圈层模式的多核扩展模式。

这一时期城市结构与形态模式有四种："摊大饼"式圈层结构城市形态，以北京最为典型；受自然条件或主导经济流向吸引的带状结构，以兰州为典型；多核网络结构，各功能区虽在地域上与中心城市不连片，但功能上紧密联系；主城—卫星城结构，中心区是城市经济、文化、政治中心，卫星城具有某种专业职能。

三　城市规划与城市空间

（一）城市规划与城市空间的效应分析

城市规划作为一种建立在人的意志、价值观基础上的城市空间组织机制，在运作过程中产生如下效应。

1. 未来导向作用

目标是对未来的一种预测，目标的确定必然是对未来进行研究的结果。城市规划不仅在目标确定，而且在目标实现过程中的所有选择和行为，都是对未来进行研究的结果。城市规划作为为实现一定目标而预先安排行动步骤并不断付诸行动的过程，其最主要的特征和功能是对城市空间的未来导向。它既是对未来城市空间发展结果的预测，也是对城市空间发展过程的预先安排，并且在空间发展过程中不断地趋近最终目标。城市规划未来导向性的实质是对未来不确定性的缓解和抵消，通过城市规划的作用，采取怎样的步骤和方法，可以达到怎样的更好的空间发展状况，这也是我国当前城市规划目标的性质和内容所在。[①]

2. 快速优化作用

城市规划的编制和实施过程是对城市空间发展进行优化的过程。城市规划通过规划引导和规划控制对城市空间的发展进行人为干预，以期达到即行的规划目标和空间时效。在空间发展规律认识的基础上，当旧的城市空间结构逐渐不能满足该城市功能要求时，通过主导控制以创造新空间结构的外部条件和环境，通过诱导控制加大引导力度，从不同侧面加强城市空间结构向新结构转变的优势，最终导致更有序空间结构的产生，达到少走弯路，减少不必要损失的目的。

城市规划的这种作用机制在旧城改造、新城建设和城市更新中显得尤为重要。在旧城改造中，城市空间发展按照既定的内容、形式、时序和规模进行，表现出城市空间快速优化的特性；在新城建设中，城市规划能在较短时间内，科学地利用地域空间，合理组织空间功能，迅速实现空间系统整体优化，建设出较为合理的城市空间结构；在城市更新中，城市规划通过及时调整，可以使城市空间结构的发展既长期保留结构性的长远发展，又不断地进行内部功能的调整和重组，以适应不断变化的社会经济发展的需求。[②]

3. 阶段性整体受控作用

城市规划是一种以一定期限内城市土地利用和空间发展为组织对象的阶段性过程。规划期限分为近期、远期及远景，为寻求近远期结合和空间持续发展，城市规划还具有阶段性和时效性特征。随着认识水平的不断提高，城市规划方法论本身也处于演变和发展过程中，其本身也具有阶段性的特征。城市规划通过规划引导和规划控制对城市空间的发展

---

① 赵勇强：《空间研究 2——城市空间发展自组织与城市规划》，东南大学出版社，2006。

② 段进、〔英〕比尔·希列尔：《空间研究 3——空间句法与城市规划》，东南大学出版社，2006。

进行人为干涉，以期达到既定的规划目标和空间效果，因而其过程是以城市空间的整体受控发展为特征的。这种情况在新城建设或新区规划中尤为明显，城市空间发展按照规划既定的内容、形式、时序和规模进行建设和管理，表现出极强的受控性。

（二）西方城市规划思想的历史演进

1. 工业革命以前

（1）古希腊城市规划形态

古希腊人对城市的定义是：城市是一个为着自身美好生活而保持很小规模的社区，社区的规模和范围应当使其中的居民有节制而又能自由自在地享受轻松的生活。为了体现公民的自由、平等，希腊的许多城市规划与建设的主导思想是突出公共活动空间，并以方格网道路划分街坊，贫富住户混居在同一街区，仅在用地大小和住宅质量上有所区别。古希腊的大量住宅是狭小而简朴的，而各种公共空间却以规模宏伟而著称，最具有代表性的是雅典卫城。

（2）古罗马城市规划思想

随着古罗马物质财富的积累，快乐主义和个人主义逐渐成为上层社会即奴隶主阶层的主流思想。此时的城市规划思想表现出强烈的实用主义态度，他们更加注重强大而现实的人工实践，倾向于强有力地改造地形，并以此显示力量的强大和财富的雄厚，而不像希腊人那样尊重自然、善于利用地形。古罗马在城市总体空间创造方面重视空间的层次、形体和组合，并使之达到宏伟与富于纪念性的效果。在此期间，古罗马杰出的规划师、建筑师维特鲁威撰写了《建筑十书》，对罗马城市建设辉煌业绩、大量先进的规划建设理念和技术进行了历史性总结。

（3）中世纪时代

从西罗马帝国灭亡到 14、15 世纪欧洲资本主义制度萌芽（文艺复兴运动）这一漫长的封建时期被称为中世纪。在这一千年左右的时间里，西欧由于生产力的衰退、战争频繁的破坏、国力弱小以及基督宗教思想的束缚，其经济、社会、文化发展十分缓慢，因此该时期通常被称为"黑暗时代"。这一时期，基督教对世俗世界与精神世界全面占领，神权凌驾于王权之上，因此城市生活形态表现为教区与社区的合一，教会当之无愧成为中世纪西欧城市社区网络关系形成与维系的最重要的纽带与媒介。教堂常常占据城市最中心位置，凭借其庞大的体量和超出一切的高度控制着城市整体布局，成为城市的轮廓线和视线焦点。因此，在中世纪几乎所有不同规模的城市都呈现非常一致的格局，在教堂前形成半圆形或者不规则的但围合感较强的广场，教堂和这些广场一起构成城市公共活动的中心，而道路基本上以教堂、广场为中心向周边辐射出去，形成蜘蛛网状的曲折道路系统。从相当程度看，这些城镇所凝练成的极高的景观艺术价值是"无规划"与"自然主义"思想的杰作。

（4）文艺复兴时代

文艺复兴并不是一场疾风骤雨式的对传统文化进行彻底否定与破坏的"暴力革命"，而是一种对既有人类文明成果的谦逊继承和扬弃并注入崭新要素的文化进步过程。该时期的大师们在艺术创作过程中展现出无限内敛和镇定的思想境界。这一时期，艺术处于当时社会文化的绝对中心地位，被当作普遍的原则而得到高度重视和崇敬。该时期的规划、建筑大师具有很高的艺术素养，规划师、建筑师、哲学家、艺术家、文学家们紧密结合在一起，共同推动城市规划艺术的发展，并把纪念性建筑群的设计推向艺术的王国。以 A. Palladio、米开朗琪罗为代表，他们在抄袭和改进古典形式时，甚至比罗马人还"罗马"。15 世纪，透视法的发现进一步导致了新的空间关系概念的建立，并形成成套科学性的城市规划设计理念。从此，城市规划不再是过去匠人们的经验传承，而成为一种深刻和高雅的文艺构想。

16 世纪末，西欧的建筑与城市规划设计领域出现了两种不同的艺术形式倾向，一种是巴洛克风格，一种是泥古不化、教条主义的崇拜古代的古典主义。而对西方城市规划产生决定性影响并改变其城市格局的是巴洛克主义。它彻底抛弃西欧中世纪城市中自然、随机的空间格局，通过建立整齐、具有强烈秩序感的城市轴线系统来强调城市空间的运动感和序列景观。城市道路一般采用"环形+放射"式，并在转折点处建高耸的纪念碑等来做过渡和视觉的引导。

（5）绝对君权时代

文艺复兴运动抨击了神权，使得西欧许多国家被压抑许久的君主王权得到释放并不断膨胀。在这样一个背景下，16世纪至19世纪中叶，欧洲先后建立了一批强大的、中央集权的绝对君主国家，以法国最为强盛。

文艺复兴时期的人文主义实质上也是一种高雅主义和精英主义，由此也催生了法国宫廷古典文化。古典主义的规划思想强调轴线对称、主从关系，追求抽象的对称与协调，寻求构图纯粹的几何结构和数学关系，突出表现人工的规整美，反映出控制自然、改造自然和创造一种明确秩序的强烈愿望。这种思想最早的实践是将巴黎城市与郊区的宫殿、花园、公园、城镇等共同组成一个大尺度的景观综合体，并首次把城市作为完整的"园林"进行了设计。很快，路易十四要求把他的罗浮宫、凡尔赛宫等也和伟大的城市秩序不可分离地联系在一起，对着罗浮宫构筑起一条巨大壮观的轴线。凡尔赛宫、罗浮宫乃至整座巴黎城都是反映古典主义城市规划思想的典范，对当时西方各国、后来资本主义世界的城市规划以及后来的城市美化运动都产生了深远的影响。

在这里不得不提一下，巴洛克风格与古典主义的风格是一致的，即都是通过壮丽、宏伟而有序的空间景观来寓意中央集权的不可动摇，因此，二者在此后的城市规划领域始终在相互影响、相互渗透中发展，多以"巴洛克+古典主义"的混合形式出现。

2. 工业革命至二战结束

中世纪继承而来的古老城市形态不能适应机器大生产的种种要求，资本主义如洪水猛兽般的冲击引发了西欧城市在组织制度、社会结构、空间布局、生活形态等方面的全面、深刻的变化。城市真正成为经济生产和人类生活的中心，现代城市面貌开始逐步形成。作为面对经济、社会发展现实问题的一种解决手段和政府管理城市的有力工具，真正意义上的城市规划是在近代工业革命以后才开始的。

（1）工业革命至 19 世纪

资本主义制度取代封建制度是一场生产力与生产关系领域全面、深刻的变革。这种变革导致，一方面西方世界经济生产方式、社会组织方式、空间行为方式发生了跨越式、爆炸式变化，另一方面，相对滞后的城市空间结构被动性调整与极其匮乏的现代城市规划理论的尴尬局面。城市建设中出现了种种矛盾，如畸形昂贵的地价、恶劣的居住环境、持续恶化的环境卫生和不断退化的城市景观等。针对这一问题，西方的城市规划领域认为只有通过整体的形态规划才能摆脱城市发展的现实困境。把富裕居住区与贫困居住区通过城市空间的划分隔绝开来是大部分西欧国家在资本主义社会初期进行城市改造时必然要进行的一项基本工作。

空想社会主义者的探索。在资本主义早期极端残酷的剥削时代，空想社会主义者在城市规划领域开始了他们自己的实践。法国的傅立叶提出以法郎吉为基本单位的社会形态，并精确计算出法郎吉的最佳人数是 1620 人；欧文甚至变卖富裕的家产带着信徒们到美洲大陆去实践他的社会主义社区；等等。

两位城市规划思想大师——霍华德、盖迪斯的出现。霍华德、盖迪斯与芒福德被并称为西方近现代三大"人本主义"规划思想家。他们所有理论的基本出发点是"出自人性对大自然的热爱"，目标是实现"公平""城市协调与均衡增长"，其基本空间策略是"分散主义"。

——霍华德的田园城市思想主张

"当一个城市达到一定的规模后应该停止增长，要安于成为更大体系中的一员，其过量部分应当由临近的另一个城市来接纳。"该思想摆脱了传统规划主要用来显示统治者权威或张扬规划是个人审美情趣的旧模式，提出了关心人民利益的宗旨，实现了城市规划思想主张的根本转移，并且针对工业社会中城市出现的严峻、复杂的社会与环境问题从城乡结合的角度将其作为一个体系来解决，此外，它还首开了城市规划中进行社会研究的先河，以改良社会为城市规划的目标导向，将城市规划与社会规划紧密结合在一起。霍华德一直被当之无愧地视为西方近代规划史上的第一人。

——盖迪斯的综合规划思想

盖迪斯是一个综合性的规划思想家，他把生物学、社会学、教育学和城市规划学融为一体，创造了"城市学"的概念。他首创了区域规划的综合研究，指出城市从来不是孤立封闭的，而是和外部环境相互依存的。盖迪斯极度重视人文要素与地域要素在城市规划中的基础作用，他认为应该以人文地理学为规划思想提供丰富的基础。他深切关心城市中广大居民的生活条件，主张规划要在经济上和社会上促进各系统的协调统一，尊重社区传统，强调规划是一种教育居民为自己创造未来环境的宣传工作，并直接向广大群众宣传他的城市规划观点，并向他们解释当地的优势、潜力和问题。

现代机械理性规划思想。与霍华德和盖迪斯等人文主义者对城市发展、城市规划所持基本观点不同，一些崇尚现代工业社会技术的工程师则对城市的未来充满希望，他们基于现代技术提出种种改造、建设城市的规划主张，该主张因而被称为"机械主义城市"思想主张。西班牙工程师马塔提出了带形城市的概念，在这个城市中，各种空间要素紧靠着一条高速度、高运量的交通轴线聚集，并无限地向两端延展，城市的发展必须尊重结构对称和留有发展余地的原则。法国建筑师戈涅提出他的工业城市思想，认为工业已经成为主宰城市的力量，现实的规划行动就是使城市结构去适应这种机器大生产社会的需要。

城市美化运动和自然主义。"城市美化"运动主要是指 19 世纪末 20 世纪初欧美城市针对日益加速的郊区化趋向，为恢复城市中心的良好环境和吸引力而进行的景观改造活动。其目的是期望通过创造一种新的物质空间形象和秩序，以恢复城市由于工业破坏性发展而失去的视觉美好与和谐生活，来创造或改进社会的生存环境。19 世纪下半叶，持有自然主义的先驱们看到技术给城市发展、城市生活带来的巨大灾难，思考着如何保护大自然和充分利用土地资源。美国规划师 G. P. March

探索了人与自然、动物、植物之间相互依存的关系，主张人与自然要亲密合作。他的观点进一步导致了 19 世纪末美国许多城市开展保护自然、建设绿地和公园系统的运动。

（2）1900 年代至二战结束前

随着工业社会的快速发展，20 世纪初世界人口和城市人口都呈现了几何级增长的态势。于是现代建筑和城市规划不得不寻求一种新的体系与方式，来缓解这种由巨大的人口需求所造成的压力。这一时期的城市规划经历了第一次重大转型，即从传统的以象征性构图、艺术创作为主体活动的古典城市规划运动，转变为面对现实社会、以解决问题为导向的科学意义上的城市规划，直接导致了近现代城市规划的产生。

机械理性主义城市规划思想。L. 柯布西耶提出了机械美学的观点和相应的理论体系，主张建筑设计、城市规划要向前看，他否定传统的装饰和含情脉脉的空间美，认为最代表未来的是机械美。这种思想集中体现在他的代表著作《明日之城市》（1922）以及《光辉明城》（1933）之中。

功能主义城市规划的宣言——《雅典宪章》。1933 年国际现代建筑协会第四次会议的主题是"功能城市"，并通过了由柯布西耶倡导并亲自起草的《雅典宪章》。《雅典宪章》认为，城市中的诸多活动可以被划分为居住、工作、游憩和交通四大基本类型，并提出城市规划的四个主要功能要求各自都有其最适宜发展的条件。

广亩城市理论。自然主义和分散主义规划师莱特提出广亩城市理论，主张通过新的技术（小汽车和电话）使人们回到自然，让道路系统遍布广阔的田野和乡村，人类居住单位分散布置。广亩城市理论完全抛弃了传统城市的所有结构特征，强调真正地融入自然乡土环境中，实际上是"没有城市的城市"。该理论被认为是后来欧美中产阶级郊区化运动的根源。但是，以小汽车作为通勤工具来支撑的美国式低密度蔓延、极度分散的城市发展模式对大多数国家而言是无法模仿的，更为后来的"新城市主义"思想所竭力反对。

有机疏散理论。1943年美籍规划师沙里宁在《城市：它的发展、衰败与未来》一书中阐述了有机城市和有机疏散的思想。有机疏散理论是对分散主义和集中主义的折中。其认为城市是一个有机体，要把城市的人口和工作岗位分散到可供合理发展的离开中心的地域上去，并将城市活动划分为日常性活动和偶然性活动，认为存在对"日常活动进行功能性的集中"和"对这些集中点进行有机的分散"这两种组织方式。

城市人文生态学研究的出现。人文生态学尝试系统地将自然生态学基本理论体系运用于对人类社会的研究，探索城市之中人与人之间相互竞争又相互依赖的反复作用，以及在此作用下城市中形成的各种社会空间及其不断演替过程。Burgess于1925年撰写的《城市发展：一个研究项目的介绍》（*The Growth of the City：An Introduction to a Research Project*）论文分析了社会空间发展与城市物质空间发展的关系，提出了著名的同心圆模式。而后他与同期在芝加哥大学的城市社会学家将自然生态学的基本理论体系系统地运用于对人类社区的研究，提出了许多不同的城市空间模式，最具有代表性的是扇形模式以及多核心模式。

社区、邻里单位理论。美国建筑师佩里借用社会学中的"社区"理论发展了这种"社会空间"规划思想，于1929年提出了"邻里单位"的概念。佩里将邻里单位作为构成居住区乃至整个城市的细胞。它以一个不被城市道路分割的小学服务范围作为邻里单位的基本空间尺度，讲究空间宜人景观的营建，强调内聚的居住情感，强调作为居住社区的整体文化认同和归属感。

3. 二战结束后至1980年代末

（1）二战后至1960年代

城市规划的系统分析时代。系统论、信息论和控制论不仅对现代科学的发展起了巨大的推动作用，而且对人类社会的发展产生了巨大影响，城市规划领域的发展也不例外，尤以系统论之影响最为显著。系统论倾向于将城市视作一个复杂的整体，是不同土地使用活动通过运输或其他交流中介连接起来的系统，城市内的不同部分是相互连接和相互依存的，而城市规划的实质就是进行系统的分析和系统的控制。系统论在城市规划中的运用标志着功能理性主义的城市规划理念发展到顶峰时代。

特大城市的有机疏散和新城运动。二战以后，"适度分散"成为西方城市规划思想的共识，沙里宁的有机疏散理论成为特大城市功能与空间重组的重要理论基础。恩温和帕克进一步阐述、发展了霍华德田园城市思想，在《拥挤无益》一书中提出了"卫星城"的概念。1943 年，英国任命阿伯克隆比与福尔肖编制大伦敦规划，并准备在战后立即按照此方案重建伦敦。阿伯克隆比在一个比较广阔的范围内进行特大城市的规划，将霍华德、盖迪斯和恩温的思想融合在一起，勾勒出一幅半径50 多公里，覆盖一千多万人口的特大城市地区发展图景。该规划将伦敦中心城区划分为四个圈层并配合放射状的道路系统，对每个圈层实行不同的空间管制政策，把城市分散开，建立城市中心区域和附近的所谓"辅助区域"——新城（卫星城）。大伦敦规划的思想及其提出的措施使其成为成功舒缓现代城市压力的最典型的案例之一。二战后的"新城运动"几乎被英国政府视为一项国策，获得了国家行政、法律和经济方面的全力支持。

战后历史环境保护运动。工业革命后相当长一段时间内，人们被经济增长和机器社会的进步所迷惑，过于"向前看"的激情使得规划师们没有能够充分关注到古建筑保护、古城保护等历史环境问题。由此，许多城市开展了有效的历史环境保护工作，逐步从点状发展到成片、成地区的保护，最后发展到对整座古城的保护。到 1960 年代末 1970 年代初，对古建筑和城市遗产的保护已经逐步成为世界性潮流。

（2）1970 年代至 1980 年代

1970 年代至 1980 年代是西方社会生活中各个领域思潮混沌交锋的大转折时代。这个时代西方社会普遍进入"丰裕社会"阶段，人们希望能够领略日新月异的生活，对于心理满足的要求日益强烈，在这种主流消费思潮的面前，任何一种建立以长期稳健发展环境为目标的努力乃至城市规划、建筑设计风格都变得过时和陈旧，这些明显不同于现代主义社会的种种特征造就了后现代主义出现并成长的土壤，人文生态、新古典主义、新马克思主义、新韦伯主义、结构主义、后福特主义、女权主义、生态主义、整体主义等各种学派、思潮均对这一时期的城市规划理念产生了或多或少的影响。

这一时期城市规划的发展历程经历了第二次重大转型，即强调从功能理性的现代城市规划转变为注重社会文化考虑的"后现代城市规划"，人文主义是其核心思想。后现代规划观强调城市的发展、空间的演变既不是一个纯自组织的过程，也不是受人类意识控制干预的单纯被构过程，而是在自构与被构的双重机制下实现着时空演替。后现代主义城市规划倡导对城市深层次的社会文化价值、生态耦合和人类体验的发掘，提倡人性、历史的回归，从而进入一个强调规划模式、规划实践适应人类情感的人文化、连续化发展阶段。

文脉主义理论。后现代城市规划理论中最突出的是文脉主义理论，其最早于 1971 年由舒玛什在《文脉主义：都市的理想和解体》中提出。文脉就是人与建筑、建筑与城市、整个城市与其文化背景之间的关系，它们之间存在内在的、本质的联系，城市规划的任务就是要挖掘、整理、强化城市空间与这些内在要素之间的关系。在该理论的启发下，许多后现代理论家对于如何阅读与理解城市进行了深入的研究。从规划设计实践来看，文脉主义的城市规划主要有两种不同的表现方式：一种方式是采用古典的方法和城市尺度改变工业景观，从而加强城市的亲和力，增加城市的历史文化含量，如比利时城市列日的"霍斯—沙托区域"的改造，巴黎哈尔斯区的改造；另一种方式则是美国通俗化地方法，其使城市的趣味性增加，最典型的案例是美国拉斯维加斯城市的规划设计。

城市更新运动。1940 年代至 1950 年代开始盛行的郊区化浪潮导致美国及许多西方国家内城衰败，中产阶级和富裕阶层离开城市中心，而原先繁荣的中心区逐渐被大量的低收入群体占据。于是战后不久西方国家开展了大规模的由政府主导的城市更新运动，以美国为代表。当时美国城市更新确定的目标是：消灭低标准住宅，振兴城市经济，建设优良住宅，减少社会隔离。但由于当时城市规划领域居于主流思想的仍是《雅典宪章》倡导的功能理性，功能理性的最大弱点就是它将社会现实理解得过分简单化，大拆大建的外科手术式的城市更新并未使城市融合为一个有机整体，新的社会隔离又随着更多重建产生出来。西方社会的文化精英对这种简单、粗暴、大规模的城市更新进行了猛烈的抨击。1974 年，美国终止了大规模城市改造计划，转向对社区的渐进更新和改造。由此西方国家城市更新运动进入一个新的阶段。

社会公正思想与城市规划公众参与。1960 年代后期，西方社会面临的尖锐矛盾导致"规划的社会公正"的命题被广泛提出。1970 年代，美国的城市规划重心开始由纯粹的物质性规划转向对城市社会问题和对策的综合研究。1970 年代中期，D. Harvey 在其著作《社会公正与城市》中，以巴尔的摩为实证，研究了城市中不同社会利益团体之间的争议和冲突，试图找到冲突的内在因素并探索社会公正的原则，寻找城市社会公正的道路。社会公正命题的提出，导致了城市规划中"公众参与"思想的蓬勃兴起，同时也标志着规划师角色由"向权力讲授真理"向"参与决策权利"的转变。其代表人物和理论主要有 P. Davidoff 的"辩护（倡导）性规划"理论和 S. Arnstein 的"市民参与阶梯"理论。

《马丘比丘宪章》。1977 年国际建协在玛雅文化遗址地马丘比丘召开了具有重大影响的一次会议，制定了《马丘比丘宪章》这一在新背景下以新的思想方法体系来指导城市规划的纲领性文件。与《雅典宪章》认识城市的基本出发点不同，该宪章强调世界是复杂的，人类一切活动都不是被功能主义、理性主义所覆盖的，从《马丘比丘宪章》的主要观点可以看出现代城市规划发展观的根本转变：由单个城市走向区域，由单纯物质规划走向综合规划，由静态规划走向动态规划，由精英型规划走向公众参与。

芒福德，当代人本主义规划思想的巅峰。芒福德坚持从历史发展的角度认识城市，倾向于研究文化和城市的相互作用。芒福德更将区域理解为城市的生态环境，并把城市社区赖以生存的环境称为区域。芒福德对现代西方城市规划中的许多思想持批判态度，他坚持认为大都市带并非一种新型的区域/城市空间形态，而是城市无限度生长和蔓延的结果，其将会抹掉农村，模糊人类处境的真实状况，最终成为"类城市混合体"。他对城市规划中所充斥的种种形式主义表现予以了坚决的批判，明确提出"城市的最好运作方式是关心人、陶冶人"这一崇高的思想命题。

4. 1990 年代以来

人类社会在 1990 年代以来迎来崭新的图景。"冷战"结束后多极化世界格局逐步建立；在全球化的影响下全球城市体系以新劳动地域分工为主导作用进行重构；政府重塑运动与管治思潮涌动，即西方社会通过政府改革来提高效率并进而提升城市竞争力，通过扩展非政府组织在城市生活中的影响与管理作用促进社会的协调；对生态、文化空前重视。在如此社会背景下，城市规划领域迎来新的思想和理论。

新区域主义。受新的国家环境和经济全球化的影响，西方国家有关的区域研究、区域复兴等内容被重新理解与重视，区域不仅被看作参与当今全球竞争的重要空间单元和组织单元，也被理解为推动全球化的基本动力，从而兴起了全球范围内的第二次区域主义浪潮。新区域主义以生产技术和组织变化为基础，以提高区域在全球经济中的竞争力为目标而形成区域发展理论、方法和政策导向。近年来，大伦敦的发展战略规划、兰斯塔德地区规划、柏林/勃兰登堡统一规划以及 1996 年公布的第三次纽约区域规划等都强调在更大区域范围内加强整体联系，实现共同繁荣、社会公平和环境改良的目标。

新城市主义。1993 年，康斯特勒在《无地的地理学》一书中指出，二战以来美国松散而不受节制的城市发展造成了城市沿着高速公路无序向外蔓延，并由此引发了巨大的环境和社会问题。他倡导要改变这种模式必须从以往的城市规划中寻找合理因素，改造目前工业化、现代化所造成的人与人隔阂、城市庞大无度的状况，即新城市主义。新城市主义倡导以现代需求改造旧城市市中心的精华部分，使之衍生出符合当代人需求的新功能，但强调要保持旧的面貌，特别是旧城市的尺度。最典型的案例是美国巴尔的摩、纽约时代广场、费城"社会山"以及英国道克兰地区的更新改造。

"精明增长"和增长管理。受生态主义和新城市主义的影响，1997年美国马里兰州州长首先提出了"精明增长"的概念。"精明增长"主张通过对城市增长采取可持续、健康的方式，使得城乡居民中的每个人都能受益；通过经济、环境、社会可持续发展之间的相互耦合，使增长达到经济、环境、社会的协调；新的增长方式应该使新、旧城区都有投资机会以得到良好的发展。增长管理一般通过划分城市增长的不同类型区域来实现，对那些需要促进增长的地区予以鼓励和支持，而对不该增长的地区则坚决予以控制。

生态城市规划思想。可持续发展理念为生态城市提供了基础支撑。生态城市思想在城市规划实践领域的三个层面上展开：在城市—区域层次上，生态城市强调对区域、流域甚至全国系统的影响，考虑区域、国家甚至全球生态系统的极限问题；在城市内部层次上，提出按照生态原则建立合理的城市结构，扩大自然生态容量，形成城市开敞空间；生态城市最基本的实现层次是建立具有长期发展和自我调节能力的城市社区。

（三）我国现代城市规划实践[①]

（1）20 世纪 50 年代

我国在这一阶段的经济建设上全面向苏联学习，实行计划经济体制，在城市规划方面也全面学习苏联的经验。"一五"期间为适应经济建设发展，满足建设新工业区、改造旧城区的需要，国家建立了统一进行城市规划设计、审批、管理的工作部门，开始了这一新领域的工作。

---

① 汪德华：《中国城市规划史纲》，东南大学出版社，2005，第 155~174 页。

受经济体制的影响，规划设计和管理审批工作完全按照苏联模式，封闭单一，对其他国家运用的多种方法基本不了解。"一五"期间，按计划新建、改建、扩建了一批国有重点工业建设项目，集中在兰州、成都、洛阳、株洲、包头、太原、沈阳、长春、哈尔滨等十几个大中城市。为了合理安排好这些大新工业项目，在当时国家城建部门统一领导下，开展了城市规划工作。因此可以说，我国最早开展的城市规划是为适应大规模工业建设需要而提出来的。

（2）20世纪60、70年代

该时期的城市规划受到"左"的错误思想的干扰，出现了曲折和徘徊。尤其是在"十年动乱"期间，不少城市的规划机构被撤销，管理机构职能严重削弱，技术人员和资料流散，城市规划工作基本处于停滞状态，管理工作失控，违章建筑泛滥，用地功能结构布局发生混乱。尽管如此，城市规划仍然有些许成绩，如唐山地震后的唐山新城的规划，上海金山卫石化基地的一期建设工程，四川攀枝花钢铁工业基地的渡口市（现在的攀枝花市）。

（3）20世纪80年代

进入80年代后，国家建委总结了城市规划的历史经验，对长期以来"左"的影响进行了拨乱反正，讨论全面恢复城市规划工作的有关部署。"六五""七五"期间城市规划的编制和审批工作、近期建设详细规划工作在全国城镇普遍展开。至1988年底，全国所有城市和县城的总体规划全部编制审批完毕。

1980年全国城市规划工作纪要正式提出控制大城市规模，合理发展中等城市，积极发展小城市的方针，有效地控制了特大城市和大城市的规模，促进了中小城市的发展，城镇布局渐趋合理。由于城市规划法制建设加强，城市规划在指导新区开发和旧区改建中越来越发挥主导作用。同时由于有了城市总体规划和近期规划、各地政府重视城市规划的实施，城市近期建设与远景发展的矛盾逐渐得到解决。然而，由于改革开放的不断深入，外部社会经济条件发生了很大变化，对城市规划提出了不少新的要求，传统的总体规划、分区规划、详细规划不断受到挑战，因此需要在规划观念、内容、方法、手段等方面进行更新。在总体规划方面表现为城市人口规模考虑偏紧，建设发展速度考虑滞后。

（4）20 世纪 90 年代以来

20 世纪 90 年代，全国新一轮城市总体规划修订工作全面开展。但是由于期间各城市政府在经济、社会迅速发展中对城市发展规模预测过大，对土地开发和房地产发展速度考虑太快，导致对城市人口规模计算偏大，追求目标不切合实际。在城市规划的实施方面，虽然有一些城市受经济开发区热和房地产业热影响，出现了盲目规划现象，但就城市发展全貌看，城市建设仍相继出现了快速增长、各项设施有了较大改进和提高的大好局面。

现代中国城市规划发展到 21 世纪初，可能在量上已经到了顶点，到了一个由量向质的历史性转折点。进入 21 世纪后，我国城市规划建设进入了新的发展期，各省加快了省域城镇体系规划的步伐，开始在区域范围内调整各个城镇间的发展；在城市规划中引入了可持续发展理念，增加了生态环境保护的内容。现代城市规划的后 30 年发展实现了巨大的跳跃，前进的速度与日俱增，并取得了巨大的跳跃式发展，大量的技术方法和思维又回到了近代欧美的技术路线上。

第二节　城市空间与城市特色

从一度封闭状态下开放的中国城市，最敏感、最关注、最热衷、最时髦、最向往的发展形象标志就是国际化。风起云涌的城市形象国际化来自全球经济一体化趋势，这导致了中国城市形象出现了一体化的现象：东西南北城市特征无区别性、城市地方特色被国际化淹没、城市的可识别性极度降低、城市地方环境文化资源流失、城市地方生活方式及其品质受到国际化负面影响。其发展趋势堪忧。

凡是能够被人熟知、向往的城市，无不具有自己的地方特色。从世界城市竞争的历史演变来看，城市只有建立牢固的地方化基础，才能在国际化城市之林拥有自己的一席之地。国际化只是全球经济一体化的一种模式，绝非城市现代化的唯一途径，城市不能在经济一体化过程中丧失自我存在的信仰、方式及其价值。

一 城市特色的内容

城市特色就是城市的个性，是城市的形象在人们心目中的反映，是一个城市区别于其他城市的独有色彩和风格，是人们认识一个城市并对这个城市所进行的形象性、艺术性的概括。它是在城市功能定位的基础上，将城市的历史传统、文化积淀、生态环境、自然景观、建筑风格、经济优势、产业支柱、市民风范等要素进行择优整合，并整体塑造某些重要特征后所展示的城市独特个性。[①]

1. 历史古迹

城市总是在一定历史的基础上发展起来的，只有沿着历史的轨迹，城市的发展才有根。一个城市的文化积淀越深，这个城市就会越有特色。城市的历史文化遗产是任何一座城市在发展延续过程中代表自身特色的珍贵历史遗存，是城市传统文化和地域文化的集中体现。文物古迹的特色主要表现在其所代表的历史文化内容和形式上。历史性城市至今保存着一些积淀着深厚传统文化底蕴的历史文化街区或者遗迹。如古都南京在不同历史时期形成了秦淮河两岸的传统商业建筑群、民国时期具有各国风格的近代建筑群；福州繁华市区中寂静坐落的三坊七巷。

2. 自然环境

富有特色的城市必然是生态环境优越、人与自然和谐相处的城市。"人与天调，然后天地之美生"是古人充分尊重和利用自然的集中体

---

① 卢世主：《城市特色与城市形象研究》，武汉理工大学，2002。

现。城市特色最终来源于地域景观的自然过程和格局，以及人对它们的适应，重塑城市风貌。自然环境的特色主要表现在"名城"的山、水、风景、气候等特色风貌上。城市自然特色是经过城市与自然长期互动而形成的。自然环境由天地中的自然元素组成，人们在自然环境中选择居住地点并建造城市。自然环境不仅为城市提供物质条件，而且其本身的结构和特征与城市气氛和特色之间存在内在联系。如桂林山水，杭州西湖，苏州河网，济南的泉，大连、青岛、北海的海等。[①]

3. 空间布局

城市的布局形态和规划布局的构思是城市特色的总体框架。规划结构和布局是城市特色在空间上的投影。"城市空间文脉"是自然和历史赋予城市的珍贵财富和人类精神寄托的重要体现，具有时空延续性和恒久的价值。规划结构主要是指城市用地功能分区、城市道路系统、城市河湖绿化系统等的综合布局形态。具体的规划布局主要是指一个居住区、一个开发区、一条街道、一个广场或某一建筑群本身及其相互之间的规划设计构思。平原城市、山区城市、滨江滨海城市等不同性质的城市，都会形成不同的布局形态。一个工业街坊、一个居住小区、一组建筑群的平面布置和空间组织也可形成不同的特色。空间特征是城市特色的宝贵资源，当代应更重视挖掘和开发，为塑造城市特色而充分发挥其功用。

4. 建筑风格和城市风貌

建筑风格和城市风貌的特色主要表现在城市的建筑文化上。建筑物是城市的细胞，它给城市特色的形成定下了基调。城市的建筑物要体现时代性、民族性、地方性。传统建筑与现代建筑并存，这是城市建筑风貌的基本态势。研究和发扬传统建筑风貌，并将其融合到现代建筑中形成新的地方风格建筑，这对形成城市特色具有重要意义。提起巴黎，人们都会谈到它那世界闻名的众多历史建筑。巴黎的塞纳河自西而东蜿蜒

---

① 曾宏伟：《地理环境与城市特色的塑造》，《小城镇建设》2006 年第 4 期。

横穿城市而过，将巴黎分成南北两个部分：右岸形成巴黎的贸易、金融和消费中心；左岸是大学集中地、众多文人云集的咖啡厅和散若群星的教堂。塞纳河畔的心脏是西岱岛上的巴黎圣母院和巴黎法院、协和广场、巴黎歌剧院，杜伊勒公园以及罗浮宫等也都集中于此。正是这些"历史建筑"为巴黎的城市特色奠定了重要基础。

5. 非物质文化

城市特色除了包括上述物质层面要素，还包含非物质形态方面的城市社会文化氛围、各种人文活动、民俗、民情等。每个城市都存在于特定的自然和社会环境之中，因此每个城市就有了不尽相同有时甚至是迥然相异的非物质文化。作为一种极其复杂的社会现象，非物质文化包含着丰富的内容、多变的形态和多样的子系统，每一个子系统都具有与其他文化相区别的特性。它既反映了城市的发展变迁，又积淀了丰富的城市精神财富，因而形成了城市特色。

二　城市特色的塑造

正是由于每一座城市都独具的地理环境、气候环境、自然环境、人文环境以及历史背景和社会背景，因此每一座城市也都应该拥有自己的景观、形象、特征、空间、氛围、气质和灵魂，从而使城市呈现不同的个性，即城市特色。美丽动人的城市形象、和谐宜人的城市环境，又会进一步促进城市的发展，对内可以使市民增加认同感、自豪感，有利于提高市民素质，增强凝聚力；对外可增加城市的吸引力和感染力，有利于提高知名度，优化投资环境。

如何塑造"城市特色"，现已成为一个全球性的"前沿课题"。21世纪是一个"城市特色"竞争的时代，"城市特色资源"的开发利用和城市个性的塑造成为越来越受到关注的一个话题，如何在保证城市健康快速发展的前提下构建城市特色更是时下需要研究的问题之一。对于注重城市形象、塑造城市特色，张锦秋院士用四句话进行了简单的概括："城市定位要领先，都市环境看空间，三优建筑树标志，治山理水成大面。"①

1. 把握城市形象特征

城市是人类在自然环境的基础上经过物化劳动逐步形成的，所以构成城市容貌形象的有自然因素和人工因素。前者指城市的自然条件、地理环境，一定的自然条件形成一定的自然特色，它是构成城市容貌形象的本底；后者指人为的建设活动，它是形成城市容貌形象最活跃的因素，它的特征取决于城市的性质、规模和布局，集中体现和反映了城市的主要职能。如何把握城市的容貌形象特征，张锦秋院士认为可以简单地概括为四句话：城市性质定品位，城市规模定尺度，历史文化见文野，自然环境凝风格。

城市性质与规模的定位。不同性质和规模的城市具有不同的形象特征，通过城市功能、建筑类型、结构布局以及空间组织的不同尺度等方面表现出来。省会城市具有比较宏伟的建筑群和不同的城市广场，城市规模大、交通频繁、类型多样，由干道环路构成庞大的城市骨架，而且有相当数量的城市出入口。风景旅游城市则多与山川景色融为一体，建筑布局灵活自然，城市形象返璞归真，避免宏伟感而求其真切宜人。所以城市性质、规模是营造城市容貌形象的基点。

地理位置和自然条件的分析。城市所处的地理位置和自然地形条件影响着它的布局结构和总体面貌。平原城市布局一般比较紧凑、规整；丘陵地区地形复杂，河谷交错，城市往往被分隔成若干单独用地；山区城市或沿山坡构筑，或沿山谷延伸，呈现立体自由布局的山城特色；沿江、沿湖、滨海城市，城市环水朝水又各有异趣。所以，因地制宜，扬长避短，是营造城市容貌特征的主要途径。

历史文化遗产的保护与利用。在大量的实践中，人们还找到了营造城市容貌特征的一条捷径，那就是对历史文化遗产的保护和利用，这方面的实例很多，北京的天安门广场、上海外滩滨江大道、西安的钟鼓楼

---

① 张锦秋：《注重城市形象塑造城市特色》，《小城镇建设》2000年第2期。

广场、延安的宝塔山公园，这些都是经过城市设计、保护、改建、扩建之后形成的城市标志性景观。武汉的黄鹤楼、南昌的滕王阁、西安的法门寺在原址规划复建，展现了历史文化内涵，为城市容貌增色不少。

为了确切地把握城市形象特征，实际工作往往从了解城市自然景观资源、研究城市历史岁月和塑造现代城市形象三个主要方面入手。通过客观鉴定、理性分析和社会调查等途径，完成一份城市形象特征的勘察评析报告，这份报告不但是城市形象建设的科学依据，而且对建筑设计、环境管理和景观开发都有一定的价值。

2. 营造城市文化环境

城市建设是一个历史范畴，任何一座城市在塑造文化环境时，都应该立足当代，继承历史，展望未来，都需要从自己文化特色的基点上进行再创造，如此才能够避免千城一面、彼此雷同，才能够使自己城市的形象特色脱颖而出。每一座城市，特别是直辖市、省会、特大城市，在具体操作时都面临一个文化定位问题，也就是如何体现地区文化精神的问题。改革开放初期，建筑界在探讨建筑风格时，曾有京派、海派、岭南派之分，此后又有西安的唐风、武汉的楚风，以及许多民族地区的多种民族风格，它们实际上都在寻求地域文化特色，使自己的城市更具个性，更体现文化内涵，更接近人民大众。

1999 年 6 月，国际建筑师协会第 20 次大会在北京召开，会议的主题确定为"面向 21 世纪的建筑学"，到会的各国建筑师一致通过了由我国两院院士吴良镛教授执笔起草的《北京宪章》；弗兰普顿教授呼吁创造具有"地域形式"而不是"产品形式"的建筑，即强调建筑形式更多地取决于所在地域的特点，而不是生产技术本身。两位大师不约而同地对当代城市的健康发展发出呼吁：改善城市地区的社会文化和生态环境状况，在大范围内实施景观战略，实现建筑设计、城市规划和园林设计三位一体，创造具有"地域形式"而不是"产品形式"的建筑，促进地域文化精神的复兴。

城市文化涵盖很广，包括三个方面。第一，城市文化应具有丰富的文化传统和设施，包括重要的历史遗迹、反映历史文化的建筑物如博物馆和负有盛名的学府等。第二，文明和谐的现代人工环境，包括良好的城市布局和标志性的建筑物、多样化的广场群、艺术的街道和富有魅力的文化景观等。第三，良好的自然条件及其利用，城市和周围自然环境的关系应很好地予以结合和利用。

可以看出，任何时期的新建筑都产生于已存在的城市文化背景之中，根据需求应运而生。因此，城市文化的多方面都离不开建筑，可以说是仰赖于建筑去塑造、去丰富、去提升。德国大诗人歌德说："建筑是石头的书。"法国大文豪雨果说："人类没有任何一种重要的思想不被建筑艺术写在石头上。"因此我们说建筑文化彰显城市特色。[①]

3. 突出城市形象建设的要点

（1）树立科学的城市特色观

城市政府和规划建设主管部门必须牢固树立科学发展观，树立正确的城市特色观，科学认识并客观评价城市现状，努力发掘和积极塑造城市特色。首先要认识城市特色对于城市发展的重要意义，在城市规划建设中注重对城市特色的发掘与塑造。其次要加强对城市特色的探讨与研究，找准符合城市实际并能促进城市持续、健康、协调发展的特色模式，不搞纯粹的形象工程。再次要加强城市特色规划与城市设计，并严格按规划设计实施。最后要认识城市特色塑造的长期性，不急于求成，搞所谓的"献礼工程"。

（2）严格保护自然和文化遗产

历史遗产是城市的记忆，是无法替代和仿制的城市特色，必须积极保护和科学利用。历史名城（镇）必须制定历史名城（镇）、历史街区、历史建筑和文物古迹保护规划，合理确定绝对保护区、控制建设区和环境协调区。绝对保护区禁止建设、原始保护、修旧如旧。控制建设区应控制建筑的性质、体量、高度、色彩及形式。环境协调区要保护自

---

① 张锦秋：《城市文化孕育建筑文化，建筑文化彰显城市特色》，《华中建筑》2009 年第 1 期。

然地形地貌。对于历史街区，还要坚持保护历史环境、合理利用、永续利用的原则。城市重大历史事件和突出历史人物，可能已无物质遗存，可适当建设一些纪念性建筑与设施以强化记忆。

（3）科学利用地形地貌，治山理水

城市及其周边的地形地貌具有唯一性和独特性，城市建设中如能保持一定原生态的地形地貌，更有助于体现城市独特的地域特征，因此城市规划建设中应合理选择建设用地的发展方向，选择适宜的城市形态。城市规划建设要合理利用地形地貌，道路和建筑布局应顺应地形变化，减少地形改造的幅度，降低对环境的破坏程度。对于一些不适宜建设的山头、水体和地质隐患地段，宜尽可能规划为生态绿地或城市公园，尽量保持原有生态系统，记录其原始的历史信息，保持原有风貌特征。

治山理水是城市大环境改善和优化的大工程。当城市现代化建设发展到一定阶段，或由于旧城改造，或由于新区扩展，治山理水必然会提到议事日程上来。这类工程综合性强，工程量大，但是具有"改天换地"的效果，搞得好会收到多方面的效益，对于城市形象特色的塑造和优化，也是其他工程所不可比拟的。在治山方面涉及山沟的利用，山顶的作用，山体轮廓线的保护与加强，城市第五视点的营造等；在治水方面，涉及水系的恢复，海、湖、江、河岸线的整治，内河两岸用地的调整与更新改造，营造沿水的绿化体系等。

（4）科学确定建筑风格和城市色彩

建筑是城市景观最主要的构成要素，建筑风格和色彩体现城市的历史、文化、气质与魅力。让·菲利普·朗科洛认为，一个地区或城市的建筑色彩会因为其所处地理位置的不同而大相径庭，这既包括了自然地理条件的因素，也包括了不同种类文化所造成的影响，即自然地理和人文地理两方面因素共同决定了一个地区或城市的建筑色彩，而独特的城市色彩又将反过来成为城市地方文化的重要组成部分。城市规划与建筑设计应从城市的政治、经济、文化和地理环境特征出发，加强对建筑高度、立面、体形、体量、空间、群体和环境的研究，确定合适的建筑风格和基调色彩。意大利著名山城锡耶纳城市的主色调为红色，热那亚的城市主色调为黑白色，水城威尼斯的城市主色调为金色，佛罗伦萨的城市主色调则是多变的。美国的波士顿以承载着历史的暗红色为主调，纽约以光怪陆离的霓虹灯色最为突出，华盛顿灰白的花岗岩色与湛蓝的天空色则构成了首都明朗的主色谱系。具有东方莫斯科之称的哈尔滨结合其地域和气候特点将米黄色作为城市的主色调；结合广州特殊的地理环境、自然山水、文化内涵以及人工环境现状，广州将灰黄色作为城市主色调。

（5）合理建设大型地标建筑

标志性建筑对于构建城市形象有着画龙点睛的作用。为充分展示城市的文化特色，必须建设相应的文化设施，如城市标志、主题公园、大型广场、影剧院、博物馆、会展中心等，但一定要量力而行。城市地标建筑既能美化城市天际轮廓线，增强城市印象，突出城市特色，又能增强市民的自信心和自豪感，如东方明珠是上海的标志，西安钟鼓楼广场通过城市设计，将古城保护、完善交通、市民游憩的地下空间开发有机地结合起来，突出古代标志性建筑。营造标志性现代建筑要从本城市的性质、规模、布局结构以及建设重点来策划。建设城市地标建筑需要大量的投资，必须充分论证可行性和必要性，要尽量避免财政投入而由市场来运作，政府应只图所在不图所有。马来西亚吉隆坡的双子塔就是利用外资兴建的，两幢主楼由韩国等的公司投资兴建，其经验值得推广。[1]

（6）合理建造城市雕塑

城市雕塑是城市环境景观中的重要设计要素，成功的雕塑作品在人为的环境中有着强大的感染力，成为一个城市或一个区域的标志。如我国珠海的采珠女、兰州的黄河母亲、西安的丝绸之路、大理的五朵金花都是城雕佳作。城市雕塑与架上雕塑不同之处在于前者的社会性和长期性（或称永恒性），所以城市雕塑要有稳定的主题，经得起时间的考

---

① 李卓欣、傅立德：《试谈城市特色的发掘与塑造》，《中外建筑》2009 年第 6 期。

验。城市雕塑与建造环境要统一协调，在广场上建造的雕塑，对广场的性质、功能、尺度和周边建筑的高度、色彩都有严格要求，广场有动静之分、雅俗之分，与雕塑的主题和造型要相匹配。

城市特色的塑造既要符合实际，符合当地的社情民意，在当地具体环境下生根发芽、开花结果，又要兼顾社会各方的利益，照顾不同人群的诉求，考虑社会公平。同时不应以单纯的技术性蓝图和笼统的规划指标掩盖城市文化特色形成背后的多方文化诉求。正如 S. 科斯塔夫所问："谁有资格和能力去'设计'城市天际线？谁能代表公众去决定城市在地平线上的形态？"城市是大众的城市，属于生活在城市中的每一个人，因此应该面向市民开放地征求意见，增加城市特色决策中的透明度，鼓励公众积极参与。①

三 城市空间特色研究

1. 城市空间特色

随着城市的发展建设，城市规模不断扩大，进行各类生产生活的地段街区在离心、向心等作用机制下，不断地分化、聚散、拼合、外延和内生，形成了众多的空间场所。在此过程中，空间之间逐渐形成序列或交错分布，形成了城市所独具的，与其他城市有着显著不同色彩、物质风貌和空间韵律等的构成，以及融合于上述构成的独特气味、语言、民俗的整体环境空间。因此，所谓空间特色，是指一个城市所具有的，包括了空间的、人文的、物质的各种要素集合所呈现的空间特征。②

在城市形成发展过程中，经过长期发展演变，地域文化的渗透和表现才凝聚于城市，并强烈地通过物质和非物质形式反映在城市各个空间中。这些具有特色的空间通过人们对城市空间构成的整体思考，有意识的选择、布置和安排，在城市空间范围内的逐步有序集合，才形成了城

---

① 单霁翔：《从"功能城市"走向"文化城市"》，天津大学出版社，2007，第 185 ~ 204 页。

② 段汉明：《城市设计概论》，科学出版社，2007，第 126 ~ 130 页。

市的整体空间特色，可以说是诸多特色空间及其有序集合构成了城市的空间特色。

城市空间特色是指由其所处的自然地理环境、历史文化积淀、经济社会发展水平共同组成的，不同于其他城市的空间特征。其中，自然地理环境是基础构成要素，历史文化和经济社会是附着其上并与其紧密结合的人文物质构成要素，它们共同塑造了城市的空间特色。

2. 城市空间特色设计原则

（1）结构原则。注重城市空间的整体布局关系，包括空间形态、景观、行为空间、文脉、肌理等方面的结构。

（2）层次原则。城市居民生活需求与行为方式使得城市空间具有层次性，如居住层次、工作层次、社交层次、游憩层次。设计的层次性原则将有利于控制和诱导空间的有序发展，避免无序混乱的现象。

（3）特色原则。与自然地形相顺应，与生态景观相结合，与地域气候条件相适应。重视历史演进、文化特色、居民心理、行为特征、审美取向等人文因素在城市特色中的意义。

（4）立体原则。城市设计是多维的空间关系设计，建筑实体、空间组织、景观的景点和视点、空间形态的美感等，均应体现时空一体的原则，其既是现实的，又是历史的，还需考虑将来城市的发展。特别是在城市空间相对位置的认知和各种空间要素的组合关系上，时空一体的原则远远超出了传统城市规划的范畴。

3. 城市空间特色的设计对策

（1）山水意象的培养

意象是人们通过感知获得的对空间的心智想象，是城市空间特色生成的主要源头，城市空间意象是建立在人的空间体验之上的。社会、文化、信息等因素的作用，增加了现代城市多维空间结构意象的模糊性，不同的历史时期、社会意识形态、生活方式、人的不同知觉想象，也使得城市意象具有很大的不定性。不同城市设计应依据不同的方式来造就不同特色的城市空间意象。"仰观于天，俯察于地"，力求与自然山水和谐，使城市空间顺应自然，突出和展示自然山水的特色。通过对城市空间布局中山水意象的体察和展示，并遵循城市现有生态及社会发展的城市秩序，来培育有气质与品质的山水空间特征，给城市发展带来生命力与活力。

（2）自然生态的保护

在塑造城市空间的山水意象的过程中，一方面应突出展现高品质、有气质的山水空间特征，另一方面应将整个自然生态与城市生态环境相协调，将自然生态环境融入城市空间。

（3）注重城市特色空间的展现

城市空间格局的地域性、特征、空间方面及延续性、人文景观、地标式建筑等；城市道路格局，城市不同方向的中轴线，与城市文脉相关的街道、历史文化风貌保护区的街巷；河岸、山体、海滨、坡地等自然生态空间；城市的天际线、绿轴、水系等。

（4）空间结构层次的把握

在城市意象中，山水自然格局与城市形体空间在空间特质与环境认知模式上具有一致性。在营造城市特色空间时，应当将城市山水模式及相关的自然要素有机地组织到城市空间体系中，融入了意象的空间环境易于为居民认知。山水自然结构与城市空间结构相互穿插，通过内外关系的转化，形成城市层次分明、形态多变的空间形象。

4. 城市空间特色的表现技巧

（1）山水形态与空间形态将构成城市的主题与背景，通过两者的相互置换分析与衬托对照，使城市空间形态构图反映出与自然山水的联系。

（2）重视城市空间的虚实配合，以空间形态突出空间的山水意象，通过虚实相生的空间景观形象，赋予城市虚实交融的完整性与变化。

（3）协调山水形态与城市空间形态的尺度关系，通过山水形势与空间尺度转换技巧，形成富有变化的空间序列。

（4）以人工构筑物强调或补充山水意识形态的不足，注重城市山水格局的景观价值，使点景、造景、对景、步移景异等设计技巧增强城市空间的识别性。

四 城市特色规划与提升城市竞争力研究

面对日趋激烈的城市竞争，城市发展问题备受关注。城市竞争力的提高不仅体现在市政基础设施、科研设施和 GDP 增长速度上，还体现在城市特色形象、文化底蕴等的综合实力和产业结构、综合服务能力、创新研发能力等诸多方面。城市竞争力越来越体现在对各种能力的整合、协同上。

随着时代的进步，城市特色在城市中的地位和重要性越来越引起人们的重视。城市特色作为一种重要的城市竞争资本，成为城市参与市场竞争的重要工具。城市的特色是一个城市核心竞争力的集中体现，塑造城市特色是当今城市参与全球竞争的重要策略。城市特色为提高城市竞争力，促进城市经济的快速发展提供了良好的条件。许多城市都在探索从某个角度挖掘各自的潜力，以形成强大的竞争力。[1]

1. 特色"维持"城市竞争优势

竞争是一个动态的过程，维持竞争的"优势"永远是相对的，稍纵即逝。只有在各种环境中始终都拥有的竞争优势才算是真正的竞争优势。一个城市竞争优势的维持取决于城市中有价值、稀缺的和不可替代的城市特色，以及城市特色的种类和数量组合及城市特色的形成、更替能力。其中，城市特色的种类和数量组合是城市获得持续竞争优势的基础力量，而城市特色的更替变化则是城市获得持续竞争优势的内生动力。在动荡的环境当中，城市特色（特别是产业特色）只有通过持续的累积和更替演化，才能维持持续的城市竞争优势。

2. 特色"塑造""孕育"城市竞争优势和后发优势

与城市竞争优势和核心竞争力相比较，城市特色更为复杂。一般来说，城市特色不一定立即或者直接转化成为城市竞争优势和核心竞争

---

① 马健：《浅谈城市特色与竞争战略》，《中国科技财富》2008 年第 8 期。

力，其通常是城市特色与城市发展的其他内、外部因素共同组合而"促进"城市竞争优势的发挥，特色"塑造"和"孕育"着城市的后发优势或潜在优势。

3. 城市职能类型凸显不同的城市特色

城市的特色类型及其组合决定了城市的职能类型。反过来，一个城市的不同发展阶段，具有不同的竞争优势驱动力量，反映出不同的城市职能类型。因此，与城市职能类型相对应的、作用较为突出的城市特色组合也呈现不同的演替特征。

城市特色是城市竞争优势产生、持续和升级的关键资源或核心能力，因此，对于一个城市而言，为提高其城市竞争力，可以从城市特色的角度出发，制定和实施相应的城市竞争战略或经营策略。[①]

4. 识别城市特色，以促进竞争优势的发挥

在目前的城市竞争条件下，城市更加依赖于深藏在物质后面的"软性"要素，即"非场所"资源和能力，因为它们可对资源的配置、吸引、控制、转化等产生至关重要的影响。因此，正确地识别城市特色，特别是城市的"软性"城市特色，对于城市竞争战略的制定至关重要。

5. 保护城市特色，以维持竞争优势的作用

在全球化的巨大力量作用下，地方特色正逐渐淡化，甚至消失，使得城市千篇一律。然而，伴随此过程和结果的另一方面是地方城市特色对城市的作用开始增强。如苏州的历史文化特色，极大地提升了城市的营商环境和居住环境的品位，这对以"人、技术、资金"为重要生产要素的城市发展至关重要，并且依赖于这些传统的城市特色。

6. 培育城市特色，以升级竞争优势的驱动力

城市在不同的阶段需要不同的竞争优势支撑，而不同的竞争优势则需要不同的关键资源和核心能力。因此，关键资源和核心能力的培育与

---

① 林剑：《城市特色对城市竞争力的影响》，《规划师》，2004。

城市竞争优势的升级和演替直接相关，关键资源和核心能力的培育在很大意义上也就是新城市特色的培育和形成。新的城市特色，新的城市竞争优势并不是说不需要原有的特色、资源条件和能力组合。实际上，新的城市特色和竞争优势都是建立在原有特色的基础上的，只不过发挥作用的环节、方式发生了变化。

五 小结

城市特色就是城市的个性，是城市的形象在人们心目中的反映。如何在保证城市健康快速发展的前提下构建城市特色更是时下需要研究的问题之一。随着城市的发展建设，城市规模不断扩大，各类生产生活的地段不断地分化、聚散、拼合、外延和内生，城市有着显著不同的色彩、物质风貌和空间韵律等的构成，以及融合于上述构成的独特的气味、语言、民俗的整体环境空间，形成了城市的空间特色。城市特色推动了城市经济的发展，提高了城市的国际竞争力。全球化时代呼吁城市特色，城市特色能为城市发展创造良好的环境，带来宝贵的机遇，而城市的发展也能为城市特色的延续和创新提供可能。

第三章

城市空间协调发展概述

伴随着我国城市化进程的加快，城市空间发展产生了多方面要素不协调的现实问题，不仅影响了城市形象，更阻碍了城市建设的可持续发展。这些问题的产生给我国城市建设提出了严峻考验。城市空间该如何实现协调发展是今后很长一段时间内城市管理者及学术研究领域面临的重要问题。

第一节　城市空间的协调发展

一　为什么提出这个问题

（一）城市规划编制过程中的"不包容性"

城市规划，顾名思义是基于城市现状，着眼于城市未来的规划，其涉及城市生活的方方面面，因此，它的制定应该开放、包容地吸取群众的意见，不是为个人意志服务的。而在现实中的城市规划中领导意识过于浓重，这个领导在位要建个大广场，城市往北方向发展，换一届领导，又要修建一条大马路，城市往南发展，这不仅使城市规划工作者困惑，更使得城市发展陷入迷茫与混沌，不利于城市的可持续发展，还可能会造成建设过程中的浪费。

随着社会经济的飞速发展，城市里大项目的建设也越来越多，这些规划和管理完全由城市管理者或者高层人员决定，造成城市规划和市民的需求脱节，市民不能很好地参与到城市建设中来，不能很好地发挥聪明才智，好的建议也无法送达决策者手中。由于城市规划都是专家式的，自上而下的，许多项目建设存在不合理性或缺陷，因此，造成一些项目建设刚刚完成，没过多久，又因新的规划而不得不被拆掉，造成资源严重浪费。由于规划没有及时地公开公示，群众许多合理性的建议、一些经典意见得不到采纳，甚至一些合理化建议无法传递给决策者。

城市自身不仅是一个复杂的巨系统，更与区域这个上一级的大系统密不可分，城市规划应该在生态规划、主体功能区划、城乡一体化规划框架下进行，而事实上由于规划时限所限，城市规划很难在同一时点上完成所有规划，这就导致城市规划与其他规划难以衔接。

（二）城市空间扩张与生态环境保护的矛盾突出

城市化过程中产生的环境问题与工业化历程中的粗放式经营有密切的关系。尤其是县域范围内工业水平较低，企业规模大都较小，竞争力弱，产品的科技含量非常少，并且开发新产品的能力也非常弱，污染较严重。企业大多是污染严重的化工厂、小造纸厂，而这些企业往往又都是当地政府重要的税收大户，政府对于这些企业的污染行为有时候往往视而不见，致使当地的环境遭受严重的污染。

生活废弃物对环境污染严重。城市化过程使得人口由分散变为集中，城市生活污水、生活垃圾对环境的影响逐渐严重，尤其是县域城镇生活垃圾集中处理率不高，同工业垃圾一样，生活垃圾排放无序，大部分都露天堆放，不仅占用大片的耕地，还可能传播病毒、细菌，其渗透液还会污染地表水和地下水，导致生态环境恶化。

大量农田被侵占。在"求大求全"的城市空间盲目扩张过程中，大量农田被侵占。小城镇由于集约化程度和土地价格低，一般用地规模都偏大。调查表明，我国10万人口规模以下的小城市和建制镇的人均建设用地为$120m^2 \sim 150m^2$，比城市高出1倍以上。在城市规划中，空间规模的扩张往往是政府预先设定的，并非由产业拉动，所以当大量的土地被圈占后，缺乏实质性产业去填充这些土地，造成了有限土地资源的巨大浪费。

（三）历史遗存的保护受到城镇建设的威胁

历史遗存是城市在发展的历史长河中一点一滴积累起来的，从文化景观到历史街区，从文物古迹到地方居民，它们都是一座城市记忆的有力物证，也是一座城市文化价值的重要体现，凝聚着城市底蕴，它们或悠远古老，或凝重深刻，刻画的是城市记忆，传承的是城市灵魂。它们的存在使我们居住的城市如同一本耐人寻味、含义丰富的书卷，由内而外地散发出一种深厚的意蕴，体现着城市的文化品位。然而，在当前如火如荼的房地产开发的背景下，地方 GDP 冲动和房地产商的暴利追求使得城市在所谓"旧城改造""危旧房改造"中，实施过度的商业化运作，采取大拆大建的开发方式，致使一片片积淀丰富人文信息的历史街区被夷为平地，一座座具有地域文化特色的传统民居被无情摧毁，文物保护单位被拆迁和破坏的事件屡见不鲜。忽视对文化遗产的保护，造成历史性城市文化空间的破坏、历史文脉的割裂，最终导致城市记忆的消失。2002 年，济南花园路 101 号（原济南市历城区人民政府）内一幢具有 70 年历史的西洋古典欧式建筑随着机器的轰鸣被拆除，取而代之的是一大型商贸中心；长沙唯一保存最完整的传统公馆左学谦公馆被王府井百货大楼摧毁，蔡锷北路的左宗棠公馆、麻园岭的陈明仁公馆、天心区唐家湾民国公馆等也先后消失；广州新河浦东山别墅区中共三大会址附近的 7 栋小洋楼被拆除，2 栋面临被拆除的危险，位于中山二路的百年别墅红园、已经被公布拆迁方案的逢源路八条街，都面临被拆迁的厄运；杭州金钗袋巷、朱婆弄以及牛羊司巷内 7 栋拥有百年历史的建筑被强行拆毁；武汉三镇最近 30 年来被拆毁和被移迁、仿造的历史建筑有百栋之多。象征人类最高文明的大都市尚且如此，县级城市、乡镇的历史建筑被强拆事件更是层出不穷，隆安的黄家大院、横县的李家大院、吴川梅麓祖庙等都在轰轰烈烈的城市开发中轰然倒塌。残酷而无奈的现实背后，是法律保护机制的缺失，各地历史文化遗产保护机构只有督促权，没有执法权，难以阻止近乎疯狂的拆毁行为。

（四）城市化水平的数量与质量不协调

城市作为人类满足自身的生存和发展需要而创造的人工环境，其发展不仅是一个长期的人口迁移和物质环境的建设过程，同时也是一个长期的软环境建设过程。相比之下，软环境的建设比物质环境的建设更需要耐心和时间。在我国城市化进程飞速发展之下，也不得不承认由此导致的一系列不成熟，中小城市表现得尤为突出。中小城市经济发展、人口城镇化率正以难以估量的速度进步，而在基础设施、公共设施、社会保障等方面面临落后的尴尬。首先，基础设施、公共设施建设落后。多数地方城镇化建设缺乏科学的整体规划，城镇之间缺乏必要的分工与协作，存在各自为政、布局混乱、功能错位等现象，经济结构趋同，城镇特色不够鲜明，集约发展程度不高，土地利用率低，有的城镇甚至出现无序建设状态，基础设施、公用设施低水平重复建设严重。加上县域城镇财力普遍不足，城镇建设投融资渠道不畅，建设资金缺口普遍较大，许多城镇的基础设施仍相当薄弱，特别是道路、供水、排水、供电、绿化、文化、排污等设施普遍落后，脏、乱、差现象还很突出，远不能满足城市生产和生活的需要，在一定程度上制约了产业、人才和农村人口的进驻。其次，城镇社会保障体系不健全。大量的农村产业工人，虽然居住在城市并被计算为城市人口，但其并不能同等享受城市的各类公共服务，其收入水平、消费模式无法等同于一般城市人员；附着在城镇非农户口上的就业、住房、医疗、养老、入学等方面的社会福利普遍不高，致使小城镇户口的吸引力下降。

（五）城市个性逐渐消失

城市个性是历史的积淀和文化的凝结，是城市外在形象与精神内质的有机统一，是一个城市的物质生活、文化传统、地理环境等诸因素综合作用的产物。一个城市文化发育越成熟、历史积淀越深厚，城市个性也就越强，品味越高特色越鲜明。但是在城市建设发展中，现代化对城市文脉的消解，全球化对城市个性的抹杀是不争的事实。有些城市盲目追求变大、变新、变洋，热衷于大广场、大草坪、景观大道、豪华办公楼和"标志性"建筑的建设，功能主题突出，而往往忘掉文化责任。同时，由于城市规划建设中抄袭、模仿、复制现象十分普遍，面貌雷同的城市街道越来越多，导致"南方北方一个样，大城小城一个样，城里城外一个样"，各地具有民族风格和地域特色的城市面貌消失，取而代之的是千篇一律的高楼大厦，形成"千城一面"的局面。一些城市已经很难找到层次清晰、结构完整、布局生动、充满人性的城市文化形象。不少中小城市盲目模仿大城市，追求"形象工程""政绩工程""面子工程"，为了气势而不顾城市环境，把高层、超高层建筑当作城市现代化的标志，建筑体量追求高容积率而破坏了原有的城市尺度和轮廓线，寄希望于短时间内能拥有更多"新、奇、怪"的建筑，以迅速改变城市的形象。而大量新建筑不是增强而是削弱了城市文化身份和特征，使城市景观变得生硬、浅薄和单调。

（六）"造城运动"造成的浪费严重

受时下流行的政绩观和土地财政影响，有些城市全然不顾自身发展条件与城镇发展规律，热衷于将城镇化水平和城市规模作为业绩，盲目求大，以期获取更多的建设用地指标，进而将更多的土地纳入财政收入目标。这些城市不仅通过内部改造不断更新，而且通过卫星城建设、行政区划调整、开发区规划等手段不断把乡村、农田、集镇纳入都市区范围，甚至将中小城市加工成都市，城市空间以一种史无前例的速度生长着，一些学者誉之为"造城运动"。其中也不乏斥巨资、占土地、建新城的城市，如 GDP 连年攀升、增长竞争力位列全国第一的鄂尔多斯，其凭借丰厚的经济实力，花 5 年时间在一片荒漠中，耗资 50 多亿元，建起一座 32 平方公里的新城——康巴什，但同时也成了一座无人居住的"鬼城"。原要成为鄂尔多斯对外炫耀的市中心，如今却被美国《时代周刊》评价为"中国房地产泡沫的最佳展示品"。宁夏贫困县中卫海原县花费数十亿元建新城；财力只有 3000 多万元的国家级贫困县内蒙古清水河，响应国家大力建设开发区的号召，计划投资61亿元建造一座现代化的新城，结果新城计划破产造成大量的烂尾楼。此外，越来越多的城市加入了新城建设队伍，大量的宝贵资金被化身为钢筋水泥。

二　探究城市空间协调发展的内涵

"协调发展"是一种广泛"包容"社会公平正义，不排斥任何社会阶层、群体，尊重自然和社会发展规律，尊重历史的增长。对于城市空间而言，协调发展意味着城市空间与人口、经济、文化、环境各城市要素平等发展，即在城市空间扩张发展的同时，生态环境不被破坏，历史遗存不被摧毁，外来人口不被排斥，精神文明与物质文明同样丰富等。概括起来，包括以下几个方面。

（一）人与自然的协调

城市主体是人，这里概括为人与自然的包容，事实上是以人为主导的城镇化与生态环境的和谐共处。中国传统文化中的"天人合一"和"道法自然"即是祖先与自然的相处之道，今天仍然值得我们借鉴。不论人类社会如何发展，人类的实践和理论都面临"回归"的任务和前景，即向大自然回归，与大自然和谐发展。城镇化发展与生态环境之间存在辩证统一的关系。一方面，二者相互制约，城镇的发展要受到环境、资源的约束，同时环境也会受到城镇发展的影响，如果城镇化发展对自然采取掠夺式开发，必然受到自然的报复；另一方面，两者相互依托，互相促进，城镇发展都是以一定的自然资源为基础的，自然禀赋的高低和生态环境的优劣直接影响城镇的建设与发展，同时如果在城镇发展中合理利用自然资源，运用经济成果为环境保护提供技术、生物支持，又可以促进生态平衡，因此，应该在资源环境与城镇经济社会发展的和谐统一中寻求可持续的发展。未来城市之间的竞争就是环境的竞争，也就是城市形象、特色和品位的竞争，谁有了良好的环境，谁就赢得了城镇可持续发展的主动权。

（二）人与历史的协调

一个城市各个时期的文化遗存就像一部部史书、一卷卷档案，记录着一个城市的沧桑岁月。每个时代都在城市中留下了各自的记忆，包括古代遗址、传统建筑、历史街区以及民间艺术和市井生活，它们都是构成一个城市记忆的要素。哲学家 R. W. 爱默生曾说，城市"是靠记忆而存在的"，冯骥才先生也认为"城市和人一样，也有记忆。因为他有完整的生命历史"。城市是流动的空间，时间是流动的记忆，任何人类积极的发展要素都应该在城市中找到属于它的位置，得到应有的尊重和延续。城市的生命与性格、历史与记忆就存在于城市的每一寸肌理、每一寸土地、每一座建筑、每一条街道里。保存城市的记忆，保护历史的延续性和保留文明发展的脉络，是现代城市发展的需要。一个有信心、有意识去传承自己历史的城市，也完全应该有信心去接受创新、接受现代化。

（三）质与量的协调

城镇化并不是简单的人口向城镇集聚的问题，而是人类社会进步的内在表现。因此，加快我国城镇化进程，提高我国城镇化质量，是提高我国城镇化发展总体水平的两个重要方面。中国的城市化是超越了世界发达国家的城市化规律与历史的城市发展之路。1978 年以来，我国的城镇人口从 1.7 亿人增加到 5.77 亿人，4 亿人口的城市化我国仅用了不到 30 年的时间。根据城市化发展规律，我国目前的城镇化已经进入"矛盾凸显期"，城镇化总量与质量之间的矛盾已经显现，因此，质与量的包容在这一时期显得尤为重要。城镇化发展的速度主要表现在城镇人口占总人口比例的提高、城镇数量的增加和城镇规模扩大等方面；城镇化发展的质量主要表现在城镇经济总量的增长、产业结构的调整、基础设施的完善、科技文化的发展、生活方式的改变、环境质量的提高、社会保障的建立、城镇管理的加强等方面。在目前我国城镇化快速发展的情况下，不能只求城镇化发展速度而忽视城镇化发展的质量。笔者认为，速度是一种现象或形式，质量才是本质，只有二者协调一致才是健康的城镇化。

（四）人与社会的协调

城镇社会不排斥任何群体，社会尊重个人，以人为本、唯人为贵。人际社会是一个"我为人人，人人为我"的大家庭，和谐的城市应具备让市民幸福生活的条件，如劳动就业与保护、社会福利与保障、鳏寡孤独、病残老幼等弱势群体的特别扶助，以及包括流动人口在内的居住、餐饮、购物、娱乐、求医、求学服务，这是提高居民对城市的认同感、归属感、荣誉感的城市家园。城市和谐的人文环境是体现城市管理人文精神的重要方面，是提高社会成员整体素养的必需。管理者和市民要用爱去浇灌城市，用善滋润城市，培养勤政为民的公仆精神，海纳百川的开放精神，以人为本的可持续发展精神，不断开拓的创新精神，突出解决群众最关心、最直接、最现实、最根本的利益问题，切实解决就业、社保、教育、医疗、出行等民生热点难点问题，真正做到发展为了人民，发展依靠人民，发展成果由人民共享，让生活在城镇中的每一个人生活的有尊严。

三　如何实现城市空间协调发展

（一）合理定位，科学规划

客观研究城市在区域城镇体系中的战略地位，合理定位城市未来发展目标。在立足现实的基础上，把城市根底、现状弄清楚，分析影响城市发展的约束条件和主要障碍，明确城市发展的依托基点和动力机制，判定城市发展阶段和发展层次，采用科学的方法，给出城市发展以某种形式的标定，包括城市人口规模、用地规模的确定。积极推进主体功能区规划与经济社会发展规划、土地利用规划、城乡规划、环境保护规划等规划的衔接与叠合，细化市域的优化开发、重点开发、限制开发、禁止开发等区域，科学合理地规划城镇空间布局，并强化规划的刚性和可操作性。城乡规划、发展改革、国土资源、交通、水利、卫生、环保、旅游、电力等部门要密切配合、加强沟通，建立有利于规划协调的体制机制和沟通途径，实现各规划之间在技术层面、政策层面的整合，确保区域规划、城市规划、土地利用规划及各专项规划的衔接，实现信息共享，同时，要加大各部门的联合执法力度。城镇建设参考市民意见，城市规划从行为主体上看是一种政府行为，但其根本的立足点则是公众，城市规划的本身应该尊重和体现公众的意愿，市民不仅有接受规划的义务，更有参与规划、了解城市规划的权利。

（二）保护历史文脉，彰显城市文化特色

历史文脉是城市的灵魂，更是城市对外宣传的名片。加强对城市历史文脉的保护，注重城市文化特色的发掘与塑造。历史名城（镇）要根据历史名城（镇）规划和文物古迹保护规划，规定合理的绝对保护区、控制建设区、环境协调区并保证每个区域各项保护性措施的实施。历史文化街区的更新要根据当地具体的社会经济状况，充分听取公众特别是当地居民意见，采取循序渐进的、注重差异化和分散化的更新模式，而不是主观和强制性的、一厢情愿的、过于刚性的、一刀切的集中拆迁改造模式。加强对历史遗存的法制建设，改变历史遗产保护机构只有督促作用、没有执法权限的现状，加大执法力度以及对文物破坏的惩罚力度。扩大宣传，强化民众的文物保护意识。

（三）转变发展理念，保护生态环境

切实转变发展理念，建设生态文明。从传统高能耗、高排放型发展模式向节能、低排放发展，以最低的资源消耗和最小的环境代价来发展经济，由单纯型经济向循环型经济发展，牢固树立资源危机意识，实现废弃物的减量化、资源化和无害化，实现自然环境、社会环境和谐发展。在建设、经营和管理过程中，必须要走科学发展的道路，重视社会的整体利益及长远利益，实现经济效益、社会效益和环境效益相统一。生态环境建设是一项长期艰巨的任务，必须建立和完善工作目标责任制和激励机制，层层分解目标和任务，落实责任，分工合作，确保责任、措施、投入"三到位";制定行之有效的检查监督制度,掌握建设动态,布置和督促落实建设工作,全面推进生态环境保护工作。加强综合决策,要将生态环境保护纳入各级政府的国民经济和社会发展中长期规划和年度计划,在每年的政府工作报告中体现。并且要能够按照《环境影响评价法》的要求,开展产业发展的战略环境评价和重大决策的可持续发展影响评价。按照科学发展观和生态环境保护的要求,对不利于生态环境保护、生态产业发展的有关内容和不够完善的法规进行修改,制定相应的实施细则,完善配套制度。抓紧制定资源有偿使用、生态环境补偿和公共环保工程设施有偿服务等法规,通过政策促进区域社会经济平衡发展。加强执法机构建设,提高执法人员素质,严格执法,保障生态环境保护相关法规得到全面落实。同时,应该加大查处破坏生态环境案件力度,逐步杜绝执法效率不高的现象。

(四)推进户籍改革,扩大社会保障群体范围

改革二元户籍制度。只有加快户籍制度改革,才能加速转移农村剩余劳动力,推动区域城镇化的进程。逐步降低户籍制度对农民的限制,逐步开放小城镇的户籍管理,建立城乡一体的户籍制度。我国农民的非农化过程经历了职业转移、地域转移和身份变更三个既分离又依次递进的环节,加快农民身份的转变是县域城镇化的一个重点。努力建立与国际接轨的户籍制度,由二元变为一元。

健全和完善社会保障体系,不断提高社会公共服务的水平,扩大覆盖面,逐步实现社会保障的社会化、规范化。协调推进农村土地制度与农村社会保障制度,对因征地而转入城镇的农村人口,应强制地将安置补偿费直接用于建立与城镇统一的社会保障,直接将其纳入城镇社会保障体系。对短期在城镇打工的农民,应让其保留耕地承包权,以此作为他们的基本生活保障;对长期在城镇就业,收入和生活已经相对稳定,但尚无条件加入城镇社会保障体系的乡镇职工及其他居民,鼓励商业保险机构开展养老、医疗等保险项目;对已经脱离土地、失去工作机会又

无其他生活来源的城镇常住居民，在收入调查的基础上，建立城镇生活救济制度；对于有条件的城镇，可逐步建立规范的养老和医疗保障制度，待条件成熟时，纳入当地统一的社会保障体系。

（五）完善基础设施，提高公共设施水平

统筹安排政府投资，集中力量优先解决百姓最迫切的公共服务需求。强化政府承担基本公共服务设施建设的职责，在政府投资计划和财政预算中加大对公共服务设施的投入，同时将各部门申请的建设资金纳入财政专户，由区政府统一管理，集中安排使用。遵循"先急后缓，量入为出"的原则，集中财力在服务设施相对薄弱的领域和地区建设一批面向基层、面向百姓的公共服务设施，向全区人民提供公平、充分、优质、高效的基础公共服务。

进一步加快城镇通信、消防、人防、殡葬、医疗废物、人口计生、地震及其他防灾等基础设施建设，全面提高城镇基础设施现代化水平。坚持地下设施与地上设施、地下空间和地上空间同时规划建设的原则，同步进行旧城镇改造和新区建设，重点加强城镇交通、给排水、污水垃圾处理、燃气等基础设施建设，同时要严格按照规划加快城乡接合部的改造和建设。

建立和完善覆盖城乡居民的基本医疗卫生设施规划，进一步完善医药卫生、残疾人服务、食品药品安全监督等体系，为群众提供安全、有效、方便、可及的医疗卫生等服务，努力实现城乡居民病有所医，人民群众健康水平进一步提高。按照当地城镇化发展规模，以提供符合当地经济发展的文化、体育基础设施为重点，把城镇图书馆、博物馆、档案馆、文化馆（站）、全民健身活动中心、体育场（馆）和城区、街道便民健身设施纳入城镇建设规划，与城镇建设同步实施。要坚持公交优先的原则，大力发展城镇公共交通，进一步优化城市路网结构，加快公共客运场站（公交始末站）和停车场站的建设，纳入当地城镇化发展规划并加快建设，有效缓解和预防交通拥堵和停车难的问题。同时搞好城市河道整治、防洪及城市郊区绿化和生态防护林建设。

（六）树立以人为本的执政理念，创新政府管理体制

各级政府要树立以人为本的管理理念，明确并强化公共服务职能，还政于民，能够公正、透明、高效地为公众和全社会提供优质公共产品和服务，在政务活动中最大限度地满足人民群众的需要，做到保障民权、尊重民意、关注民生、开发民智。改进政府管理手段和行为方式，政府应成为经济发展方向的指引者、经济关系的协调者和公共服务的供给者，做"精明的导航员"、"公正的裁判员"和"忠实的服务员"。整合行政资源，降低行政成本，提高行政效率和服务水平，增强政府工作透明度，提高政府公信力。要通过制度设计，加快形成政府服务运行机制。严格依法行政，维护法律的尊严，依法规范和约束行政行为。建立健全民主决策机制、政务公开机制、群众监督和参与机制。健全科学民主决策机制。建立社情民意的反应机制，扩大公众对决策的参与，完善专家论证制度，并逐步优化和丰富专家咨询队伍，健全对决策的跟踪评估和长效分析，健全决策责任追究制度。细化决策机构和决策人的责任，按照权责一致，谁决策、谁负责的要求，建立决策责任追究制度。进一步完善政绩评价体系，对地方政府的政绩评价体系要综合经济、生态、民生保障、依法行政等因素，协调好各部门之间的考核比例关系，体现可持续科学发展，体现发展的成果由人民共享。推进政府信息公开，鼓励公民积极参与，尤其是在与民生关系密切的城市拆迁中，积极鼓励公众参与，从城市规划制定、拆迁方案确定到安置补偿协议都广泛吸收公众参与进来，充分听取公众的意愿和诉求。

第二节　城市空间协调发展的顶层设计

一　我国当前城市规划体系

当前，我国法定规划体系主要包括五个层次。

其一是城镇体系规划。《城市规划法》将城市行政区内的城镇体系

规划作为城市总体规划的主要内容之一,区域性城镇体系规划多年未有法定的编制审批程序。近两年来,国家认识到区域性规划的重要性,已开始将城镇体系规划作为独立的规划进行编制、审批,省域城镇体系规划也开始由国务院审批,"安徽省城镇体系规划"是我国批准实施的第二个省域城镇体系规划。与此同时,城镇体系规划的内容及编制思路也有大大更新,珠江三角洲地区编制了城镇群规划,江苏、安徽等地着手编制了都市圈规划。区域城镇体系规划已经得到越来越深入的研究。

其二是城市总体规划。城市规划编制办法中将城市总体规划的年限定为 15 ~ 20 年,城市总体规划主要是城市在一定时期内城市用地、功能布局等的蓝图规划。随着对城市发展规律认识的加深,城市总体规划越来越重视城市发展的宏观问题,如城市的发展方向、城市性质、城市规模等。但由于总体规划时限、相应的技术规范等方面的制约,法定的总体规划模式已与城市发展的需要产生大量的矛盾,导致城市发展战略规划等模式的产生。

其三是分区规划。分区规划是城市总体规划的深化,主要针对大城市总体规划深度难以与详细规划结合而设立,是总体规划的补充。

其四是控制性详细规划。该层次规划是规划管理中最便于操作的内容,深圳市为强化控制性规划的管理作用,在控制性规划(技术文件)的基础上建立了法定图则制度。

其五是修建性详细规划。该层次规划是与建设结合最紧密的规划形式,但由于只有建设项目落实后,规划才真正具有实际的建设指导作用,而许多城市的重要地段的建设有多元的建设主体,建设意图、建设时期存在很大差异,通过修建性详细规划很难进行有效的控制。在这种情况下,城市设计以其空间概要性设计的突出表现而得到了迅速发展。

二 城市规划发展趋势——"多规合一"

土地利用规划、城乡规划、社会经济发展规划都是指导城乡经济社会中长期发展的具有战略意义的宏观规划,由于长期以来它们分属不同的政府职能部门，在规划对象和内容上存在交叉重叠，特别是区域空间资源的配置方案存在一定的差异，导致三个规划在空间发展目标、布局、时序等方面的衔接和协调存在较多问题，造成城市开发管理上的混乱和建设成本的增加，有时甚至在一定程度上影响了经济社会的发展。

习近平总书记 2013 年 12 月在中央城镇化工作会议上指出："在县市通过探索经济社会发展、城乡、土地利用规划的'三规合一'或'多规合一'，形成一个县市一本规划、一张蓝图，持之以恒加以落实。"2014 年 3 月，《国家新型城镇化规划（2014 – 2020 年）》正式提出推动"多规合一"。2014 年 8 月，国家发改委、国土资源部、环保部、住房和城乡建设部联合下发《关于开展市县"多规合一"试点工作的通知》（发改规划〔2014〕1971 号）（简称《通知》），正式从国家层面推进"多规合一"试点工作，通过试点市县探索可复制、可推广的经验。《通知》确定了全国 28 个"多规合一"试点市县单位，其中地级市 6 个，县级市（县）22 个，覆盖全国 18 个省（自治区、直辖市），为其他地区提供可复制、可推广的试点经验。《通知》明确指出，开展"多规合一"试点，是解决市县规划自成体系、内容冲突、缺乏衔接协调等突出问题，保障市县规划有效实施的迫切要求；是强化政府空间管控能力，实现国土空间集约、高效、可持续利用的重要举措；是改革政府规划体制，建立统一衔接、功能互补、相互协调的空间规划体系的重要基础，对于加快转变经济发展方式和优化空间开发模式，坚定不移实施主体功能区制度，促进经济社会与生态环境协调发展都具有重要意义。

三 "多规合一"的实践案例

"多规合一"是当前国家推动空间规划体系变革的重要抓手，是解决长期以来我国各类规划自成体系、缺乏协调的重要规划途径。

（一）通过机构调整探索实现"多规合一"

1. 上海市"两规合一"

上海市"多规合一"实践的核心是将国土局和规划局合并，成立规划和国土资源管理局，并由新成立的机构组织编制土地利用规划，实现"两规合一"，确保土地利用规划和城市规划的衔接。2008年底，上海市以市土地利用规划编制为契机，由合并后的市规划和国土资源管理局开展"两规合一"的规划编制工作，在嘉定、青浦两区进行试点。后续又开展了土地利用规划、城市规划和经济社会发展规划的"三规合一"试点工作。

（1）"多规合一"地方实践必要性

上海贯彻国家战略，落实"四个率先"要求，加快推进"四个中心"建设，加快产业结构调整，促进城市发展转型，同时面临着"资源紧约束"的突出矛盾。一方面，用地规模与土地规划指标不符。各区县总体规划建设用地规模之和超出土地利用总体规划指标。同时存在较多的规划建设用地范围以外、在规划期内难以整理复垦的建设用地。另一方面，建设需求迫切，土地资源供需矛盾日益突出。土地利用总体规划制定的建设用地增量非常有限，而耕地的后备资源又严重不足。

（2）思路与工作框架

以市级土地利用总体规划修编为契机，在总体规划层面，按照国务院批复的城市总体规划，坚持城市总体规划确定的城市发展方向、空间结构、城镇布局和重大市政基础设施安排基本不变，依据国家下达的新一轮土地利用总体规划指标，同步实现规划建设用地和基本农田保护任务落地。在此基础上，分两个层面展开规划编制和实际管控工作，通过"结构化"处理，形成市级土地利用总体规划方案，通过"精细化"处理，形成"规划建设用地控制线、产业区块控制线、基本农田保护控制线"管控方案，完成规划布局和实际管控两个方面的总体部署。同时，依托土地利用总体规划动态管理和评估机制，优化规划体系框架，逐步实现两规的有序衔接。上海市"两规合一"在以下5项基本原则指导下进行。坚持空间战略引领原则。对接国家战略要求和按照上海特大规模城市发展规律，构筑多中心、多层次的大都市区空间战略布局。

坚持城乡统筹原则。在建设用地规模紧约束条件下推进上海城乡一体化与郊区城市化，形成结构合理、流量适宜、布局有序的全市规划建设用地分布格局。坚持生态优先原则。充分发挥基本农田、生态林地等保护手段，控制城市增长边界，预置布局和永续维护高品质的城市绿色生态空间格局。坚持转型发展原则。按照"盘活存量、用好增量、提高质量"的方针，推进城市建设用地的节约集约利用。坚持管理创新原则。建立全市城乡建设用地"一张图"管理流程，在统一的土地数据底板上对各类建设项目进行"三线"管理。

工作框架方面，上海市"两规合一"按照"先试点推进，后面上推广"的原则，采用"自上而下"和"自下而上"相结合的工作方法，分为四个阶段：试点区县方案编制阶段、"自下而上"方案编制阶段、土地利用空间战略展望阶段、成果完善和协调阶段。

（3）关键内容与主要成果

2008 年 10 月，在上海市政府新一轮的机构改革中，原城市规划管理局与原房屋土地管理局中的土地管理部门进行整合，完成了新的上海市规划和国土资源管理局的组建。由总体规划处负责土地利用规划和城市总体规划层面的工作。形成的主要成果包括"三线"划定、一个平台、统一的规划编制体系等。"三线"管控方案及其相关配套政策。"三线"包括规划建设用地控制线、产业区块控制线、基本农田保护控制线，根据不同控制线的实际运作特点，分别实行刚性管制（具体细分为强控制和次强控制）。新增建设用地项目位于规划建设用地范围内，其中新增工业用地项目原则上必须落在产业区块用地范围内（104个产业区块内），基本农田不得占用。此外，建立开发区多主体联合招商机制、耕地占补平衡差别化政策及土地整治规划、城乡用地增减挂钩规划等配套政策和实施机制。统一的数据底板与信息平台。"两规合一"工作的数据底板是在第二次土地利用大调查、统一时点变更的数据基础上形成的，由此形成的数据底板具有现实性和真实性。在此基础上，进入信息化管控的数据信息平台更具权威性。统一的城乡规划编制体系。"两规合一"是新形势下城市发展的新的需求，上海目前开展的"两规合一"工作作为阶段性的积极探索，初步实现了两个规划在规模上的衔接和布局上的优化。

2. 深圳市"两规合一"

过去几年中，深圳的规划和土地管理部门经过了一轮先分后合的变化，经历了两轮城市总体规划和土地利用总体规划的编制。2009 年，深圳规划和土地管理部门重新合并成立了规划和国土资源委员会，"两规"统一由总体规划处负责。统一管理和编制为深圳上一轮"两规"协调创造了条件，分而又合促进了深圳新一轮"两规"的更深入沟通和协调。由此，形成机构合并背景下的深圳市"两规合一"探索。

（1）"多规合一"地方实践必要性

土地资源供需矛盾逼迫内涵式发展。高速增长、增量有限等因素，促使深圳进入以存量挖潜、效益提升为主的精细化发展阶段。发展至今，深圳面临着土地、资源、人口和环境 4 个"难以为继"，城市发展要走集约化、科学化道路，对规划也提出新的要求。

经济化城市治理模式要求规划创新。城市空间结构相对稳定，城市建设边界与结构逐渐固化，促使全市层面的总体规划难以再像以前那样提出具有"革命性"的结构布局和空间引导。

（2）思路与工作框架

充分发挥规划土地合一的管理体制优势，探索建立高度城市化地区"两规合一"规划调控与管理机制，创新土地调控和管理模式，探索城市土地节约集约利用新模式，强化区域协调合作，研究规划实施机制，并充分发挥深圳经济特区立法权优势，构建规划国土管理的公共政策体系。

（3）关键内容与主要成果

成立新区管委会，同步编制新区国民经济和社会发展"十二五"规划、空间布局规划和产业发展"十二五"规划，并在此基础上整合提升为新区综合发展规划。

建立"多规合一"的规划组织机制。深圳新型功能区的成立在为各类规划的编制提供重要实践平台的同时，也为实现"多规合一"的规划编制提供了体制保障和制度平台。为充分体现新型功能区在行政管理上的精简、高效特征，新区规划组织可以采取工作坊的形式，通过集合咨询专家、编制团队、管理方及其他参与主体建立"多规"联动编制的组织模式，统一组织、协调各规划的委托、编制、咨询、协商、实施等环节，对涉及地区发展的基础条件、关键问题、核心战略等前期内容进行共同研讨、共同决策，为各规划的分头编制提供"共同纲领"。通过构建"一张图"基础数据平台、信息沟通平台、统一用地分类和工作流程的技术应用平台，实现数据、信息、协作、技术等融合。

探索"多规合一"的综合发展编制模式。在规划范围上，由于深圳已经实现全市域城市化，各规划应以新区行政区为边界，以土地利用规划确定建设用地控制范围、基本农田保护范围，城市规划利用弹性边界进行功能调整。

在规划期限上，综合发展规划分三个层次的期限，以国民经济和社会发展中长期规划和新区总体规划为远期 15～20 年规划期限，以近期建设规划、国民经济和社会发展规划为近期 5 年规划期限。结合土地利用总体规划，将国民经济和社会发展规划重大项目在城市规划进行年度内落实。

在规划内容上，首先，以"二调"数据为基础，结合土地利用变更调查、卫星影像图以及城市规划与土地利用规划用地分类转换标准，形成现状用地评判。其次，借助工作坊机制在规划编制前期对涉及地区发展的核心性前期内容进行共同研判并达成共识。在此基础上，国民经济与社会发展规划主要确定综合发展规划的指导思想、发展目标（指标体系）、产业经济、社会管理等内容，以土地利用规划与城市规划共同确定空间管制分区、增长边界、用地规模，城市规划侧重地区发展方向、空间结构、功能布局等内容，土地利用规划侧重耕地保护、生态清退等内容，交通、生态、环保等专项规划提供相应专项支撑。

构建"多规合一"的规划实施平台。以近期启动的地区和重大项目为核心，建立近期建设规划和年度实施计划规划双平台。以国民经济与社会发展规划与近期建设规划搭建 5 年规划实施平台，以国民经济与社会发展年度投资计划、近期规划年度实施计划与土地利用总体规划年度土地供应计划构建综合发展规划年度实施计划平台，保证年度资金、项目安排与空间发展相协调，强化政府公共投资对城市发展的引导和调控作用。通过建立"多规"联合审批制度，实行多部门联合审查，在各部门规划达成共识的基础上，编制共同的项目库，以项目库以及用地为主构建规划实施管理监督平台，实时监测各类规划实施情况。

3. 武汉市"两规合一"

2009 年初，武汉市组建"武汉市国土资源和规划局"，开展了武汉市"两规合一"的专题研究。形成了《武汉市"两规"编制体系专题研究》《武汉市土地利用分类与城乡用地分类衔接专题研究》《武汉市"两图合一"专题研究》等初步成果。

（1）"多规合一"地方实践必要性

建设用地"天花板"即将突破，供需矛盾突出。武汉市正处于城镇化和工业化加速发展时期，未来建设用地仍将保持较高的需求。如保持以往发展速度，2012 年以后就不会再有可用的新增建设用地指标。而根据《武汉市城市总体规划（2010—2020 年）》，规划至 2020 年，中心城区建设用地需求规模为 5.32 万公顷，超出控制指标 3526 公顷，供需矛盾十分突出。

生态资源遭受侵蚀，亟须刚性保护。武汉市水资源丰富，由于 20 世纪五六十年代填湖造地和围湖养鱼，90 年代至今的旧城改造和城市建设以及监管力度有限等，填湖行为屡禁不止，城区湖泊由新中国成立之初的 127 个锐减至目前的 38 个。即使仅存的湖泊仍面临继续被侵蚀的危险，亟须规划加强刚性保护。同时，由于经济利益驱动，规划确定的城市绿地屡遭侵占，规划性质被频繁调整为居住、商业等经营性用地，亟须刚性的规划规范这种行为，做到"管得住""守得住"。

基于经济社会发展的不确定性，规划弹性管制须创新。上轮土地利用总体规划由于过于强调刚性，缺少针对社会经济发展的应变解决方案，在实际操作中出现很多问题，导致规划经常被局部调整，影响了规划的权威性和实施效率。新一轮土地利用总体规划编制，提出了管制分区等创新性内容，但未明确具体实施办法。如何应对中心城区实际情况，学习城市规划"弹性"特点，进一步创新弹性管制，需要在本次规划优化编制中研究与解决。

建设项目合法依据不统一。2007～2009年，武汉市城市规划和国土资源两大职能分立，在此期间，市规划局和市国土资源局按照各自规划和职能，对中心城区一批建设项目进行审批并核发了行政许可，这些项目往往符合城规而不符合土规，或者符合土规而不符合城规，影响了两个规划各自的严肃性，需要在本次规划优化编制中统一协调与解决。

（2）思路与工作框架

按照"试点先行、标准同步、分批推进"的思路，全面开展80个乡镇总体规划的编制工作；"上下联动、多方协调"；控制建设用地总规模不突破；从严保护生态环境，落实蓝线、绿线；预留弹性发展空间，包括划定东湖生态旅游风景区、划定有条件建设区、完善重点建设项目表等；衔接已批建设项目，优化建设用地布局。

（3）关键内容与主要成果

构建"两规合一"的规划体系，同步推进对应层级规划。整合城乡规划和土地规划体系，构建以土地利用总体规划和城市总体规划为核心，以近期建设规划为重点，以乡镇总体规划和控制性详细规划为基础，以各类专业、专项规划为支撑的"两规合一、多规支撑"的规划编制体系。

分级同步推进，确保同级规划的协调一致。以"两规"融合的规划体系建设为目标，"两规"应同步编制对应层级规划，相互补充和完

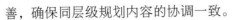

善，确保同层级规划内容的协调一致。

坚持空间战略引导，强化建设用地总量控制。发挥"两规"的各自优势，将空间战略导向和建设用地总量控制合一，实现建设用地空间布局协调、建设用地总量安排一致。包括协调远景空间发展战略与建设用地总量控制之间的矛盾和统一划定扩展边界和规模边界，协调"两规"矛盾。

以现状信息的合一为基础，推进规划成果内容的协调。将国土部门和规划部门的各类现状调查和审批信息进行系统性整合和认定，建立可用于"两规"规划编制和管理的现状信息平台。针对"两规"用地分类标准的差异，制定了《武汉市城乡用地分类和土地规划分类的对接指南》，以确保用地分类统计结果的协调一致。

为保证"两规"与城乡建设的规划预期保持一致，统一规划期限和规划范围，确保"两规"核心成果内容的协调一致。武汉市最新一轮城市总体规划和土地利用总体规划的规划目标年均为 2020 年，规划范围也均为市域行政辖区。乡镇总体规划统一将 2009 年作为规划基期年，将 2020 年作为规划目标年，规划范围统一采用第二次土地调查认定的乡镇行政辖区范围。

为统一"两规"的空间管制分区，乡镇总体规划中提出了"三线四区"的概念。其中，"三线"指城镇建设用地规模边界、城镇建设用地扩展边界和生态保护底线；"四区"指允许建设区、有条件建设区、限制建设区和禁止建设区。

促进"两规"融合，提高国土规划管理的综合管控能力。在管理流程设计中，建设项目选址、建设项目用地预审、新增建设用地报批环节、国土规划联合执法等以"两规"为技术依据，实现"两规"同步审批。对同一层级规划的修改调整应实现"两规"的同步论证和同步调整。

创新新增建设用地计划管理制度。武汉市于 2011 年对传统新增建设用地计划管理进行了改革，将新增建设用地计划管理作为实施近期建设规划和土地利用总体规划的重要手段。在控制建设用地总量的前提下，结合近期建设规划要求，强化计划的结构和布局。自 2012 年开始，为保障武汉市"工业倍增计划"顺利实施，新增建设用地计划重点保障新城区示范园区工业用地、民生工程和基础设施项目用地。计划不足部分通过城乡建设用地增减挂钩指标来解决。

发挥土地储备规划和计划的调控作用。为科学指导全市土地储备，武汉市于 2012 年初编制完成了《土地储备近期规划（2012～2016）》，其主要思路是依据土地利用总体规划和中心城、外围城镇控制性详细规划，将近期土地储备重点与城乡规划确定的空间导向紧密结合，通过对经营性和工业用地的集中统一管理和有序投放，积极引导城市建设开发，从整体上提高土地资源的利用效率和市场价值。

（二）通过技术改进探索实现"多规合一"

2012 年 3～9 月，广州市选取花都、白云、萝岗、天河、南沙五区作为试点，先行开展"三规合一"工作，分别代表城市中心区、外围区、新区（开发区）。其中天河区是城市新区"多规合一"的探索代表。

1. "多规合一"地方实践必要性

规划实施困难。长期以来，广州的"三规"因存在规划主体不同、技术标准不一、编制办法不同、规划期限不统一等问题，实施起来十分困难。

项目难以落地。由发改部门主导的建设项目计划没有与规划、国土部门的用地规划进行协调，缺乏统筹。项目选址不符合城市规划、土地利用规划的情况时有发生，建设项目落地难。据统计，近 3 年广州市不符合土规、城规的建设项目达千余项，用地需求达 400 余平方公里。

审批效率低下。在广州，项目落地涉及发改委、规划局、国土局等二十几个部门，流程包括项目立项、用地审批、规划报建、施工许可、竣工验收等 200 多个行政审批环节，各部门互为牵制、来回调整、串联审批，常常需耗 300～500 个工作日，审批时限延至 2～3 年。此外，投资建设信息不透明，不能实现在一个平台上查阅一致的信息。

民生发展不足。部门规划之间的不协调，使得规划无法紧扣城市经济社会发展的脉搏，造成广州公共服务设施、市政设施配套建设不足，造成投资的浪费，不利于民生的发展。部门规划相互缺乏认可，在具体建设时造成无法直接依规行政，进行规划修改时，主观意识强，削弱了规划的严肃性和权威性，滋生寻租空间。

天河区是广州市重点发展的高端化国际新城区，同时也是广州高新技术产业开发区（原广州天河高新技术产业开发区）的园区所在地之一。1996 年，广州高新区实行"一区多园"，其由广州科学城、天河科技园、黄花岗科技园和广州民营科技园组成，1999 年 8 月在天河科技园的基础上成立了天河软件园。

用地规模紧张。在经历 30 年增量式发展后，天河区发展面临土地资源的瓶颈，2010 年，已接近土地利用总体规划确定的 2020 年控制线，增量建设用地规模不到 1 平方公里。经济、社会发展的实施性项目无法顺利落地，制约了天河在新型城市化阶段的提质发展。

空间结构破碎。天河区内部空间结构破碎化问题逐渐显现，功能混乱无序，功能结构亟待整合。加之，天河区承载了广州各类高端要素，面临产业高端、智慧创新、环境宜居等三大瓶颈，亟须精细化的空间与管理策略。

在此背景下，天河区作为广州市五个试点之一全面开展"三规合一"研究工作。

2. 思路与工作框架

2012 年 8 月 27 日，《广州市"三规合一"工作方案》（简称《方案》）审议通过，并以市政府的名义印发实施。《方案》提出了"规划引领、平台整合、市区联动、试点先行"的工作思路。成立广州市"三规合一"领导小组，以及各个区"三规合一"领导小组，开展"三规合一"的具体工作。

广州开展"三规合一"的初衷是解决规划实施层面的问题，因此，具体实践的推进以规划实施的主体——区为单位开展，再由广州市级层面统筹，坚持"三上三下"、市区联动的工作思路。通过"三上三下"，重点明确市、区责任和部门分工，建立良好协调制度，保障市与区，规划、国土、发改等职能部门的充分沟通与协调，确保不越位、不缺位，相互补位，保障"三规合一"成果质量和规划效果。

天河区作为广州市五个试点之一全面开展"三规合一"研究工作，以"三规合一"为技术统筹，以项目为实施抓手，进一步梳理、挖潜土地资源，更加精细化分配建设用地规模，以"更精、更智、更优"为目标指向，构建面向精细化、智能化、人性化管理的综合规划管理、决策平台。

天河区"三规合一"以市区战略贯彻对接为工作基础。以高标准发展为目标指向，以政府为实施主体，以项目为整合平台，充分协调发改、规划、国土三大部门规划的目标、政策、空间和行动，实现市、区发展意图和重大项目的顺利实施。

3. 关键内容与主要成果

广州市"三规合一"强调战略规划统领，围绕"一个城乡空间，一个空间规划"，截至2014年初，已经基本形成"五个一"成果，即"一张图"、一个信息平台、一个协调机制、一个技术标准、一个管理规定。经过一年多实践，最终形成"1+6+2"成果——一个技术报告、六张图、两个政策文件。

一个技术报告：包括规划背景、差异分析、规划原则与技术路线、"合一"目标、协调策略与措施、"合一"规划、"合一"远景规划、规划实施保障措施八部分。

六张图：土地利用总体规划图，控制性详细规划拼合图，"两规"建设用地差异分析图，重点发展区域、产业园区、重点项目布局图，"三规合一"规划图，"三规合一"远景规划图。

两个政策文件：土地支持政策建议和"三规"协调机制及政策框架。

除上述成果外，广州市"三规合一"的关键内容与主要成果还可以总结为以下五点经验。

经验一：协调矛盾，提高规划管控能力。实现了由"三规"矛盾突出，到实现"一张图"管控的过程。从 2012 年 11 月至 2013 年 1 月，全面摸清全市"三规"差异，"两规"建设用地差异图斑有 29.4 万块，面积 935.8 平方公里，其中，"有土规无城规"图斑 8.97 万块，差异面积 248.26 平方公里，"有城规无土规"图斑 20.42 万块，差异面积 687.55 平方公里。通过制定差异图斑处理措施，对土地利用总体规划、城乡规划"两规"之间差异进行逐一处理。

2013 年 8 月，国土资源部批复同意《广州市城乡统筹土地管理制度创新试点方案》（下文简称《试点方案》），为广州"三规合一"工作提供了土地管理政策创新的保障。创新土地规划编制与审批机制，可以由广州市依据功能片区设置方案编制功能片区土地利用总体规划，由广州市人民政府审批并报广东省国土资源厅备案；并实行城市生态用地差别化管理，采取拆危建绿、拆旧建绿等措施增加的大面积连片非建设用地，可纳入非建设用地管理。这为广州市"三规合一"差异图斑批量调整提供了重要的实施基础。

经验二：集约节约，盘活存量土地资源。广州作为特大城市，2013 年常住人口 1600 万人，而土地利用总体规划 2020 年的建设用地指标仅余下 77 平方公里，按照以往的传统发展模式仅够使用 3 年，土地紧缺问题形势严峻，对发展模式的转型形成倒逼。通过此次"三规合一"，将规划不协调用地进行统筹调整，全市共盘活了 128 平方公里建设用地。

经验三："精明增长"，优先保护生态环境。"三规合一"工作在协调"三规"矛盾基础上，科学划定了建设用地规模控制线、建设用地增长边界控制线、产业区块控制线、基本生态控制线、基本农田控制线，在"一张图"内统筹生态、生产、生活空间范围，实现发展目标、人口规模、建设用地指标、城乡增长边界、功能布局、土地开发强度"六统一"。

通过本次"三规合一"规划，广州市划定城市开发边界，首次在空间上明确了城市开发边界，控制城市的无序增长。划定城市开发面积2440平方公里，占全市面积33%。划定了基本生态控制线，将市域范围的水库、湿地、水源保护区、自然保护区、森林公园等重要生态用地，以及其周边控制区域划定为保护性生态控制线，目前共划定基本生态控制线面积4426平方公里，占全市域面积的60%。

经验四：民生为重，保障公共设施落地。通过"三规合一"规划，全面梳理形成了2016年前全市拟建项目库，并按轻重缓急排序落实建设用地规模，合计调入建设用地191.74平方公里。优先并完全保障了重大民生和公益性基础设施1100余项，包括新增保障中小学等教育设施项目60余项、综合性及专科医院等医疗卫生设施20余项、儿童公园项目13项、各项文化设施30余项、市政设施及道路交通项目300余项。

经验五：便民利民，提高行政服务效率。构建"1+3"信息联动平台，实现了数据对接、信息共享与决策协同，有效提高了城市规划建设和管理的科学化、精细化水平，体现了"三规"协调联动的平台特色。通过信息联动平台，一方面实现了从源头上保障项目行政审批前符合各项规划，初步实现了项目选址"一目了然"；另一方面实现了一个"窗口"受理的并联审批机制，初步实现了项目审批"一步到位"。

第三节　中央城市工作会议

一　中央城市工作会议主要精神

1978年，改革开放后的第一次全国城市工作会议召开，会后发布的《关于加强城市建设工作的意见》（简称《意见》）直接指导了我国此后城市建设的发展方向。2016 年 12 月，国家召开了全民关注的城市工作会，与上一次中央城市工作会强烈的计划色彩不同，此次城市工作会充满了科学、市场、人文气息。

第一，《意见》强调了对城市发展规律的尊重。城市是一个有生命的机体，其形成和发展过程与人口的变迁、土地性质的改变以及资源环境的承载能力密切相关。因此，未来我国城市的建设与发展要首先以尊重城市发展规律为前提。

第二，《意见》明确强调了对城市群发展的重视。作为城市发展到一定阶段的高级形态，城市群一直在我国区域经济发展中扮演主导角色。《意见》抛开以往"大、中、小"城市论调，提出要"要优化提升东部城市群，在中西部地区培育发展一批城市群、区域性中心城市"。在区域竞争日益激烈的当今时代，一个城市单兵作战的年代已经远去，由大、中、小城市组成的横向错位发展、纵向分工协作的城市群成为区域经济竞争的主角。

第三，城市规划、建设、管理三大环节的系统性得到重视。在我国以往城市规划工作中，在"中国式"城市发展浪潮的冲击下，"大 = 强，快 = 好"的城市发展逻辑思维模式驱使了无数个"中国之最"、"亚洲之最"、"世界之最"以及一批奇怪建筑的诞生，并成为城市对外炫耀的资本与政治成果。《意见》明确提出了"加强对城市的空间立体性、平面协调性、风貌整体性、文脉延续性等方面的规划和管控，留住城市特有的地域环境、文化特色、建筑风格等'基因'"。城市是一部有灵魂的"石刻的史书"，城市文脉和"基因"更是城市发展的基石，城市未来发展应把城市文脉和"基因"的延续摆在至高无上的重要位置。在以往的城市规划工作中，地区长官意志十分强势和鲜明。《意见》明确了城市规划的法律地位，"规划经过批准后要严格执行，一茬接一茬干下去，防止出现换一届领导、改一次规划的现象"，切实维护了城市规划的权威性和严肃性。

第四，《意见》从"多规合一"、民生保障、数字化管理、创新以及文化延续角度强调了城市发展的可持续性。"推进城镇化要把促进有能力在城镇稳定就业和生活的常住人口有序实现市民化作为首要任务"。户籍人口城镇化率直接反映城镇化的健康程度。在党的十八届五中全会上，习近平总书记曾明确提出，加快提高户籍人口城镇化率。根据《国家新型城镇化规划（2014－2020年）》预测，户籍人口城镇化率必须每年提高1.3个百分点，转户1600多万人，才能实现2020年户籍人口城镇化率45%左右的规划目标。在推进人口城镇化的同时，更"要加强对农业转移人口市民化的战略研究，统筹推进土地、财政、教育、就业、医疗、养老、住房保障等领域配套改革"，提高居民公共服务水平。《意见》提出要"加强城市管理数字化平台建设和功能整合，建设综合性城市管理数据库，发展民生服务智慧应用"，未来数字化将成为城市管理的主要发展方向，同时通过建设城市管理数字化平台，积极开发平台社会民生服务功能，让智慧城市真正走进寻常百姓家。

第五，《意见》从环境建设、基础设施、发展方式等方面强调了城市宜居性。《意见》明确了"创造优良人居环境"是城市工作的中心目标，"城市建设要以自然为美，把好山好水好风光融入城市"，"努力把城市建设成为人与人、人与自然和谐共处的美丽家园"。客观地说，过去的很多城市没有让我们的生活更美好，反而让生活越来越糟糕，城市病越来越严重。为城市居民打造良好的人居环境成为未来城市建设的工作重点，同时也充分体现了城市工作应以人为本的核心思想。同时《意见》对城市发展方式也做出了明确表述，"城市发展要坚持集约发展，树立'精明增长'、'紧凑城市'理念"，这一理念的核心是在区域生态公平的前提下倡导科学与公平的城市发展观，重点是用足城市存量空间，减少盲目扩张，推动城市发展由外延扩张式向内涵提升式转变。

第六，《意见》提出让百姓参与创建自己的城市。推动公众参与城市建设，做"人民城市"，是这次会议的另一大亮点。让普通市民和社会组织参与城市建设的决策，是城市建设理念的重要进步，是实现"人民城市为人民"的根本方法。

综上所述，我国未来城市建设将在贯彻国家提出的"创新、协调、绿色、开放、共享"发展理念基础上，不断提升城市环境质量、人民生活质量、城市竞争力，建设和谐宜居、富有活力、各具特色的现代化城市，提高新型城镇化水平，走出一条中国特色城市发展道路。

二 城市未来发展趋势

根据 2016 年城市经济工作会议的最高引领，未来我国城市建设要坚决贯彻"创新发展、协调发展、绿色发展、开放发展、共享发展"的新发展理念，积极推进城市发展与空间布局、农村建设、历史遗存保护利用、城市功能服务以及生态环境的协调、绿色、共享发展，促进我国城市化由量的扩张实现质的提升，继续谱写城市建设追赶超越的新篇章。

1. 推进经济增长与城市体系空间布局协调发展

经济功能是城市的核心功能，是影响城市化发展最重要的因素，表现为产业在城市空间的聚集。城市体系空间布局是城市经济活动的一种重要结构，也是经济发展的空间分布状态及空间组合形式，表现为不同的等级规模、职能分工各异、空间相互制约、相互依存、联系密切的城市所构成的有机整体。区域经济发展的理论和实践证明，区域经济的发展必然伴随城市体系空间结构的演变，合理的城市体系空间结构布局可以促进区域经济的协调发展。在"追赶超越"战略背景下，结合我国新型城镇化建设，未来要加强规划引领，促进产业在大中小城市的合理布局，积极构建经济发展与城镇化双轮驱动的新型地方经济发展模式，以产业发展带动小城市建设，突出小城市培育工作，推进符合条件的地方设县设市设区，进一步做好小城市培育试点，发挥大中小城市协同发展的城市群效应，实现城市经济发展与空间布局协调及可持续发展。

2. 加强城市化与农村建设协调发展

城乡关系历来是影响我国发展和全局稳定的战略性问题，大力推进城乡一体化发展，构建平等和谐、一体发展的新型城乡关系已成为全面建成小康社会必须解决的历史任务。随着工业和城市经济的日益强大，在"四化同步"战略的引领下，新型城镇化战略开始实施，我国开始进入统筹协调发展新阶段。在规划层面，作为顶层设计的城乡规划，其价值观、方法论均要发生相应变化，即从"为土地开发而规划"转向"为人而规划"，将城乡建设与精准扶贫结合起来，从由落实指令和计划的工具转变为城乡空间利益的协调机制和政策工具。在产业层面，工业和农业生产实现协调发展、均衡进步，促进农业生产现代化产业化、新型机械化、绿色生态化、优质高效化，工业生产要能够支撑农业生产的现代化、绿色生态化和优质高效化，吸纳更多的转移劳动力就业。在公共服务层面，生产生活基础设施、基础教育资源配置、医疗卫生条件建设、安全环保设置等公共物品实行城乡统一均衡配置，实现城乡公共物品均质和公共服务均享，城乡居民享有各项社会保险、社会救济、社会福利和优抚安置等基本权益，逐步实现城乡社会保障均等化。同时，逐步建立城乡统一的建设用地市场以及城乡统一的房地产市场，建立土地开发和房地产交易的城乡公平、社会公平机制，使城乡之间真正实现公共物品均质、公共服务均等、社会保障均衡、居民权利平等、工农生产协调、城乡收入相当、城乡文化共荣。

3. 促进历史遗存与城市空间扩张协调发展

我国历史源远流长，历史遗存在全国范围内星罗棋布。这些特色鲜明的历史遗存不仅是城市文化和精神价值的承载物，搭建了城市个性化的特色空间，更是支撑城市文化自信的重要载体和源泉。随着我国城市化的快速推进与城市空间的持续扩展，城市空间发展与历史文化保护之间的冲突与矛盾时有发生。未来在城市空间扩张过程中，促进历史遗存与城市空间协调发展是贯彻落实习总书记提出的"扎实加强文化建设"的重要举措。首先，就历史遗存本体而言，就是要加强文物保护规划编制，逆转其逐渐被新城建设破坏、淹没的态势，修复遗存本身具备的文化空间功能，积极促进历史遗存区空间"再生"。其次，促进文化遗存积极融入城市空间整体构造，结合城市开放空间体系布局，积极引入新的城市功能，建设具有地方感和历史感的特色开放空间，通过打造多元特色开放空间，使历史遗存成为城市"有机体"的一部分，并将文化遗存打造为超越个体的维系社会和文化的纽带。最后，充分挖掘历史遗存的文化价值，打造以历史遗存为核心的文化产业空间，塑造城市文化品牌，将城市的文化"软实力"变为"硬实力"，与此同时，通过产业发展反哺历史遗存保护，推进城市文化创新与繁荣。

4. 实现城市建设与功能服务"共享"发展

伴随着第三产业的发展和"服务经济"时代的到来，城市功能也逐步发生变化，从最初的经济功能为主，向综合服务功能转变。随着国内发展政策环境的均质化，区域经济之间的竞争很大程度上已经演化为核心城市服务功能之间的竞争。因此，在持续推进城市建设过程中，要始终坚持以人为本，注重完善、提升城市服务功能，促进城市化发展成果在全社会的"共享"。促进城市新区"产城融合"发展，加强新区产业功能与公共服务和生活服务功能之间的配套衔接，设置教育、医疗、交通等公共服务设施与商场、大型超市、书店、剧场、金融服务等生活服务设施，为生产者创造舒适的居住环境，使城市建设呈现产业发展与城市功能协同共进、良性循环的科学发展状态。加强城市综合服务功能建设，提高城市交通、金融、商贸、高端制造业和社会环境等综合服务能力，重视城市发展的软硬环境，加强相关基础设施和配套服务的建设，营造多元包容的文化氛围，树立"以人为本"的现代城市管理理念，建立服务型城市管理的工作机制，增强城市对国内外公司机构和人才的吸引力。

5. 促进城市发展方式从"灰色"到"绿色"转变

城市与乡村不同的发展模式决定了其自带生态环境问题的"基因体质"。从外因来看，城市为获得有用物质而容易产生较大的附加生态压力，易于带来负面气候效应，同时，城市发展常伴随着水文系统的非生态演化。从内因来看，城市发展过程中容易出现水危机、能源危机、垃圾危机等。在城市建设过程中，要坚持贯彻"绿色城市化"发展理念，由追求相对单一功能效益最大化的灰色发展方式向环境目标导向的绿色城市发展方式转变，实现人与自然的和谐共进。创新制度设计，健全绿色政策法规支持体系，促进城市产业结构绿色转型，激励绿色消费，促进生产和消费结构绿色化。发展绿色科技，促进以污染治理、保护绿色为特征的"深绿色科技"以及以开发绿色能源、推行清洁生产、推进绿色化为特征的"浅绿色科技"创新。加强对土地资源、水资源、能源和环境等城市发展基本要素的综合分析，根据资源和生态环境的承载能力，研究合理的城市人口和建设用地规模，节约土地，降低资源能源消耗，有效提高城市的运作效率。落实总体规划生态用地的定性、定位、定量控制要求，建立基本生态控制区规划体系，保障城市生态安全格局和为市民提供公共休闲的绿色开敞空间。积极贯彻"生态城市""海绵城市"发展理念，将城镇建设融入整个区域的自然生态系统中，实现城镇与自然的融合发展。

第四章

城市经济与空间协调发展

从字义来讲，"城"为城池，是为了防卫安全而建造的高高的城墙，"市"是指集中买卖货物的固定场所，"城市"则是这两种功能在地域上结合的产物。因此，经济职能应该是城市作为现实存在的主要职能。从城市发展历史来看，经济建设是城市空间拓展的重要动力源泉，同时，城市经济与城市空间拓展是否协调是影响城市经济能否可持续健康发展的重要因素。

第一节 城市经济发展对城市空间的引导

一 城市空间结构与经济发展的互动关系

（一）经济发展对城市空间结构的调节作用

经济是影响城市形态最重要的因素。经济功能是城市的核心功能。社会经济发展和技术进步使城市中出现新的功能或导致原有的部分功能衰退，使城市空间形态与城市主导功能产生矛盾，从而推动城市空间形态的演变。经济发展和技术进步使城市居民的活动打破时空限制，削弱了城市化空间扩散过程中由距离引起的摩擦力，使城市得以延伸其各种功能的地域分布，从而推动城市化区域在空间层面上的迅速蔓延，对城市空间形态的演变起着不可替代的作用，这种作用直接体现在技术进步对城市空间结构的影响上。技术进步是城市空间结构与形态变异的决定性因素，新的业态发展要求城市有与之对应的空间格局和空间发展模式。

（二）城市空间结构对经济发展的促进作用

城市空间结构是城市经济活动的一种重要结构，也是空间分布状态及空间组合形式。在城市经济发展中，随着城市空间结构的不断演变，城市经济活动的优化配置和在空间上的合理组织可以减轻空间距离对经济活动的约束，降低成本，提高经济效益。

1. 区域产业结构趋于合理化与高度化

在工业化时期，区域空间结构的形成是与专业化分工所强调的生产力布局的协同性和系统性相适应的，关联企业在空间上整体耦合不仅可以提高资源的利用效率，还可以进一步提升区域经济的聚集效益。在知识经济时代，伴随区域产业结构高度化过程的不仅是较高形态的产业替换较低形态的产业，同样也是不同产业在区域空间转移和置换的过程，是为了适应区域产业结构的高级化和区域空间结构演化的客观规律，将聚集效益最高的区域中心地带让位给最具发展前景的新兴产业和高附加值产业。

2. 区域空间结构是社会经济活动空间集聚的结果

资源聚集与配置的空间表现是决定区域经济进一步发展的基础。区域空间结构处于较佳状态时，就能够实现比较好的聚集经济效益；反之，区域经济的均衡状态被打破，聚集经济效益下降，甚至可能出现聚集不经济的现象，使得社会经济活动的成本上升，如果不及时调整，将会出现区域经济整体衰退的现象。

二 西安城市空间结构与经济发展互动机制解析

（一）不同历史阶段城市空间结构特点

农业社会以小农经济为基础，生产要素流动性弱，不能产生经济聚集效应，城市规模有限，城市功能还没有出现明显分化，这一时期城市空间结构以单中心均质分散为特征。产业革命以后，城市功能布局遵循集聚效益、规模效益原则。随着城市开发强度的提高和城市规模的扩大，城市空间进一步扩张，城市土地使用方式出现明显分化，形成不同的功能区。城市中心是商务区，人口分布密度、土地开发强度从城市中心向边缘递减，城市空间形态呈圈层式自内向外发展。随着科学技术的发展，高科技尤其是信息技术对城市空间区位自由度和空间相互作用的影响，导致经济运行对空间区位依赖程度降低，城市空间向外扩张的能力得以放大。因此，从农业社会到工业社会再到信息社会，城市空间结构经历了一个由分散到集中再到分散的过程。

（二）不同经济社会背景下西安城市空间结构的演变

西安经历了三千年的城市兴衰，是世界著名的历史古城，周秦汉唐以及明清以来的城市空间布局别具韵味，1949 年以来随着经济的快速发展，城市空间结构也呈现了不同的发展阶段。

1. 外部空间形态的演化

（1）古代城市空间形态。周秦汉唐时期，西安长期作为中国古代都城，在丰镐二京、汉长安城和唐长安城的建设实践中不断积累、充实城市建设经验，形成适应中国封建社会政治、经济特色的古代城市规划思想，包括"左祖右社""面朝后市""前朝后寝"的城市规划布局，棋盘式的城市道路网络结构等。唐末至明初的几百年，长安城由庞大的帝都降格至区域性的中心城市，城市规模急剧缩小，在明初军事形势的要求下，修筑了秦王府城，同时城池向东、北两方拓展，明城墙东南西北四门相对而立、遥相呼应，西安古城规模自唐末后得到大规模的扩张。自此，西安确立的以钟楼为中心，城门内四条大街构筑的十字干道网络和城市分区形态特征始终主宰着西安后期城中心的发展格局，时至今日仍作为西安城最具代表性的形态特征之一。

（2）圈层布局（1953～1980 年）。1949 年后，百业待兴，国家对区域经济发展做了长远的规划。"三线"建设期间，西安作为战略后方，国家在西安投资建设了国防科技工业和民用大中型企业，一大批科研院所与大专院校内迁古城，西安的科研实力、现代加工工业能力迅速增强，基础设施也有了相应的改善，西安成为我国重要的航空、航天、电子、纺织和机械工业基地。在第一次城市总体规划的指导下，西安确立了东郊军工城、西郊电子城、南郊文教区和北郊仓储区的城市格局，确立了"以轻型精密机械制造和纺织为主的工业城市"的城市性质；开辟了周、秦、汉、唐四大遗址地区，吸取汉、唐长安城市规划和建设的传统，沿袭了唐长安城棋盘路网和轴线对称的整体格局，城市用地131平方公里。

（3）方向性扩展布局（1980～1990年）。1970年代末，改革的春风吹满神州大地，西安这座古老的城市也沐浴其中，第一次城市总体规划已经不能适应新的形势发展要求。在第二次城市总体规划指导下，在162平方公里的用地范围内，确立了以明城的方整城区为中心，继承和发展唐长安城棋盘式路网、轴线对称的布局特点，选择新区围绕旧城的结构模式。城市主要向东南、西南两个方向发展，开辟新的功能区，构筑起西安现代城市的基本框架。

（4）卫星城空间结构（1990～2000年）。改革开放所带来的经济井喷式发展使得上版规划的城市用地范围不得不做出一次又一次的调整，上版规划的城市空间布局结构已经完全不能满足城市经济发展的需要。第三次城市总体规划确定西安的城市结构和布局形态为中心集团、外围组团、轴向布点、带状发展，形成中心城市、卫星城、建制镇三级城镇体系，组团之间以城市快速路相连接，各具特色，独立发展，确定了以明西安府城的主轴线作为西安的城市中轴线，城市用地规模为275平方公里。在这一时期，在主城区范围内，相继在城市西南和正北方向成立了两个国家级开发区，即西安国家级高新技术产业开发区和西安国家级经济技术开发区，并以西安国家级高新技术产业开发区为增长极，城市用地向西南方向快速扩张。

（5）初级网络化空间发展形态（2000年至今）。西部大开发政策实施以来，尤其是进入21世纪后，在科技与信息高速发展的全球经济背景下，西安经济发展实现了历史性的突破，承载巨大经济能量的产业园区在城市空间的集聚与扩张使得城市空间结构不得不做出新的调整。在第四轮城市总体规划的指导下，在以前城市形态基础上，延续西安历史文脉，突破单中心的城市空间布局，西安城市总体布局形态为"九宫格局，棋盘路网，轴线突出，一城多心"，通过"东接临潼，西连咸阳，南拓长安，北跨渭河"的空间发展战略，发展外围新区，降低中心密度，为今后城市建设提供了发展空间。

（6）未来大西安的空间愿景是高级网络化城市发展形态。在"关中一天水经济区"发展规划的指引下，西安未来要加快推进西（安）咸（阳）一体化建设，着力打造西安国际化大都市。在主城区 800 平方公里范围内，打造国家重要的科技研发中心、区域性商贸物流会展中心、区域性金融中心、国际一流旅游目的地以及全国重要的高新技术产业和先进制造业基地。

2. 城市职能的空间扩散

1949 年前，西安城市职能基本沿袭古代空间格局，主城区集政治、经济、文化等功能为一体，行政机关、手工作坊、文化娱乐场所均集中在明府城范围内；新中国成立后的第一轮城市总体规划将主要生产企业布局在明府城范围之外，将城市的经济职能首先从中心区剥离出来；此后随着社会经济的发展，城市以其自身的成长规律不断扩大版图，西安第二轮和第三轮城市总体规划除了在城市用地发展方向上做出调整外，在城市职能分区方面并没有较大变动，明府城范围内仍然集政治、文化、商贸为一体，并因此导致一系列城市问题的产生，如交通拥堵、发展空间不足，并严重威胁对西安历史风貌的保护。西安最大的城市职能空间变革发生在第四轮城市总体规划时期，在"大九宫"格局思想的指导下，唐长安城范围内仅保留商贸、旅游服务职能，行政机构外迁至城市外围，形成新的行政中心，最大限度地减轻中心城区人口、交通压力。

3. 人口密度的变化

人口密度的高低在一定程度上反映了空间结构的分散或集中情况。

从 2000～2012 年城市人口密度分布情况看，西安全市的人口密度稳步增长，明府城范围内人口密度基本没有变化，为市域范围最高区域，雁塔区、未央区、灞桥区人口增长明显，究其原因，是因为西安国家级高新技术产业开发区、西安国家级经济技术开发区以及西安浐灞生态区等产业园区的快速发展，带动了三个区域内经济和人口的快速增长。

（三）西安城市空间结构优化催化城市经济发展的过程

1. 经济总量的扩张

（1）1949～1980 年

此间，西安与全国的情形一样，生产和建设遭受严重的干扰和破坏，直接表现为市场供应紧张、百姓生活困难，国民经济停滞不前，尽管如此，古城人民仍以各种不同的方式不懈地努力，把损失减少到最小。据统计，"文化大革命"的 10 年期间，全市生产总值年均递增5.1%，工农业总产值年均递增 5.9%。这一时期，全市认真贯彻中共中央"调整、改革、整顿、提高"的方针。通过调整，成效显著。全市国民经济焕发出新的生机。"五五"时期，全市生产总值平均年递增6.0%，全市社会消费品零售总额平均年递增 9.0%，农民人均纯收入平均年递增 6.0%。

（2）1980～1990 年

西安经济在经过前几年的调整后，进入快速发展阶段。农村全面实行家庭联产承包责任制。这一改革极大地调动了广大农民的生产积极性，粮食生产取得突破性增长，全市生产总值年均递增 9.7%，社会商品零售总额年均递增 14.7%，农民人均纯收入平均年递增 29.4%，城镇居民人均生活费收入平均年递增 11.6%。

（3）1990～2004 年

西安市又迎来了新一轮发展高潮。按照江泽民同志"以科技、旅游、商贸为先导，把西安建设成为一个社会主义的外向型城市"的题词精神，西安经济发展连续 7 年保持高速增长。全市生产总值年均递增13.8%，提前 6 年实现了经济总量翻两番的目标。

（4）2004～2009 年

进入 21 世纪，西安 GDP 呈指数增长，如图 4 – 1 所示，尤其是 2004 年 GDP 破千亿元，到 2009 年达 2520 亿元，更是保持年均 18.3% 的增长率。从图 4 – 1 可以看出，2004～2008 年，GDP 增长速度越来越快，2008 年更是达到 26.1% 的增长率，2009 年，受世界金融危机的影响，增长率较 2007 年略有降低。

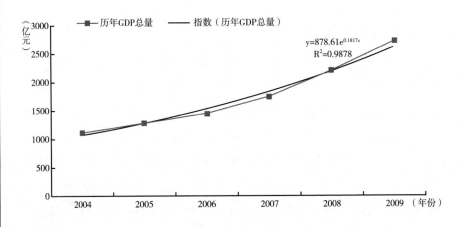

图 4 – 1　西安 GDP 变化趋势

2. 三次产业结构的调整

1949 年后，西安产业发展呈现第一产业比重下降，第二、三产业比重上升的趋势，三次产业结构从"一、二、三"演变为"二、三、一"，再到现阶段的"三、二、一"。从第一个五年计划开始，由于国家将很多重点项目布局在西安（"一五"和"二五"时期，国家布局的156 个重点项目中，有 17 项在西安，投资 26.3 亿元，其中工业占70%），初步奠定了西安的工业基础，第二产业占 GDP 的比重也随之有很大的上升，"三线"建设时期，国家又在西安进行了大规模国防和军工布局，先后从东南沿海内迁和新建了一批大中型骨干企业、科研机构，进一步增强了西安的工业实力，到 1970 年时，西安第二产业增加值占 GDP 的比重高达 61.7%。改革开放后，西安的总体经济得到了较快发展，开始加速工业化和城市化进程，GDP 年均增幅在 11% 以上。三次产业结构上，第一产业发展相对较缓慢，而第二、三产业发展较为迅速。这一时期，旅游资源、科技教育资源及地理区位等优势资源有力地推动了西安市经济发展，在科技、旅游、商贸为先导的产业发展战略下，西安的第三产业总量不断提升，1980～2005 年，西安第三产业的平均增长速度为 19.2%，占 GDP 的比重从 1980 年的 26% 上升到 2009 年的 53.4%。相比之下，西安的第二产业的发展特别是制造业的发展没有得到足够的重视和有力的支持，从 20 世纪六七十年代的绝对优势转变为现阶段的相对弱势。1980～2009 年，西安第二产业的平均增长速度只有 15.1%，第二产业在国民经济中的比重也由 1980 年的 59% 降到 2009 年的 42.2%。

3. 主导产业的变化

计划经济时期，西安作为战略后方，成为"三线"建设时期的重点发展城市之一。在圈层城市空间布局模式下，国家在西安投资建设了大量国防科技工业和民用大中型企业，一大批科研院所与大专院校内迁古城，西安的科研实力、现代加工工业能力迅速增强，基础设施也有了相应的改善，西安成为我国重要的航空、航天、电子、纺织和机械工业基地。1979～1990 年，根据中央的大政方针，西安从实际出发，积极拓宽城郊型农业经济的发展领域，充分发挥科技、旅游和军工"三大"优势，大力扶持军工企业开发民品，大力发展以旅游业为龙头的第三产业。1991～2000 年，按照江泽民同志"以科技、旅游、商贸为先导，把西安建设成一个社会主义的外向型城市"的题词精神，提出并实施了开放带动战略、科教兴市战略和城乡一体化发展战略，重点发展军工、旅游、商贸产业。进入 21 世纪以来，城市形态网络化发展模式出现雏形，高新技术产业的经济带动作用日趋明显，在军工产业基础上发展起来的装备制造业优势显现，依托西安深厚的文化底蕴的文化产业潜力巨大，现代服务业的高速发展逐渐成为现代化国际性大都市的主要标志之一，这一时期，西安主导产业集中在高新技术产业、装备制造业、现代服务业、旅游业、文化产业上。

4. 集聚经济空间分布的演化

随着西安城市空间结构的演变，集聚经济在城市空间的布局也在不断变化。新中国成立后相当长的一段时间里，西安的产业布局基本遵循了第一轮城市总体规划的布局模式，即"东郊军工城、西郊电子城、南郊文教区和北郊仓储区"。随着社会经济的发展以及城市发展空间的扩展，到 1980 年代，在原有产业空间布局基础上，西安在城市西南方向开辟了电子工业城和工业科技园区。至 1990 年代，随着两大国家级产业区——西安国家级高新技术产业开发区和西安国家级经济技术开发区的建设，西安产业园区空间布局快速扩展，并成为带动城市经济发展的引擎。进入 21 世纪后，新的产业园区不断涌现，随着"西咸一体化"的推进和大西安都市区的建设，西安城市空间将实现进一步的拓展，集聚经济空间布局格局为"老城以人文旅游、文化服务、商贸零售业为主；西南方向重点发展高新技术产业，东北和东南方向重点发展文化、旅游、物流等产业，北部方向重点发展出口加工、现代制造业"。2009 年，泾渭新区、沣渭新区规划得到批复并开始筹建，西安曲江新区、西安国家民用航天产业基地先后实现扩区，西安国际港务区物流功能的发挥，西安国家级高新技术产业开发区、西安国家级经济技术开发区、国家级浐灞生态区内涵的进一步丰富，在未来 800 平方公里的主城区范围内，以"五区两基地"和西咸新区为空间载体的产业聚集区将为高新技术产业、装备制造业、现代服务业、旅游业、文化产业五大主导产业的快速发展提供更广阔的发展空间。

第二节　开发区建设引导下的城市空间布局优化

开发区作为城市空间的特殊组成部分和带动城市经济发展的重要增长极，对城市空间结构的影响日益显著。当今世界，几乎所有富有经济活力的地区都是产业集聚较发达的地区，产业集聚与城市经济增长间的相关性日益明显。产业集聚导致的经济快速增长带动了城市的蓬勃发展，城市空间发展在产业集聚区的作用下围绕制造业和服务业逐渐形成与城市空间相匹配的功能分区，促进城市空间结构的优化。

一 城市空间布局与开发区建设之间的一般关系分析

开发区是为了达到一定的经济目的，由政府主导，在一定区域内实行有别于其他区域的特殊政策而设定的经济区域。世界上第一个具有经济意义的开发区是 1547 年意大利在热那亚湾建立的雷格亨自由港，此后随着世界经济格局的不断演变和工业革命刺激下的经济发展，开发区的功能以及管理形式呈现多样化特点，如殖民地时代的自由贸易区、二战前后的出口加工区以及第三次工业革命后出现的工业园、科技园区。以 1984 年第一批经济技术开发区的设立为起点，中国开发区伴随着改革开放的步伐而不断深入。目前已形成了一个包括国家和地方不同级别的，以国家级经济技术开发区、国家级高新技术产业开发区和省级开发区为主要类别的开发区大家族。截至 2010 年底，中国共有各类开发区约 2000 个，其中国家级经济技术开发区 116 个，国家级高新技术产业开发区 68 个。

开发区是城市空间的特殊组成部分，承担着重要的经济职能，是带动城市经济发展的增长极，外向型经济的主阵地，创新体系的核心区和改革开放的前沿，同时也成为城市化的重要动力和主要载体。作为城市经济的空间载体，其快速发展很大程度上左右着城市经济运行的方向和速度，在"量"和"质"方面对我国城市化都有显著的意义。随着开发区经济的不断成长，为了增强自身竞争力，完善投资环境，开发区不断补充新的功能，居住、金融、商贸、文化、教育、科研等，逐步摆脱单纯的生产区的局面，逐渐发育成为初具规模的新城区或新城镇，并且随着开发区结构与功能的不断完善，开发区已经有能力承接、分担"母城"的许多功能，以其产业、资金、人才、体制、创新等方面的优势，通过溢出效应、辐射效应，以点一轴增长、网络增长等模式催化带动城市经济整体发展，同时也成为城市空间布局的重要角色，通过带动城市面积投影的发展和人口集聚，从而使城市的空间形态与功能结构发生变化。

我国许多城市通过开发区建设，不仅在较短时间内完成了产业和人口的集聚，而且对促进所在城市空间组织优化、城市功能的完善和提升、城市更新与新区建设等也具有非常重要的意义。在政府的支持和各项优惠政策的吸引鼓励下，开发区土地开发规模大、建设进度快的特点更促使城市空间结构加速演变。从城市空间结构上来讲，开发区无疑是增长最快的一个地块单元，在一定程度上打破了城市"摊大饼"蔓延式的发展，在城市的某一个方向上实现了轴向扩展，或成为城市中心以外的一个次中心，实现多核的延连扩展。如大连市将旧城区和开发区作为统一的整体进行规划，旧城区在城市空间扩展过程中通过"退二进三"实现城市用地功能置换，由大连经济技术开发区、大连高新技术产业开发区和大连市保税区等国家级开发区组成的新城区则成了新增工业企业布局的主要空间。此外，天津市滨海新区、张家港市金港新城、青岛市新城区等城市新区的形成与发展均是依托城市开发区发展而来的。

二　西安开发区发展概况

自 1990 年西安第一个开发区——西安国家级高新技术产业开发区（简称西安高新区）成立以来，西安相继成立了西安国家级经济技术开发区、西安阎良国家航空高技术产业基地、西安浐灞生态区、西安曲江新区、西安国家民用航天产业基地、西安国际港务区、西咸新区以及西安渭北工业区"七区两基地"。

西安国家级高新技术产业开发区。西安国家级高新技术产业开发区是 1991 年 3 月经国务院首批批准的国家级高新区。20 多年来，西安高新区主要经济指标增长迅猛，综合指标位于全国 56 个国家级高新区前列。西安高新区在推动技术创新、发展拥有民族自主知识产权的高新技术产业方面形成了自己的优势和特色。全区累计转化科技成果近 10000

项，其中 90% 以上拥有自主知识产权。列入国家各类产业计划居全国高新区前茅。西安高新区在推动技术创新、发展拥有民族自主知识产权的高新技术产业方面形成了自己的优势和特色。全区有经认定的高新技术企业 1320 家，累计转化科技成果近 8200 项，其中 93% 以上拥有自主知识产权，列入国家各类产业计划居全国高新区前茅。如今，西安高新区已成为中国中西部地区投资环境好、市场化程度高、经济发展最为活跃的区域之一，成为西安、陕西最强劲的经济增长极和对外开放的窗口，成为我国发展高新技术产业的重要基地。

西安国家级经济技术开发区。1993 年 10 月正式开工建设，2000 年 2 月被国务院批准为国家级开发区。目前，已初步发展成为一个外向型的现代工业园区和城市新区；累计入区企业 3600 余家，外资企业 100 余家；29 个世界 500 强投资项目——英国 BP、罗尔斯·罗伊斯，瑞士 ABB，德国西门子、博世，法国阿尔斯通、瓦鲁瑞克、达能，美国可口可乐，日本日立、三菱、朝日，荷兰喜力等；15 家大型中央企业——中国兵器集团、北车集团、中钢集团、中航集团、中交集团等；60 余家国内行业龙头企业——台湾顶新、香港金威、江苏雨润、陕西重汽、西部超导、金风科技、西部钛业、启源机电等。连续 5 年增长速度不仅高于全省全国平均水平，而且高于东部发达地区同类开发区，成为全国范围内发展速度最快、最具成长潜力的区域之一。

西安阎良国家航空高技术产业基地。西安阎良国家航空高技术产业基地（简称"西安阎良航空基地"）是国家发改委 2004 年 8 月批复设立，2005 年 3 月正式启动建设的国内首家国家级航空高技术产业基地。2010 年 6 月，经国务院批准，西安阎良航空基地升级为国家级陕西航空经济技术开发区，跻身国家级开发区行列，成为全国唯一以航空为特色的经济技术开发区。至此，阎良已成为我国唯一、亚洲最大的集飞机设计研究、生产制造、试飞鉴定和科研教学为一体的、体系最为完整的重要航空工业基地，区内有全国最大的飞机制造企业——西安飞机工业（集团）有限责任公司，全国唯一的大中型飞机设计研究院——中国航空第一集团公司第一飞机设计研究院，全国唯一的飞行试验研究鉴定中心——中国飞行试验研究院和西安航空职业技术学院。此外，区内还有100多个航空制造研究分支机构。全区大专以上学历人员共4.1万人，占城区人口的2/5，其中，科技人员2.5万人，高级专业技术人员3500人，中国工程院院士1名（陈一坚）。"轰六"、"运七"、"飞豹"、"新舟60"、"新舟600"、预警机等30多种军民用型号飞机在这里研制生产。

西安浐灞生态区。2004年9月，西安市委、市政府在广泛综合国内外城市发展经验基础上设立了生态型城市新区——西安浐灞生态区。目的是通过流域综合治理和生态建设，完善城市形态，改善生态环境，提升城市综合承载力，同时，突出发展金融商贸、旅游休闲、会议会展、文化教育等现代高端服务业和生态人居环境产业。西安浐灞生态区是欧亚经济论坛永久会址所在地，同时是2011年西安世界园艺博览会的举办地，西北地区首个国家级湿地公园、国家服务业综合试点项目西安金融商务区所在地。

西安曲江新区。西安曲江新区定位为国家级文化产业示范区、西部文化资源整合中心、西安旅游生态度假区和绿色文化新城。西安曲江新区践行陕西"文化强省"战略和"文化立区、旅游兴区、产业强区"理念，充分依托陕西和西安大文化、大旅游、大文物的优势，以城市运营收益大力投资文化产业和公共设施，以大项目为带动，文化产业、公共文化事业和城市新区建设呈现齐头并进、协调发展的良好态势，迅速成为西安乃至全国文化产业发展的新亮点。西安曲江新区以闻名中外的大雁塔和曲江皇家园林遗址为中心，是西安市城市中心区的重要组成部分。区内历史文化积淀深厚，名胜古迹众多，是自然风光、人文景观、民俗风情及现代都市文化的荟萃之地，旅游资源十分丰富。

西安国家民用航天产业基地。该基地成立于2006年11月，总规划面积86.64平方公里。一期规划面积23.04平方公里，扩展区规划面积63.61平方公里。以国家战略需求和区域经济发展为牵引，以战略性新兴产业为导向，以特色产业园区为依托，发展航天及军民融合、卫星及应用、新能源、新一代信息技术四大产业，延伸产业链条，优化要素配置，推进工业化和信息化融合、军品和民品融合、产业化和城市化融合，大力提升主导产业规模及竞争力，建设特色鲜明的世界一流航天产业新城。

西安国际港务区。2008年正式成立，目标为建设中国第一个不沿江、不沿海、不沿边的国际陆港。规划建设范围为44.6平方公里，是西安经济社会发展和城市建设"北扩、东拓、西联"的前沿区域。西安国际港务区交通便利，区位优势明显，与绕城高速公路和城市三环路相连，核心区距西安市新的行政中心5公里，距西安咸阳国际机场28公里，窑村机场就位于西安国际港务区内，通往园区的西安绕城高速公路与京昆高速、连霍高速、沪陕高速、包茂高速等全国高速公路网紧密相连，形成"米"字形高速公路网络。西安国际港务区以现有铁路、公路等运输手段为依托，以与沿海国际港口合作为基础，在内陆形成海陆联运的聚集地和结合点。依托西安区位优势、交通优势、产业基础和物流市场需求，形成以B型保税物流中心为核心、以国际物流区为支撑、以国内综合物流区和物流产业集群区为两翼的物流体系战略格局。它是沿海国际港口多种港务功能在西安的延伸，是沿海国际港口在西安的集中服务区，也是国际物流与国内物流的结合部。其不仅具有普通物流园区的基本功能，还具有保税、仓储、海关、边检、商检、检疫、结汇银行、保险公司、船务市场及船运代理等国际港口所具有的多种功能。

西咸新区。西咸新区成立于2011年，位于陕西省西安市和咸阳市建成区之间，区域范围涉及西安、咸阳两市所辖7县（区）23个乡镇和街道办事处，规划控制面积882平方公里。西咸新区是经国务院批准设立的首个以创新城市发展方式为主题的国家级新区。

西安渭北工业区。西安渭北工业区位于西安市渭河以北区域，于2012年8月16日启动建设，规划范围851平方公里，规划用地298平方公里，分设高陵装备工业组团、阎良航空工业组团、临潼现代工业组团。西安渭北工业区以打造西安现代工业聚集区、转型升级示范区、绿色生态新城、经济新增长极为定位，重点发展汽车、航空、轨道交通、能源装备、新材料、通用专用设备制造等工业产业。其中，高陵装备工业组团规划面积88平方公里，主要发展汽车、专用通用装备、新材料等产业，着力打造国家级高端装备制造基地；阎良航空工业组团规划面积109平方公里，主要发展大中型飞机制造与产品配套、通用航空、航空服务等产业，着力打造国际一流、中国第一的航空工业基地；临潼现代工业组团规划面积101平方公里，主要发展现代装备制造、轨道交通、机电设备制造、新能源、新型科技建材等产业，着力打造国家级现代工业基地。

三 西安开发区群对经济发展的贡献和影响

（一）对经济总量的贡献

近年来，西安城市开发区群经济总量不断扩大，经济效益稳步提高，呈现跨越式发展的态势。2010年，西安城市开发区业务总收入达到了5789.2亿元，工业增加值1143.5亿元，地方一般预算收入52.6亿元，进出口总额56.33亿元，固定资产投资1258亿元，实际利用外资22.31亿美元，同比增长分别为30.5%、34%、28%、35%、38%、43%％。其增长幅度均高于全市的1倍以上。2010年，开发区的工业增加值、固定资产投资、进出口总额、实际利用外资、财政总收入等主要经济指标分别占到西安市的73.7%、30.6%、57.5%、77.7%、34.4%，并且从近几年来的发展趋势看，开发区对西安经济总量的贡献有日益增长的态势（见图4－2）。

（二）对经济效益的影响

将西安城市开发区同其背景区域进行比较，分析其结构指标在西安市、陕西省所占的比重，进而衡量其综合经济效益。根据有关统计资料，计算出反映其经济发展水平、经济发展潜力、经济发展

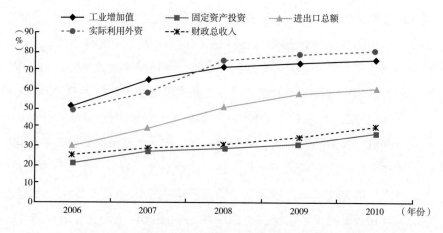

图 4 – 2　西安开发区主要经济指标占总量比重变化趋势

活力及经济效益的评价指标。在经济发展水平与综合经济水平方面，西安开发区表现出良好的发展态势。以西安国家级高新技术产业开发区为例，2010 年，每个就业人口创造地方财政收入为 20000 元，分别是西安市的 4.98 倍，陕西省的 8.52 倍。这表明，西安开发区群在经济发展水平、国土开发和利用程度以及产业化程度上具有较大的优势，在总体发展态势上已体现出产业集聚的经济效果，成为西安经济发展的集聚区。

在经济发展活力方面，开发区的生产总值指数即经济增长速度为 32.9%，分别是西安市的 2.17 倍，陕西省的 2.20 倍；实际利用外资与 GDP 之比为 0.18，分别是西安市的 3.67 倍，陕西省的 2.81 倍；进出口总额与 GDP 之比为 1.81，分别是西安市的 1.82 倍．陕西省的 1.72 倍。这些数据说明西安城市开发区群的经济发展活力较强、外资利用程度较高、对外资的吸引力较大、外向型经济发展水平较高。

（三）经济结构的影响

开发区在推动全市产业结构优化升级、引领高新技术产业发展方面发挥了重要的主导作用。逐步向五大领域集聚，形成特色产业基地，为区域核心竞争力的形成创造了条件。西安国家级高新技术产业开发区形成了以电子信息、装备制造、生物医药、汽车等产业集群为主，新材料、能源、日化等产业共同发展的产业格局，被国家发改委确定为全国六个综合性国家高技术产业基地之一。西安国家级经济技术开发区共有企业3300余家，引进工业项目600项，全球500强企业30家，是关中一天水经济区目前规模最大、资金最密集、技术含量最高的制造业聚集区，将充分依托泾渭新城千亿元先进制造业基地，全力打造"关中一天水经济区"的先进制造业核心区。西安浐灞生态区通过流域综合治理、生态重建和开发建设，逐步在生态区范围内建成集生态、会展、商务、休闲、文化、居住等功能为一体的新城区，其中西安金融商务区的定位是经过10～15年的努力和发展，把西安金融商务区建设成为西安国际大都市的金融核心区、关中一天水经济区金融服务支持基地和中国西部区域金融创新实验区。西安国际港务区是以现代商贸物流为特色的超大型服务业园区，其开发建设将依托建设中的综合保税区和西安铁路集装箱中心站，其成为连接西北经济圈和渤海经济圈、长三角经济圈和珠三角经济圈的重要枢纽型国际陆地港口和现代综合物流园区。西安曲江新区以闻名中外的大雁塔和曲江皇家园林遗址为中心，规划建设出版传媒产业区、国际文化创意区、动漫游戏产业区等文化产业园区，形成9大文化产业园区，培育完整的文化产业链，建设以文化、旅游、生态为特色的国际化城市示范新区。西安阎良国家航空高技术产业基地是国家航空高技术研究、设计、试验中心，国际性的航空产品加工制造中心，亚洲最大的航空培训、旅游、会展中心。西安国家民用航天产业基地重点发展以航天技术推广移植为主导的民用航天产业，着力加快民用航天产业及其关联产业的规模化发展，努力培育陕西和西安的新型工业经济增长点。西咸新区按照"依托、整合、错位布局、集群化发展"的思路，着力建设泾河新城、空港新城、秦汉新城、沣东新城、沣西新城五大组团，培育壮大战略性新兴产业，大力发展低碳节能环保产业、高端制造业、高新技术和现代服务业，努力改造提升传统产业，构建现代产业体系（见表4－1）。

表 4 - 1　西安开发区群主导产业

名称	主导产业
西安国家级高新技术产业开发区	重点发展电子信息、先进制造、生物医药和现代服务业
西安国家级经济技术开发区	以商用汽车、电力电子、食品饮料、新材料产业为主导
西安浐灞生态区	发展会展、商务等现代服务业
西安曲江新区	以文化旅游、会展创意、影视演艺、出版传媒等产业为主导的文化产业
西安国际港务区	现代商贸物流
西安国家民用航天产业基地	以民用航天技术应用为主,同时发展新能源、新材料、信息技术、装备制造等
西安阎良国家航空高技术产业基地	航空产业,即整机制造、零部件加工、航空新材料、维修改装培训等
西咸新区	空港物流、节能环保、高端制造、信息技术、新材料、物联网

四　基于开发区建设的西安城市空间布局的演化

1990 年,西安第一个开发区西安国家级高新技术产业开发区建立,此后近 30 年时间里,随着新的开发区的成立和建设,经济活动在开发区的不断集聚,带动了基础设施建设、房地产业、商业、餐饮、娱乐等服务业快速发展,现有的城市空间越来越不能满足其经济增长对用地的需求,西安城市空间布局也随之不断演化。具体表现在城市空间形态、城市职能的空间分布、人口密度空间变化、文化结构等方面。

（一）西安城市空间形态的演化趋势

西安开发区在城市边缘或近郊跳跃式促进城市空间扩展,适当利用原有的基础设施和生活服务设施,同时又留有一定的发展余地,随着开发区功能日趋完善,与老城区连成一片,形成城市的带状连绵扩展或多中心团块状城市。

1. 1990 年代前西安城市形态

新中国成立初期,西安作为战略后方,国家在西安投资建设了国防科技工业和民用大中型企业,一大批科研院所与大专院校内迁古城,西安的科研实力、现代加工工业能力迅速增强,成为我国重要的航空、航天、电子、纺织和机械工业基地。西安市第一次城市总体规划借鉴汉、唐长安城市规划和建设的传统,沿袭了唐长安城棋盘路网和轴线对称的整体格局,确立了东郊军工城、西郊电子城、南郊文教城和北郊仓储区的圈层布局格局。随着改革开放的推进,城市空间随着经济总量的增长而扩展,第一次城市总体规划已经不能适应新的形势发展要求。在第二次城市总体规划指导下,在 162 平方公里的用地范围内,确立了以明城的方整城区为中心,继承和发展唐长安城棋盘式路网、轴线对称的布局特点,选择了新区围绕旧城的结构模式。城市主要向东南、西南两个方向发展,开辟新的功能区,构筑起西安现代城市基本框架。

2. 开发区群建设引导下西安城市形态演化

1990 年代,西安国家级高新技术产业开发区和西安国家级经济技术开发相继成立,为西安城市空间形态的演变带来新的契机。西安城市空间形态跳出唐长安城的圈层,向西南和正北方向延伸,西安国家级高新技术产业开发区的发展速度明显快于西安国家级经济技术开发区,因此,城市用地向西南扩张明显。然而从总体上看,西安城市形态在 1994～2000 年仍以"摊大饼"式向外蔓延扩展,各个方向均有不同程度的扩展。跨入 21 世纪,西安浐灞生态区、西安曲江新区、西安国际港务区、西安国家民用航天产业基地等国家级开发区纷纷成立,为城市空间的扩展带来了新的契机,城市形态在 2000～2010 年实现了跨越发展,尤其是开发区分布的方向。西安浐灞生态区位于西安城区东部,地跨未央区、雁塔区、灞桥区三个行政区,北到渭河,南到绕城高速,包括浐、灞两河四岸的南北带状区域,规划总面积 129 平方公里。西安曲江新区位于西安城区东南部,以大雁塔和曲江皇家园林遗址为中心,经过几次扩建,面积扩展至 40.97 平方公里。西安国家民用航天产业基地位于西安市东南部,北邻西安曲江新区,至 2010 年规划用地扩展至 43.69 平方公里。随着西安各个开发区的成立,开发区基础设施的建设逐步推进，在优惠政策的吸引下，产业项目纷纷入驻，带动了城市形态的逐渐演化，如图4-3所示。东北方向，随着西安浐灞生态区城市经济活动逐渐密集，房地产业活跃，城市空间跨过浐河和灞河向东扩展，图4-3中"2"所代表的位置即为西安浐灞生态区2000～2010年的城市扩展情况；东南方向，作为世界文化创意新地标，曲江大手笔开发建设大雁塔北广场、大唐芙蓉园、曲江遗址公园、大唐不夜城等项目，新区范围内聚集了众多的文化企业，城市空间向西南方向扩展，如图4-3中"3"位置所示，城市空间扩展较大。西南方向，西安国家级高新技术产业开发区经过两次扩区，城市空间继续向西南延伸，如图4-3中"4"位置所示。正北方向，随着经济技术开发区建设的加快推进，以及西安行政中心北迁信号的引导，北郊经济活动明显密集，城市空间扩展明显快于其他方向，如图4-3中"1"位置所示。

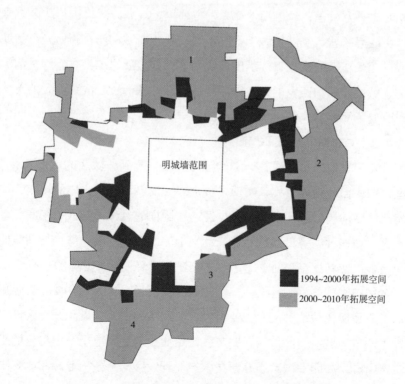

图4-3　西安三次城市总体规划以来城市空间拓展情况

3. 西咸新区建设即将引发的城市形态突变

2009年，《关中—天水经济区发展规划》明确提出加快推进西咸一体化，西咸一体化由此跃升到国家战略层面。2010年2月，陕西省委、省政府审时度势，认为必须抓住历史机遇，在区域发展上谋划新亮点，取得新成效，决定将两市接合部规划为西咸新区，作为再造大西安的破题之笔，明确提出"三年出形象，五年大变样，十年大跨越"的阶段性要求，并以此为突破，坚持高起点定位、大手笔谋划、全方位推进，将把西咸新区建设成为历史文化一脉相连、高端产业集群化发展、人居环境适宜优美、城乡统筹社会和谐、基础设施完备、公共服务均等、服务全国、联通世界的城市特色功能新区。根据《西咸新区总体规划（2010—2020年）》，西咸新区范围西起茂陵及涝河入渭口，东至包茂高速，北至规划中的西咸环线，南至京昆高速，规划控制区总面积882平方公里，建设用地272平方公里，规划分区打破行政区划限制，由泾河新城、空港新城、秦汉新城、沣西新城和沣东新城五个新城组成。西咸新区的成立直接跳出传统西安空间扩展思维模式，跨过渭河向北，越过沣河向西发展，使得渭河、沣河穿城而过，成为西安的市内河，改变了渭河、沣河三千年的绕城历史。

（二）城市职能的空间扩散

开发区发展的日渐成熟，必然会经历工业园到新城区的"城市化"转型，加快自身进化过程，实现多种形式的发展和增长方式的转变，实现持续发展的目标。西安开发区也经历着同样的过程，其人口密度、设施水平、功能种类等日益趋于一般意义上的城市化地区，结构与功能的不断完善，使其逐渐有能力承接、分担"母城"的许多功能，使"母城"的城市功能格局发生变化。主要表现在以下方面。①城市工业用地。工业是现代城市发展的主要因素，大规模的工业建设和开发区设立带动了城市地域空间的扩展，城市各区工业用地还形成了一定特色的工业生产中心，如西安国家级高新技术产业开发区的科技工业园和西安国家级经济技术开发区的泾渭工业园和出口加工区等。②居住用地。开发区在带动经济结构与产业空间结构调整的同时势必连锁性地引发城市居住结构及其空间分布的变化。1990 年代以前，西安工业区与居住区混合，居住区与商业、办公区混合的现象较普遍。随着开发区的发展及城市建设的推动，这种情况大有改观。截至 2011 年 9 月，西安各城区有售待售楼盘共 481 个，其中 94% 分布在开发区，城北经济技术开发区最多，为 122 个，占西安在售楼盘总量的 1/4。③城市公共设施用地。城市作为人类的定居地，所展开的多彩而有序的社会生活、经济生活和文化生活需要有丰富多样的公共性设施予以支持，它在一定程度上反映了城市的性质和文明程度。西安城市版图的扩大和新的人口聚集中心的形成带动了城市公共设施如学校、医院、电影院、商场、公园等在人口聚集的开发区的建设；2010 年，西安行政中心迁出老城区，最大限度地疏解了老城区的多重职能中心的压力。

（三）城市社会空间的演变

城市开发区带动产业与城市空间结构调整的结果必然会引发城市就业空间结构的变化。随着经济的腾飞与产业结构的升级，开发区对人才的需求增加，各开发区制定各种政策，努力营造良好环境，重视人才引进和培养，已成为对外开放的大学校和人才培训基地；开发区人才资源结构逐步优化，呈现高学历人才规模不断扩大和劳动技能型人才数量众多的特点，同时呈现年轻化及国际化趋势，在开发区形成一个由私营企业主、高级技术工人、科技研发人员集聚成的新富裕阶层。他们从事经济中最活跃、最具增殖能力的部分，收入较高，从而形成了一个高收入的消费群体。与此同时，开发区优越的基础设施条件和生态环境条件，使得开发区也成为城市商品住宅开发最活跃的区域，因而很多高级公寓、花园别墅项目在开发区形成，于是在开发区形成了以白领阶层和中上富裕人群为主体的高档社区。目前西安高新区已经形成较为成熟的高档社区环境，西安曲江新区的高档楼盘已然成为西安房价的制高点。开发区形成高收入居住群体以及现代生活方式，其不仅成为经济学意义上的"特区"，也成为社会学意义上的

"特区"。这一系列的变化进一步极化了城市的社会空间，社会空间的分异在开发区的作用下也变得越来越明显。

五 开发区群——城市发展极的培养策略

通过上述分析，西安开发区的建设在城市空间布局与经济发展方面发挥着重要作用，并将在相当长的时间内继续西安城市的"发展极"。对于开发区而言，转变经济发展方式必须走出工业区的概念，承担更多城市职能，从单纯的外延式"增长"，向内涵式"发展"转变。西安开发区经过 20 多年的发展积累，在全球经济一体化浪潮和世界新技术革命背景下，成立之初的"政策优惠"随着商务成本、土地价格等不断提高而日渐暗淡，开发区竞争优势转而成为产业集群和配套服务以及管理方式等软环境。

（一）开发和完善城市功能

依据集聚和扩散机制的运动规律，开发区要通过不断营造对各级生产要素的集聚力来提升自身对产业的集聚能力实现产业结构升级，同时利用生产要素的扩散机制，加大对周边区域的渗透，从而达到成为区域经济中心的目标。开发区作为城市的有机组成部分，需要以城市的视角或者站在区域的高度来审视它的发展和变革。《马丘比丘宪章》认为：城市的生命力源于城市中的人和他们的活动，过于纯粹的功能分区使城市的各要素相互脱离，彼此分割，破坏了城市生活的有机性。"在今天，不应当把城市当作一系列的组成部分拼在一起考虑，而努力去创造一个综合的、多功能的环境。"① 按照这一理论，开发区在完成了起步阶段的生产要素集聚之后，应该通过塑造产业集群、完善城市功能、创造具有区域特色文化氛围的良好人居环境来提升区域的竞争力。现阶段，西安各个开发区已经形成产业优势，需要在此基础上适当引入城市

---

① 王涌彬：《开发区向新城镇转型是大势所趋》，http://house.sina.eom.cn，最后访问日期：2005 年 2 月 3 日。

功能，改变开发区功能单一、生活不便的现实，形成功能完备的新城区，选择一个区位优越、环境条件较好的地段建设综合性的新城中心，不仅要有高档次的商业与教育设施，高品位的生活与娱乐设施，高质量的居住小区，还要有为生产服务的金融、信息、会计、审计、评估、法律等现代服务业，以此提高新城区的服务功能和辐射强度。

（二）提高土地利用率

根据"精明增长"理论，城市规模的理性扩大是因为产业结构演进、生产要素聚集、企业集群布局和功能增强等的需要。尽管大多数开发区向新城转型时倾向于选择扩大规模这种外延式的增长方式，但实际上只有通过提高土地利用率进行内涵式的增长才是开发区发展的根本。西安开发区的发展不能为追求数字指标而盲目扩建，要科学分析产业区的扩张必要性与可行性，通过相对集中的混合土地利用，增加土地使用效率，促使人口和经济的集中，保持公共服务设施系统的活力。首先，确定合理的用地结构。随着开发区向新城转变，开发区的土地供给将不局限于工业用地和相关道路建设等基础设施用地，居住、商业甚至文化娱乐用地都将进入土地供给的范围。如何重新确定开发区合理的用地结构，是提高土地利用率，实现经济、社会和生态最佳综合效益的关键之一。其次，建议增加以下控制措施：综合考虑项目性质，对土地需求不同的产业门类加以划分，制定不同的供地标准；编制控制工业用地规模的详细规划，明确规定工业用地容积率下限和绿地率上限；规范实施建设用地规划许可，要根据规划建设用地的合理标准对用地规模、用地建设情况进行严格审查，加大处理土地闲置的力度。最后，加强对现有空间的集约利用。积极探索和制定开发区土地集约利用管理办法，盘活土地存量，优化用地结构；提高准入门槛，避免土地闲置，并逐步淘汰占地多、效益差的项目；对区内企业提高容积率，增加建筑面积的厂房改造活动给予优惠补贴等。

（三）保护生态环境

人类在经济社会发展的漫长实践中已经越来越深切地认识到，生态环境也是国民经济增长中的一种成本和投入。在信息时代，随着区位条件的约束逐步弱化，生态化的人居环境已日益成为吸引现代资本流、信息流、技术流、物质流和人才流的必要条件。同时，保护生态环境也是开发区应对资源和环境约束，实现跨越发展的战略举措。近年来，西安生态环境有了较大的改善，但其地处我国西部生态环境脆弱地带边缘的区位条件没有改变，生态环境保护的压力依然很大，因此，生态环境的保护对于实现西安开发区科学发展具有十分重要的意义。首先，大力推行循环经济。按照生态产业链的发展要求，建立"生产—消费—分解"的产业循环体系；科学规划布局产业上下游项目及关联项目，促进资源的优化配置及循环利用；大力提高资源综合开发和回收利用，积极创建各类固体废弃物分类回收和再资源化处理体系，提高资源循环利用效率。其次，加大环境保护力度。严格执行国家环保产业政策，认真做好事前环保审批、项目环保审核、区域环境影响评价工作，坚持"环保一票否决"制度，对于不符合环保规定的项目，禁止入区投资；加大环境保护投入力度，确保污水、固体废弃物处理设施等各项环境基础设施建设与开发区建设、产业发展相同步或适度超前，实现集中供水、供热与供气，污水、垃圾等集中处理；高标准控制和治理废水、废气、固体污染物，构建完善的区域环境监测和检测体系；抓好重点行业污染防治，控制和治理污染源；建立健全退出机制，加快淘汰污染企业和高耗能企业。最后，提高招商引资质量和水平。由只注重规模和数量向注重质量和水平转变，选择引进环境友好型、资源节约型、投资强度高、产出率高的项目；除先进制造业、高新技术产业的生产制造环节外，鼓励投资方在开发区设立研发中心、财务中心、技术服务中心、培训中心、采购中心、物流中心、运营中心及区域性总部，建设总部基地，发展总部经济等低能耗、低污染产业实体。

（四）促进开发区协调合作

西安开发区产业定位存在某些重合，这将容易在某些领域产生恶性竞争，不利于开发区产业的良性发展。因此有必要对开发区实行分类指导，各开发区要根据区域协调发展战略的部署，因地制宜，综合考虑各自的自然资源禀赋条件、资源环境承载能力、经济发展水平、发展潜力和区位优势等因素，按照区域比较优势原则，考虑本地的自然条件、交通区位、人才资源以及产业技术基础等因素，同时，要了解同类型的开发区尤其是毗邻开发区的产业发展及未来规划状况，明确各自的发展定位，制定科学的开发区产业发展规划，确定各自优先发展的主导产业，研究怎样扬长避短，形成"人无我有，人有我优"的产业优势，避免开发区之间的同质化竞争，努力实现开发区的差异性和错位发展，使各开发区之间在产业发展上各展所长，避免低水平重复建设，避免造成恶性竞争，两败俱伤。此外，强化自主创新是实现开发区错位发展的重要举措之一，西安各开发区应当充分发挥西安高校和科研院所的人才和科研优势，建立研究开发的公共服务平台，运用积极的政策工具鼓励园区企业增加研发投入，创造适宜科技成果萌芽、开花、结果的环境，使开发区成为人才、技术荟萃的高地，新技术、新产品、新产业的策源地，从以成本、价格为主要手段的同质产品竞争转向依靠技术创新形成的差异化产品的新型竞争。与此同时，处于不同发展阶段、不同地区的开发区要建立长效合作机制，进行跨地区的资源整合、功能互补、人才互动、经验交流，促进开发区整体发展水平的提升。[1]

（五）加快推进体制机制改革

随着开发区的不断发展，特别是行政区划的调整，开发区已由原先相对地域狭小、功能单一的工业组团转变为现在城乡并存的广域型开发地域。面对新的发展空间、新的发展需求和新的发展形势，开发区管委会不得不承担更多的社会管理职能，开发区与其他城市行政辖区、城市各行政主管部门以及内部乡镇的关系也有待理顺。因此，开发区必须在保持现有活力的基础上创新管理体制。自 1993 年青岛开发区与所在的

---

① 陈耀：《错位发展　差别化竞争　产业链招商——新型竞争模式呼之欲出》，《人民论坛》2006 年。

黄岛区完成合并到今天，已经先后有十几个开发区完成了与所在行政区域的合并，还有越来越多的开发区正在按此模式建设和改造，可见该模式具有一定的优越性和实践性。暂时不能实行"一级行政区"管理模式的开发区可以通过市人大授权的方式赋予经济开发区市辖区一级的经济、社会与行政管理权限，对整个开发区实行开发规划、发展政策、项目建设、用地出让、招商引资、统计、财政等方面的统一管理，以此作为过渡。①

第三节 "田园城市"指引下开发区的理想构图

我国开发区建设经历了 30 多年的发展历程，在土地财政的刺激下，开发区的城市功能日益完善，各种类型的用地规模不断扩张，开发区逐渐与主城连成一片，导致城市空间依然是以"摊大饼"的方式近域扩张。与此同时，由于开发区建设而被征拆迁的原著居民以一定补偿标准得到开发区的"妥善"安置，在安置小区过着既不像农村又与开发区整体环境氛围极不相称的生活。为解决这一颇具中国特色的城市发展问题，作者认为英国社会学家霍华德的田园城市理论——一种虽然古老但仍旧具有实践指导意义的城市发展理念，或许能为新开发区的建设提供一种不同的发展思路。基于此，本节从田园城市理论出发，将田园城市理念引入开发区建设的现实。

一 "田园城市"的理想光辉

1898 年，英国社会改革家埃比尼泽·霍华德（Ebenezer Howard，1850—1928）出版了《明日：一条通往真正改革的和平道路》一书，提出田园城市理论，倡议建设一种兼具城市和乡村优点的田园城市（garden city），而若干个田园城市围绕中心城市，构成城市群，即社会

---

① 《探索具有浙江特色的开发区转型之路——浙江开发区转型升级思路研究》，《浙江经济》2010 年。

城市（social city）。

（一）城市—乡村"三磁铁"

霍华德提出田园城市理论，与其所在的时代背景有着密切的关系。第二次工业革命后，欧洲国家城市过分拥挤不堪，城市环境急剧恶化，社会普遍认为劳动人民只能要么抑制对人类社会，即城市的向往，要么几乎彻底放弃乡村的无比诱人而纯正的喜悦。而霍华德认为事实并不如此，人们还有第三种选择，即把一切最活泼生动的城市生活优点和美丽、愉快的乡村环境和谐地组合在一起。霍华德用"三磁铁"的图解说明了这种情况，如图4-4所示。霍华德认为城乡磁铁必须合二为一，应体现出人类社会和自然美景；城市与乡村必须"成婚"，由此才能迸发出新的希望、新的生活和新的文明。①

图4-4 三磁铁

资料来源：埃比尼泽·霍华德著《明日的田园城市》，金径元译，商务印书馆，2010。

---

① 朱喜钢：《规划视角的中国都市运动》，中国建筑工业出版社，2009，第55~60页。

（二）田园城市空间结构

1919 年，英国"田园城市和城市规划协会"经与霍华德商议后，明确提出田园城市的含义："田园城市是为健康生活以及产业而设计的城市，它的规模能足以提供丰富的社会生活，但不应超过这一程度，四周要有永久性的农业地带围绕，城市的土地归公众所有，由一委员会受托掌管。"霍华德设想的田园城市包括城市和乡村两个部分。城市四周被农业用地围绕，城市居民经常就近得到新鲜农产品的供应，农产品有最近的市场，但市场不只限于当地。田园城市的居民生活于此，工作于此。所有的土地归全体居民集体所有，使用土地必须缴付租金。城市的收入全部来自租金，在土地上进行建设、聚居而获得的增殖仍归集体所有。城市的规模必须加以限制，使每户居民都能极为方便地接近乡村自然空间。①

（三）田园城市的实践探索

田园城市理论出现后，得到了社会各界的认同，其布局模式在世界范围内得到推广。如 1903 年和 1919 年，莱奇沃斯（Letchworth）和韦林（Welwyn）成为田园城市理论的代表，但，城市经营由出资方掌控，因而城市的建设并没有体现霍华德的初衷，其追求的财富再分配、土地改革及最终替代资本主义的理想并没有实现。20 世纪初，随着西方国家城市化持续推进，为解决城市问题，田园城市规划建设得到了重视，但由于对田园城市的理解不统一，城市规划建设质量、规模等参差不齐，如一些所谓的"田园城市"，其实只是一些郊区开发项目或卫星卧城，与霍华德提出的田园城市理念相去甚远。如美国的一些所谓的田园城市项目，许多都是"花园郊区"。这些实践实质上是对霍华德田园城市理念的嬗变和偏离。二战后，霍华德的田园城市理论对世界大多数国家的城市规划，特别是对西方国家的新城建设和城市理论产生了很大的影响，被城市规划学家和史学家视为城市规划史上最有影响的理论之一。

---

① 《明日的田园城市》，金经元译，商务印书馆，2010，第 1~10 页。

二 田园城市理念对于开发区建设的指导意义

百年前提出的田园城市理念到今天仍然只是一种理念，并没有成为现实，然而其深刻地影响了100多年以来的城市规划思想，并成为多数城市发展的理想。对于有着田园城市梦想的新建开发区来说，田园城市理念更有深刻的指导意义。

（一）控制开发区无边界蔓延

中国人与生俱来的秉性决定了中华民族比任何其他民族更加崇尚"大"，其在不知不觉中成为我们的审美尺度和价值判断的基石。"大 = 强，快 = 好"，这样的中国式发展逻辑在城市建设方面不断地被重复与证明，在做"大"情节的无形指挥棒下，无数个"中国之最""亚洲之最""世界之最"应运而生，并成为城市对外炫耀的资本与政治成果。田园城市避免了传统"摊大饼"式的城市恶性膨胀。从城镇空间结构上看，田园城市体现出城市群体的概念：当一个城市达到门槛规模后应该停止增长，要成为更大体系中一个组成部分，其过量的部分应当由邻近的另一个城市来接纳。这就意味着开发区建设不能连片式地无边界蔓延发展，而应该在现状基础上，规划若干个功能组团，之间以农田等自然要素间隔，并通过快捷交通干道来联系，这样既可以保证每个组团的合理规模，又可以享受到大城市的优点，与此同时，居民还可以享受到永久农田和森林、绿地带来的自然感受。

（二）提高土地利用效率

随着后金融危机时代的到来，实体经济总供应能力收缩，潜在经济增速下滑，实体经济投资额度连续下降，开发区如火如荼的建设场面也日渐冷淡下来。冷静思考我国开发区过去20多年的发展成果，不难发现我国开发区普遍存在土地利用效率低的问题。如规划面积高达58平方公里的金山工业区是上海最大的工业区，多项指标都远低于国家级开发区标准，单位土地投资强度不到国家级开发区的1/3，单位土地税收产出不到国家级开发区的1/10。开发区的二次创业过程中也多以扩张土地面积为主，这在一定程度上加剧了土地的低使用率。霍华德所倡导的田园城市理念，建设用地仅占到整个城市的 1/6，周围则是大面积的农田、绿地和森林，建设用地的集约高效利用则成为整个田园城市运行的基础和前提，因此在田园城市理念指引下开发区更有利于提高土地的使用效率。

（三）促进城市与乡村正式"联姻"

城乡分离曾经是社会发展的一大进步。自城市出现之初，人们就习惯于城乡分离的现实，陶醉于城市在促进物质、文化繁荣和社会进步上的作用。霍华德敏锐地看到了这种繁荣和进步的昂贵代价，即乡村的停滞、落后和城市生活脱离自然。这种代价不仅抑制了乡村的发展，也抑制了城市的发展，社会的固有潜力远未能充分发挥。"田园城市"深刻地阐述了城市和乡村的有机动态平衡：城市为农村提供了广阔的市场；田野是支持城市发展、保持城市生态平衡、抑制城市无节制膨胀的关键。因此，霍华德的出发点是以城市外围的永久性绿地来合理控制城市规模，以建立城乡融合、具有适合规模的田园城市。从广义上讲，霍华德的田园城市理论并不单纯是一种形式上的或图面上的城市规划，实质上是一种对社会的改革，是对城市与乡村各自发展过程中存在问题的整体解决，使人们共享城市的便捷条件和乡村的优美环境，即使城市与乡村正式"联姻"。①

三 田园城市理念指引下开发区的理想构图

在田园城市的理想光辉指引下，开发区将形成有别于一般开发区的理想图景，如高容积率的大型城市综合体、都市森林和永久性都市农业以及连接各个分区的快捷交通干线。

（一）城市组团

城市组团作为现代田园城市的一个重要组成部分，具有集聚经济和

---

① 陈柳钦：《田园城市：统筹城乡发展的理想城市形态》，《城市管理与科技》2011 年第 3 期。

扩散经济的能力。每个城市组团都各自拥有中心城，发挥城市的特定功能，并通过快速便捷的交通将各城市组团相连接，共同完成城市职能。组团内部各分支系统完整，生产、生活、生态等基础设施相对齐全，各组团中心通常是全市的中心城，分别承担全市的政治、经济、文化和商业服务等职能。

（二）大型城市综合体

大型城市综合体的出现既是田园城市土地利用集约化的必然结果，同时也是对传统"摊大饼"式城市发展模式的否定，从而创立一种紧凑型、产业导向型的新型城市化模式，并且其已经成为城市建设高度现代化的表现。城市综合体的功能集商贸、金融、办公、娱乐于一体，主要包括商贸街区、文化餐饮娱乐区、现代商务中心三大业态。其中的商贸街区包括大型百货商场、名牌精品店、大型影城等商贸娱乐设施；文化餐饮娱乐区包括大型餐饮、休闲等板块；现代商务中心包括商务大厦、金融大厦等项目。

（三）都市绿地系统和都市农业

都市绿地系统和都市农业是田园城市理论中体现农村优势的部分，是田园城市之"田园"所在，也是田园城市开发区区别于一般开发区的重要标志。其中，都市绿地系统是指将生产绿地、防护林地、公园绿地、农业生产用地、风景园林绿地以及绿地范围内的水域等进行合理的空间配置，形成一个持久稳定的生态系统，使城市环境得以改善，为城市居民提供具有居住、休闲、游憩等功能的城市绿色环境网络体系；都市农业则大片分布于各个城市组团之间，既可作为控制城市无序蔓延的边界，又可为城市的日常生活提供必要的农产品。

（四）快捷交通体系

交通体系是现代田园城市社会、经济活动的命脉所在，它的良性循环可以疏散城市功能、发挥组团优势、提高城市的整体运行效率。因此，在城市内部建立完善的交通体系，可以实现组团内部与外界之间的紧密联系，为人口、物质、能量及信息的流通和交换创造有利条件，使城市各组团在形态上相对分散布局的同时，在功能上紧密结合。开发区的快捷交通体系以公交优先为原则，建设便捷交通网络，倡导绿色交通方式，形成立体化交通系统，包括以实现田园城市绿色交通为目标的城市快速交通系统；以轨道交通为核心，构建高效率、高品质、高适应性的连接各个组团的一体化公交都市；结合快慢分离的原则，提供安全便捷的非机动车及步行出行空间；以建设现代化交通信息服务为宗旨，建设智能交通体系。[①]

四 田园城市理念指引下开发区建设思路

在田园城市理念指引下，开发区应该在城市建设、产业发展、城乡统筹、社会管理、政策制定等方面走出一条不同于既有开发区的发展之路。

（一）构建"大开大合"的城市形态

在田园城市理念指引下，开发区所呈现的城市组团、城市综合体、都市绿都系统和都市农业以及快捷交通体系等图景，总体来说即为"大开大合"的城市形态。"大开"即开阔的田园风光，形成水为脉、绿为基、路为廊的广阔空间延伸；"大合"即复合的城市功能，在大面积绿地和现代农业基调中，建设功能完善、生态优良、和谐有序的现代立体城市、产业社区城市。"大开大合"的城市建设路径改变了过去长期同心圆式的环线交通路网和"摊大饼"式的城市建设方式，融入立体开发、集约节约和循环低碳发展等创新发展理念，将城市组团镶嵌于田园风光和自然山水之中，形成城乡交错、大中小城市相间、风情小镇点缀、疏密合理得当的既大气又别具一格的现代新城布局。

---

① 吴瑞凯：《"现代田园城市"建设实证研究——以宁波市江北区为例》，宁波大学硕士学位论文，2010。

（二）建设合理、高效的产业形态

在田园城市理念指引下，开发区各个城市组团要坚持合理、高效的产业布局理念，根据各自发展基础和发展条件，整合各组团内优质存量资源，错位发展，培育链式和集群式产业，加快高新技术改造传统产业进程，实现产业形态高端攀升，着力发展高端产业和产业链高端环节，按照集群式、耦合式、跨产业的思路，培育科技型、智慧型、生态型、创造型的产业集群。除了高端非农产业外，开发区的产业形态应包括"田园"部分的现代农业产业体系，要采用先进适用的农业科学技术、生物技术和生产模式，实现现代生产投入要素的高效率和集约化，提高土地产出率和劳动生产率。

（三）创新城乡统筹发展方式

在霍华德的田园城市理论中，城市与乡村互为依存，是不可分割的一部分，并且从理论上证实了模式得以存在的可行性。尽管实践与理论之间的差距客观存在，田园城市理论依然在城乡统筹方面为开发区提供了打破常规的思路和方向。在田园城市理论中，城市即为城市，农村即是农村。因此在开发区城乡统筹过程中，农民身份不必改变，农业用地面积不能减少，在未来发展中要保证农民利益不减少，实现农民生活水平和区域社会经济的同步发展，构建城乡居民公平、公正共享发展成果的社会建设新机制；统筹城乡基础设施、公共服务、劳动就业、社会管理，构建保障农村人口稳定有序转移的制度基础，特别要保障农民土地权益，建立城乡统一的户籍管理、就业服务、社会保障制度；推动基本公共服务均等化，着力于社会服务供给方式的创新。

（四）创新社会管理模式

当前我国社会管理已经进入矛盾凸显期，在田园城市理念指引下的新建开发区应该在社会管理方面开展大胆的探索与创新，树立以社会建设统领城市建设的理念，坚持以人为本，提高开发区社会管理的科学化水平。具体包括：创新社会管理模式和运行机制，引导社会组织（非政府组织）参与社会管理，变单个的管理力量为社会管理的整体合力，实现社会管理主体的多元化；以法治为基础，以现代信息技术为支撑，构建起公开透明、规范高效、简便易行的社会管理运行机制；以信息化建设作为社会管理的有效手段，加快形成全面覆盖、联通共享、功能齐全的社会管理综合信息平台，不断提升管理效能、服务质量。

（五）构建特有的开发区政策体系

田园城市理念指引下的开发区除须制定促进开发区发展的一般性政策，如财税政策、土地政策、投融资政策、人才引进政策、节能减排政策、研发政策等外，还应制定特有的城乡统筹政策以及田园城市建设政策来促进田园城市理想的实现。

城乡统筹政策方面，考虑加大中央财政支持力度，进一步加快建立完善覆盖城乡的社会保障制度，在不改变农民身份的同时，引入城市居民的生活方式；吸引大型企业投资农业，在保证农民的利益不受影响的同时，努力探索适合农业产业化发展的运营模式；加强对农民在现代农业发展方面的培训，促进现代都市农业的发展；加大对新区农村地区教育、医疗卫生等公共服务设施的投资，提高农村地区的公共服务水平。

田园城市建设政策是保证田园梦想顺利实现的重要保障。重点扶持公共基础设施项目以及重点示范镇的建设，加大对一般性财政转移支付和基础设施、生态环境、重点项目、产业发展、公共服务等专项支付力度，为城市建设提供一定的土地增减挂钩指标；优先布局水利、交通、生态环境、特色农业、物流、文化、旅游等重点项目；鼓励发展都市农业，建设标准化、规模化、专业化蔬菜生产基地。

第四节　城市经济、人口、空间发展协调性评价

城市化是一个农村人口向城市人口，农业用地向非农业用地，第一产业向第二、三产业转变的过程。其中，人是主体，表现为人口在城市的聚

集；经济是驱动力，表现为产业的空间聚集；而空间是人口和产业聚集的载体，表现为城市建成区的扩张。正是在三者相互作用力的推动下，城市实现了自身的持续发展。在城市空间发展规律与其他组织因素的双重作用下，城市经济、人口、空间的作用与反作用表现出一定规律性的空间分异。本节以西安为例，采用定量分析方法，探讨了三者之间的协调发展关系。

一 研究方法

（一）研究方法

城市化是一个人口、经济、空间三位一体的过程，其中人是行为主体，经济是驱动力，空间是载体，理想的城市化之路应该是经济主宰人口、空间城市化的发展，而人口、空间城市化应该反馈、促进经济和城市化的进一步发展。因此，城市化过程中的经济、人口、空间之间既有主次之分，又相互作用，不可分割。经济发展对于人口集聚和空间扩展具有强有力的推动作用，人口的集聚同时也会刺激空间的扩展；城市空间的扩展也会促进和反馈经济的发展和人口的增加。因此，城市化过程中经济、人口、空间的增长存在数量上的对比关系，即一定数量的城市经济发展会带来相应数量的城市人口增长以及城市空间的扩张。而该对比数量大小又因城市所在区域经济发展效益的不同有所差别，难以用某一恒定数值来衡量，但是这并不妨碍其对特定城市中各区县的比较分析。因此，本节对于西安经济、人口、空间相互作用力大小的计量，是基于西安城市语境下的各区县的对比研究。

本节选取了非农业人口（P_i）、非农产业增加值（E_i）以及房地产固定资产投资（F_i）的数值，分别代表城市化过程中人口、经济、空间量化指标，P_i/E_i、F_i/E_i、F_i/P_i分别代表城市经济发展对于城市人口增加、城市经济发展对于城市空间发展以及城市人口增加对于城市空间发展的推动作用力。

（二）数据来源

2004～2012年是西安经济发展最快、城市规模扩张最大的时段。

西安城市经济总量在 9 年间翻了两番，城市建成区规模扩大了近 1 倍，各区县社会经济均发生了较大的变化。对该阶段各区县经济、人口、空间的深入分析对于掌握当前西安城市化空间布局特点、合理指导各区县未来发展具有更现实的指导意义。本节所涉及的 2004～2012 年西安各区县非农业人口、非农产业增加值、房地产固定资产投资数据均来自2005～2013 年的《西安统计年鉴》。

二　区域概况

西安辖九区四县，即碑林、莲湖、新城、雁塔、未央、灞桥、长安、临潼、阎良区以及高陵、户县、周至和蓝田县。截止到 2013 年底，市区总人口 858.81 万人，GDP 4884.13 亿元，城市建成区面积 415 平方公里。

（一）城市人口空间分布

截止到 2011 年底，西安城镇人口 596.79 万人，人口城镇化水平达到 70.1%。从人口城镇化水平的分布情况来看，区域分布差异明显。西安主城六区占据了全市 73.92% 的城镇人口数量，除灞桥区和未央区城镇化水平接近 90% 外，其他城区人口城镇化水平均达到 100%。远郊区人口城镇化水平不超过 55%，其中临潼区城镇化水平仅为 30.25%。周边四县受经济发展水平的影响，人口城镇化水平参差不齐，较高的高陵县城镇化水平为 59.35%，最低的蓝田县城镇化水平仅为 25%。

（二）经济空间分布

西安作为一个正处于快速发展阶段的大城市，经济发展的极化效应十分明显，经济要素多分布于主城区。西安主城六区聚集了全市 65.41%、81.59% 的第二、三产业增加值；周边的临潼区、长安区和阎良区由于离中心城区较近，承接了主城区的部分产业职能，位列全市非农产业增加值的第二梯队；周边四县受极化作用的影响，经济体量偏小。从 2004～2011 年各区县第二、三产业的变动情况来看，主城六区中位于核心城区的新城区、碑林区、莲湖区第二、三产业增加值平均增长率明显低于灞桥区、未央区和雁塔区，而周边的临潼区、长安区、高陵县第二、三产业的发展速度均高于主城区的整体水平。这表明，在大城市发展的涓滴效应下，西安城市发展的经济重心正在逐渐由中心城区向外围城区乃至周边郊县扩散。

（三）城市空间扩张

西安主城区的建成区规模是伴随着开发区的建设而不断向外扩大的。开发区在公司制管理模式下，以高效、迅速的发展特点在较短的时间内实现了经济和人口的空间聚集，进而推动了城市空间向外围延展。2004～2011 年西安全市房地产固定资产投资总额 4243.72 亿元，其中雁塔区 1552.19 亿元，占全市的 37.46%，未央区 691.83 亿元，占全市的 16.7%，两区之和占据西安整个市域的半壁江山之多，如图 4－5 所示。正是在房地产固定资产投资的拉动之下，城市建成区在未央区和雁塔区实现了规模化的扩张趋势。

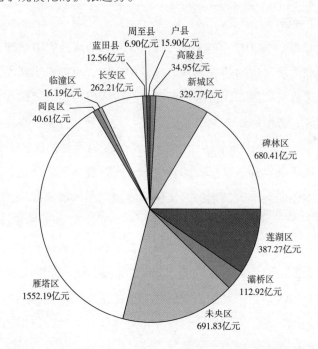

图 4－5　2004～2011 年西安各区县房地产固定资产投资额

资料来源：2004～2011 年《西安统计年鉴》，中国统计出版社。

三　西安城市化过程中经济、人口、空间相互作用力空间分异

城市化过程中的经济、人口、空间之间的关系既有主次之分，又相互作用，经济发展对于人口的集聚和空间的扩展具有强有力的推动作用，人口的集聚同时也会刺激空间的扩展，另外，城市空间的扩展也会促进和反馈经济的发展和人口的增加。因此，通过对城市不同区县人口、经济、空间之间相互作用力的分析来审视西安现阶段的加速城市化进程具有重要的指导意义和实践价值。本节选取非农业人口、非农产业增加值以及房地产固定资产投资的数值，分别代表城市化过程中人口、经济、空间量化指标，通过对三者之间作用力大小的比较来衡量各区县城市化过程中人口、经济和空间发展的协调性。

（一）经济—人口

通过对2004～2011年全国、西安以及13个区县的每增加1亿元非农产业增加值所带来的非农业人口数量的比较，可以看出新城区、碑林区、临潼区、长安区、阎良区、蓝田县经济发展对于人口的作用力远远小于莲湖区、灞桥区、未央区、雁塔区和周至县、户县、高陵县以及全国平均水平，如图4-6所示。该结果与各区县所处的区位有极大的关系。位于核心城区的新城区、碑林区由于经济发展历史较久，人口密度已经接近饱和状态，人口增加对于经济发展刺激的敏感度较低；而莲湖区、灞桥区、未央区、雁塔区则是近几年人口、经济发展最快的区域，完善的公共设施和良好的居住环境吸引着更多的人居住，人口对于经济发展推动力的敏感性较强；位于近郊区的临潼区、长安区由于距离主城区较近，城市人口更乐意到公共设施完善的主城区居住；而郊县由于距离主城区较远，城市人口多会选择在本地居住，因此人口增加对经济发展推动力的敏感性较高。

（二）经济—空间

通过对2004～2012年西安13个区县经济发展对于空间拓展的推动

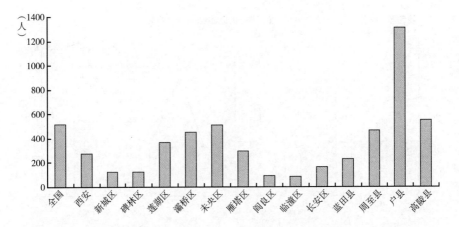

图 4 - 6 每增加单位（1 亿元）非农产业增加值所带来的非农业人口数量

作用力的比较，可知位于西安主城区的新城区、碑林区、莲湖区、未央区、雁塔区、灞桥区和近郊区的长安区以及户县普遍高于阎良区、临潼区、蓝田县、周至县和高陵县，如图 4 - 7 所示。该结果与城市发展中的土地财政以及近年来全国房地产行业发展火热有密切关系。由于主城区土地价格高昂，核心城区热衷于拆旧盖新，外城城区钟情于城中村改造和新区开发，主城区空间发展对于非农产业发展推动力的敏感性远远高于全国以及西安市域的平均水平。而阎良区、临潼区、蓝田县和高陵县尽管 2004 年来，房地产固定资产投资额高于主城区的平均增长率，但城市空间扩张相对于经济发展推动的敏感性仍然较低。长安区 2004 年以来西安大学新城的建设，带动了房地产事业的快速发展，城市空间拓展对非农产业发展具有较高的敏感性。户县作为西安建设国际化大都市的三个副中心城市之一，受便捷的交通条件以及西安国家级高新技术产业开发区在户县扩区的影响，近年来房地产迅猛发展，再加上非农产业发展较弱，相比之下城市空间对于非农产业发展的敏感性较高。

（三）人口—空间

通过对 2004～2012 年西安 13 区县城市人口对于城市空间扩张的

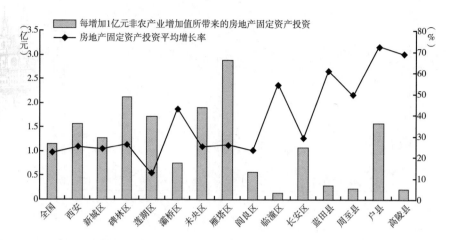

图 4 - 7　每增加单位（1亿元）非农产业增加值所带来的房地产固定资产投资

推动作用力大小的比较，可知西安九区整体高于周边郊县，如图 4 -
8 所示。该结果与城市经济的发展特点息息相关。受地价因素的影
响，为等量的城市人口而修建房屋所消耗的代价城区高于郊县。而
城区中的核心城区如新城区、碑林区由于人口饱和，大量的房地产
固定资产投资，如旧城改造，并不会带来城市人口的增加，从而导
致房地产固定资产投资对于非农业人口增加的敏感性高于其他城区；
雁塔区、阎良区和长安区受益于开发区或者大学城的建设，经济发

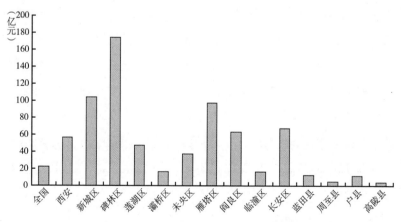

图 4 - 8　每增加单位（1万人）非农业人口所带来的房地产固定资产投资

展较快，从而带动了房地产市场的火热发展，然而从其房地产固定资产投资对城市人口增加较高的敏感性可知，火热的房地产市场没有吸纳足够多的城市人口，换言之，城市空间发展相对于人口增长过快。

四 城市空间布局优化路径

西安城市化空间布局的优化过程是一个从宏观引导到微观实施的系统工程。未来要依托西安城市发展特点与城市化布局现状，遵循"宏观引领，中观调控，微观实施"的总体思路，实现西安城市化空间布局的优化。

（一）宏观引领——优化功能分区，建设具有中国传统城市空间特色的九宫格局

根据西安城市文化特色和空间结构特点，从整个市域的宏观视角优化城市功能分区，建设传承中国传统文化特色的九宫空间格局。在西安市域范围内，以九宫格局为基本模式，在市域和主城区形成不同的功能结构布局。以84平方公里的唐长安城为中心，东面临潼，东南蓝田，南面长安，西南周至、户县，西面咸阳，西北三原，北面高陵，东北阎良。在西安主城区范围内，加快推进城市建成区的改造提升，积极实施"南优、北拓、东延、西联"战略，以交通轴为导向，以功能区为实体，以生态林为间隔，建"小九宫"城市空间布局结构。具体布局为：中心为以商贸旅游服务为主要职能的唐长安城，东部依托现状发展成为国防军工产业区，东南部结合曲江新城和杜陵保护区，发展为生态旅游度假区，南部为文教科研区，西南部拓展成为高新技术产业区，西部发展为居住和无污染产业的综合新区，西北部为汉长安城遗址保护区，北部形成装备制造业区，东北部建设成为高尚居住、旅游生态区。西安遵循"九宫格局"的建设模式，是作为中国历史古都之首，符合城市身份的选择，是继承发扬中国城市规划传统，更是民族文化的回归。这种新旧分制、九宫格局、多中心分散式的城市结构既传承了历史，又为今

后城市建设提供了发展空间，是中国传统空间格局与现代城市建设需要的有机结合。

（二）中观调控——结合分区现状，明确调控方向

基于对西安不同区县城市化发展过程中经济、人口、空间发展协调性的定量分析，总结西安不同区位的城市化发展特点，明确各个区位区县的城市化调控方向，从而实现西安全域范围内城市化的优化布局与可持续发展。

1. 核心城区：疏解城市职能，降低人口密度，提高城市发展质量

核心城区包括碑林区、新城区、莲湖区。该三个区位于城市发展的中心位置，由于城市发展历史较长，城市化发展处于饱和状态。当前人口城市化水平为100%，经济发展早已完全脱离农业，第二、三产业占经济总量的100%。其中，碑林区、新城区由于人口密度过大，居住环境质量下降，出现短暂的人口负增长现象。城市空间的发展主要体现在"旧城改造"之下的城市空间"质"的提升方面。通过对该区域经济、人口、空间相互作用力的定量分析，发现该区域经济发展对于城市人口增加的作用力普遍较低，经济发展对于城市空间质量提升的作用力较大，而空间发展对于城市人口的带动作用较小。可以看出，该区域城市化发展整体处于饱和状态，城市人口已无增加的潜力，经济发展速度较快，以文化旅游为主的第三产业占据主导地位，城市空间质量提升较为明显。

因此，核心城区未来将以疏解城市职能，降低人口密度，提高城市发展质量为调控方向。通过搬迁、改造等途径将核心城区的部分职能分散到外围城区或近郊区，通过降低人口密度提高核心城区的环境质量，通过旧城改造提高城市空间质量，从而不仅能从一定程度上缓解城市发展中的交通拥堵、人口拥挤等问题，更能提升西安的对外整体形象。

2. 外围城区：完善城市功能，促进经济、人口和空间的协调发展

外围城区包括雁塔区、未央区、灞桥区。该区域是近30年来城市空间扩张最明显的区域，大片的城区经历了从农村到城中村，从城中村

到城区的沧桑变迁，大量的农村人口实现了从农民到市民的蜕变。西安的开发区也多分布在该区域，因此这三个区也是西安经济发展速度最快的地区。从对该区域经济、人口、空间相互作用力的定量分析可知，经济发展对于城市人口增加的作用力明显高于核心城区和近郊区，在经济发展对于城市空间发展的作用力方面，雁塔区、未央区明显高于灞桥区，在整个市域中处于较高的地位。城市人口增加对于城市空间发展的作用力雁塔区明显高于未央区和灞桥区，这说明城市空间拓展对于城市人口的吸纳能力雁塔区弱于未央区和灞桥区，并在整个市域处于较低的水平。总而言之，该区域城市化正处在蓬勃发展期，人口、经济、空间均呈现高速发展状态，但是要警惕城市空间发展过快导致的"空心城市化"现象。

因此，外围城区未来将以完善城市功能，促进经济、人口和空间的协调发展为调控目标。通过填补在房地产迅猛发展、城区快速扩张背景下所缺失的城市功能，完善城区公共设施和基础设施，在促进经济发展的同时，积极吸引人口定居、落户，促进人口的同步集聚，从而实现该区域经济、人口和空间的和谐共进。

3. 近郊区：承接主城区的城市职能，加快城市化发展

近郊区包括临潼区、长安区、阎良区。其中临潼区、长安区是距离主城区最近、受主城区影响最大的区，阎良区作为西安城市空间发展的飞地，在经济发展方面受主城影响较大，因此尽管距离主城较远，仍然被纳入近郊区的范围。从对该区域经济、人口、空间相互作用力的定量分析可知，该区域经济发展对于城市人口增加的作用力明显小于西安其他区域范围的区县，在经济发展对于城市空间发展的作用力方面长安区高于临潼区和阎良区，并在整个市域范围内处于较高的水平，长安区和阎良区在城市人口增加对于城市空间发展的带动作用方面高于临潼区，并且高于整个西安市域的平均水平。可见，长安区城市空间的拓展相对于经济的发展和城市人口的增加较快，临潼区在城市经济、人口、空间方面整体发展较为缓慢，还有较大的发展空间，阎良区距离主城较远，经济发展相对较为独立，但是城市空间拓展相对于城市人口的增加较快。总之，该区域受主城区城市化发展的影响，面临着城市化快速发展的机遇，但是同时要警惕城市空间拓展过快、房地产投资过热现象。

因此，近郊区未来的调控目标是积极承接主城区的城市职能，加快城市化发展。其中临潼区须需依托西安临潼国家旅游休闲度假区和渭北现代工业新城的开发，促进区域经济实力的提升，进而带动城市人口和空间的发展；长安区要在城市空间快速拓展的背景下，依托三星电子产业园等产业园区的建设，加快提升经济发展实力，从而带动人口的聚集；阎良区由于在经济发展上具有一定的独立性，受主城区辐射作用的影响远小于长安区和临潼区，因此在城市化发展过程中，更要注重经济、人口和空间的一体化，谨防"空心城市化"现象。

4. 郊县：提高经济总量，促进非农业人口的聚集，带动城市空间拓展

郊县包括蓝田县、户县、高陵县、周至县。该区域虽然远离西安主城，但由于其担负着整个县域城市化发展的主要任务，在当前城乡一体化建设背景下，城市化面临着前所未有的发展机遇。通过对该区域近年来经济、人口、空间相互作用力的定量分析可知，经济发展对于城市人口增加的作用力整体高于西安其他区县，其中户县处于全市最高地位，经济发展对于城市空间拓展的作用力除户县外整体低于西安其他区县，而城市人口增加对于城市空间发展的作用力明显低于西安其他区县。可见该区域城市经济的发展对于城市人口的增加具有极大的推动作用，而城市空间发展还有较大的潜力可挖。这从另外一个侧面反映出郊县的城市化对于经济发展的渴求度较高，未来郊县将承担整个市域城市化发展的重要任务。

因此，郊县未来发展的重点是通过提高经济发展水平，带动县域范围内非农业人口的聚集，促进城市空间的拓展。未来提升经济发展水平仍然是郊县城市化发展的第一要务，通过非农产业的发展促进非农业人口在城市空间的聚集，在此基础上，实现城市空间规模的扩大和质量的

提升，其不仅能够补足郊县这一城市化发展的短板，提升整个市域的城市化质量，同时也是促进城乡统筹的重要途径。

（三）微观实施——制定切实的发展措施，促进城市化空间布局优化目标的实现

1. 科学制定区域发展规划，加强规划对区域发展的引导作用

用科学的区域发展规划引领区县开发建设。各区县要以各自发展定位为基准，以全市的城市发展为目标，制定总体规划和发展战略规划，实现全市上下一盘棋，避免盲目开发建设所导致的恶性竞争以及空间扩张过快所导致的"空心城市化"；在区县规划与建设过程中，要考虑城市功能空间与产业发展空间的融合，以现代农业、装备制造业、旅游业、服务业、商贸旅游业为支撑，防止副中心、重点镇等新兴城镇发展"空心化"，以城镇基础设施建设、居住条件改善、公共服务配套、人口集聚为依托防止产业发展"孤岛化"，从而解决城市化过程中农村人口的就业、居住问题，避免主城区因人口聚居而产生的城市病。

2. 加快中小城镇建设，构建多点支撑的城镇体系

以构建科学合理的城镇体系为支撑，加快推进 3 个副中心城市、5 个城市组团、9 个重点示范镇和 4 个文化旅游名镇建设。副中心城市作为疏解城市功能的承接地，要积极承接部分主城区功能，吸引人口聚集，疏解主城区人口，并通过构建多层次、向外辐射的网络通道，增强副中心区域的带动作用；规划建设 5 个相对独立、功能齐全、设施完善、产业发达、生态优美的城市组团，引导人口集中和产业聚集，加快基础设施建设，建设全市产业、要素、人口集聚新兴城区；继续按照"政府主导、市场运作"的小城镇建设模式，积极引导开发企业和投资商参与重点示范镇建设，试点农村集体土地流转，破解示范镇建设资金瓶颈问题；文化旅游名镇建设要杜绝盲目模仿，防止破坏千年以来形成的传统格局和历史，加快各类设施的配套建设，包括市政基础设施建设、公共服务设施建设、旅游服务设施建设。

第五章

城市历史文化与空间协调发展

当前我国城市正处于空间高速扩张时期，对于历史遗址分布较为密集的城市而言，城市空间发展与历史文化保护之间的矛盾日渐升级。在文化大发展大繁荣的时代背景下，厘清城市空间发展与历史文化保护之间的现实矛盾，并使历史遗产所承载的文化信息为城市空间所吸纳，进而促进历史文化保护事业的发展，是实现历史文化与城市空间扩张的双赢目标的有力之举。

第一节　城市历史文化与空间协调发展研究背景

一　城市历史文化与空间发展之间的矛盾

1. 大遗址区凋敝的城中村与城市空间高速扩张之间的矛盾

随着社会经济的发展以及城镇化步伐的加快，我国的大都市已经进入了建成区高速扩张的发展阶段。来自卫星遥感图像的数据显示，1990～2000 年，我国城市的建成区面积从 1.22 万平方公里增加到 2.18 万平方公里，增长 78.7%；到 2010 年，达到 4.05 万平方公里，增长 85.8%[①]。随

---

① 中国建筑新闻网：《即将终结的城市化"大跃进"》，http://design. newsccn. com/ 2012 – 09 – 21/174386. html/，最后访问日期：2012 年 8 月 27 日。

着都市空间的高速扩张，城市的边界也逐渐向周边农村区域蔓延，原来处于农村区域的大遗址区也逐渐被包裹于城市区域范围之内，成为城中村。受大遗址保护的限制，大遗址区城中村的社会经济发展明显滞后于周边的其他城中村，大遗址区凋敝的城中村与都市空间高速扩张形成鲜明的对比，整个遗址区域处于落后与现代的矛盾状态。

2. 城市历史特色消退与城市特色空间构建之间的矛盾

在当前如火如荼的房地产开发的背景下，忽视对历史文化的保护，造成历史性城市文化空间的破坏、历史文脉的割裂，面貌雷同的城市街道越来越多，导致"南方北方一个样，大城小城一个样，城里城外一个样"，形成"千城一面"的局面，特色空间依然成为城市建设的稀缺"产品"。而大遗址作为承载着众多历史信息的文化载体，完全有可能打造成具有历史特色的城市空间，成为都市空间特色的最佳元素。而现实情况却是，大遗址历经了几千年岁月的侵蚀和近年来高强度的城乡建设，历史原生环境早已不复存在，历史特色几乎完全被覆盖在凋敝的城中村之下，对都市空间特色构建的贡献微乎其微。

3. 历史遗址区无序的环境空间与城市和谐环境建设之间的矛盾

我国大遗址多为土质遗址，其脆弱的物理特性决定了大遗址较差的自然阻抗力，并且其自然生态环境也容易受到城乡开发与居民生活的扰动。同时，在我国传统的静止保护政策下，大遗址区域发展规划严重滞后于居民发展需求，严重挫伤了居民对于遗址保护的积极性，进而演化为对遗址保护政策的对立情绪，与此同时，居民强烈的发展诉求与心理落差催生了村镇集体或居民个体的建设行为，而这一缺乏技术指导和政策支持的自发行动，不仅渐进地破坏了遗址，更造成了大遗址整体环境的混乱与无序。大遗址区的这一发展现状与城市整洁、有序的环境建设理念相违背，构成了遗址区与城市区的环境空间矛盾。[1]

---

① 陈稳亮：《环境营造——大遗址保护与发展的重要抓手》，《现代城市研究》2010年第12期。

二 大遗址区对于城市空间发展的意义

1. 历史遗址搭建起城市总体空间格局特色

城市是一个不断发展、更新的有机整体，城市现代化建设是建立在城市历史发展基础之上的。对于历史文化信息丰富的城市而言，历史遗址所构成的人文物质空间构成城市空间结构特色。如西安主城范围的大明宫遗址、明城墙遗址、汉长安城遗址、曲江遗址等对于城市空间的蔓延起到一定的阻隔作用，使得城市空间越过遗址区向更远的地方扩展；西安都市圈范围内，渭河北岸的汉陵遗址群和秦王宫遗址构成东西走向的保护带和渭河以南周、秦、汉都城遗址南北走向的保护带形成"人"字形空间结构。

2. 大遗址区构成都市特色文化空间

在城市空间特色趋同的当前发展背景下，城市特色文化空间的打造对于城市来说成为稀缺品，并成为影响城市文化软实力的重要支撑。近几年我国历史遗址保护开发的经验证明，大遗址是承载着众多历史信息的文化载体，通过保护性开发将其打造成具有历史特色的城市空间，可以成为都市空间特色的最佳元素。如西安曲江区依托古迹名胜，借历史盛名，修复生态环境、建设现代新城的经验，对今后西安诸多文物古迹保护和现代新区的开发提供了积极的借鉴。

3. 历史遗址区营造良好的城市环境空间

针对历史遗址区经济发展缓慢、整体环境质量较低的局面，通过对历史遗址区的保护与开发，可以再次激活遗址区发展动力，营造良好的城市环境空间。如西安大明宫遗址在开发之前一直是西安最大的棚户区，其社会环境和居住质量都令人担忧，通过对大明宫遗址区的保护性开发，这一区域则成为西安城市的一张新名片，重新树立了大明宫遗址区的公众形象。西安打通了城墙内侧的顺城路，沿路的整治工程为古城风貌大为增色，提升了环城地带的经济效益、环境效益和社会效益。

第二节　世界历史遗址保护概述

一　世界历史遗址保护价值理念演进

在西方国家城市发展所经历的自第一次工业革命以来的 300 年发展历程中，城市历史遗产保护中传统与现代的价值冲突不断地发生演变。对西方近现代城市历史遗产保护运动与城市发展相互影响进行分析，总结 18 世纪下半叶以来西方近现代城市历史遗产保护思想的变迁历程，有助于找准在当前社会经济发展阶段下历史遗产保护与都市圈空间协调发展的方向。

（一）18世纪下半叶的工业革命至19世纪下半叶

18 世纪下半叶欧洲启蒙运动后，资本主义的上流社会对古典建筑的热衷引起了考古工作者的重视。在这段时期里，遗产保护主要发生在考古学领域，而真正促使历史遗产的命运与城市发展紧紧地系在一起的，是工业革命产生的城市化矛盾。1853 年的巴黎改建计划之后，无数的欧洲城市通过改建最终获得了我们今天所熟悉的大城市轮廓。传统的小型建筑、弯曲自由的小街道被大体量建筑和笔直宽阔的大马路所取代，以轴线为核心的巴洛克规划模式成了大城市建设的主要方式。从城市规划角度看，这是一场城市美化运动，然而从文物保护角度看，这是一场灾难。虽然这种破坏保证了传统城市在新形势下的生命力和继续发展的可能性，却毁灭了众多的传统城市空间以及这种空间里所蕴藏的城市建筑文化和人文关系，传统城市的有机结构被彻底打破。①

这个时期的历史遗产保护运动是在工业革命带来的严重城市问题的背景下由精英知识分子发起的，仅局限在建筑修复领域。18 世纪 90 年

---

① 李将：《城市历史遗产保护的文化变迁与价值冲突——审美现代性、工具理性与传统的张力》，同济大学博士学位论文，2006，第 25 ~ 72 页。

代法国大革命后，鉴于城市历史遗产的破坏，法国采取了第一批保护措施，并于1830年成立了世界上第一个政府性的历史遗产保护机构——历史建筑管理局。

（二）19世纪下半叶至1945年

这一阶段城市规划领域不断涌现出至今对城市发展影响深远的各种思潮，如霍华德的"田园城市"思想主张、盖迪斯的综合规划思想、现代机械理性规划思想、城市美化运动和自然主义、机械理性主义以及功能主义。多种城市建设理念背景之下是城市历史遗址保护的多样化发展，出现了以法国、英国、意大利为中心的各自的学派。而意大利派以1933年《雅典宪章》的颁布，得到了国际公认。

法国派：勒·杜克的"风格性修复"。法国主张对历史遗产的修复须竭力搜寻初始建筑师在古迹上留下的踪迹，力争完全地恢复既往时代的形式，以完美表现那个时代的风格。这种做法虽表现出了建筑建造年代的形式和风格，却破坏了史料的原真性。而所谓的原状只是他自我观念中的理想，容易受到个人好恶取向的严重歪曲。

英国派："保护"对"修复"。英国批评家与理论家拉斯金（John, Ruskin）（1819~1900）质疑了普遍的有关建筑品质与价值的定义，并且重点强调了"历史性"，他认为一个国家真正的遗产和对过去的记忆是真实的纪念碑而不是它的现代复制品，"以修复的名义所造成的破坏应归罪于建筑师"。1877年，英国创立了"文物建筑保护协会"（SPAB），协会认为修复古建筑是根本不可能的，所谓修复，就是把古建筑的历史面貌破坏掉，并主张用"保护"代替修复，保护古建筑身上的全部历史信息，用经常的照料来防止它们的破坏，而决不篡改古建筑的本体和装饰。

意大利派：意大利的保护运动。意大利汲取了18、19世纪以来有关文物建筑保护的理论和方法的合理因素，1880年，意大利文物保护家波依托（Camillo Boito）提出了"历史性修复"，他反对法国式的要求维修者以原作者自居的主观"修复"，要求把保护工作建立在牢实的科学基础上，要尽可能多地收集有关资料，彻底研究，根据确凿的证据进行工作，而不是自己去分析、去推论。但他认为在严格尊重历史原真性的基础上，在结构和材料上可突破传统观念，大胆采用新结构、新材料，不必拘泥于传统的建造方式和材料，以求在当代修复中达到历史、结构、形式及材料诸矛盾的统一。1913 年，乔瓦诺尼（Gustavo Giovannoni）改写并补充了波依托的理论，发表了《城市规划与古城》，1931 年撰述了《城镇规划和古城》。1933 年通过的关于文物建筑修缮与保护的《雅典宪章》即以乔瓦诺尼的文章为基础，因此可以说，意大利派从此得到国际的公认。

《雅典宪章》强调对历史遗产的静态保护，规定在所有可能条件下，将所有干路避免穿行古遗址，并使交通不增加拥挤，亦不使妨碍城市有转机的新发展。

这一时期城市历史遗产保护主要是对局部地区的、对遗产本体有针对性的保护，遗产保护运动具有十分明显的局限性，理论与实践仅限于文物修复领域。

（三）1945年至1970年代中期

二战结束后，在大规模的重建工作中，文物建筑和历史城区的保护问题空前紧迫和复杂。二战后一直到 1970 年代中期，追求高增长率的发展观导致西方城市面临着城市化快速膨胀、住房短缺、交通拥塞、环境恶化以及土地和资源的不合理使用、城市设计的反人性等问题。对以勒·柯比西耶（Le Corbusier）的伏瓦生规划为代表的理性城市规划的批判以及人们对以社会经济综合发展为目标的现代主义城市更新运动的认可，使得人们开始重视城市历史遗产的优良品质并给予重新评价，并出现支持历史遗产保护的公共舆论。公众既期望改善熟悉的生活环境，又要求保持原来的式样。同时出现了由公众支持的、对历史环境进行系统保护的尝试。从这一时期所颁布的国际性宪章中可以看出这一趋势。

1981 年颁布的《佛罗伦萨宪章》强调了历史园林保护的规则，主张为了恢复该园林真实性的主要工作应优先于民众利用的需要。

1987 年颁布的《华盛顿宪章》十分重视对城镇历史地区的保护，主张将历史城区的保护列入各级城市和地区规划的内容，新的作用和活动应该与历史城镇和城区的特征相适应，包括与周围环境和谐的现代因素的引入、公共服务设施的安装或改进、历史城区的交通控制。

1964 年颁布的《威尼斯宪章》指出历史文物的概念"不仅包括个体建筑本身，也包括能够见证某种文明、某种有意义的发展或某种历史事件的城乡环境，这不仅适用于伟大的艺术品，也适用于随着时光流逝而获得文化意义在过去较不重要的作品"，宪章同时还强调了对文物环境的保护，确认"保护一些文物建筑意味着要适当地保护环境"，"一座文物建筑不可以从它所见证的历史和它借以产生的环境中分离出来"。至此，文物环境与文物本身休戚相关的概念才成为国际上人们的共识。

（四）1970年代中期至1990年代初期

经历了高耗能的高速增长之后，这一时期城市面临能源危机、自然生态出现无法逆转的恶化、城市迅速集中和无止境地扩展与蔓延、市中心衰落、社会分化加剧、道德沦丧、种族矛盾严重以及城市功能、效率和优势日益削弱等问题。作为应对城市问题的重要手段，城市规划领域出现了理性批判、新马克思主义、开发区理论、现代主义之后理论、都市社会空间前沿理论、积极城市设计理论、规划职业精神、女权运动与规划、生态规划理论、可持续发展等理念。而城市历史遗产保护领域出现了新的发展趋势，城市历史遗产的再利用成为城市复兴的手段。历史遗产通过再利用融入活跃的社会生活中，真正成为广大民众日常生活的有机组成部分，一场以历史建筑再利用为核心的新城市复兴浪潮在以英美为代表的西方各国普遍展开并持续至今。

这一时期颁布的国际性宪章均站在城市规划的宏观角度，重视历史遗产保护与城市建设的协调发展，为城市历史遗产保护指明了战略性方向，引领着城市历史遗产保护运动进入繁荣期。

1976 年颁布的《内罗毕建议》强调以人为本的城市规划，每一历史地区及其周围环境应从整体上视为一个相互联系的统一体，其协调及特性取决于它的各组成部分的联合。历史遗产的保护计划要对社会、经济、文化和技术数据与结构以及更广泛的城市或地区联系进行全面的研究。

1977 年颁布的《马丘比丘宪章》重视遗址的文化多样性和价值的真实性，从城市规划的角度探讨历史遗址区的发展问题，认为保护、恢复和重新使用现有历史遗址和古建筑必须同城市建设过程结合起来，以保证这些文物具有经济意义并继续具有生命力。

（五）1990年代初期至今

在经济全球化、信息化发展背景下，西方城市规划领域开始关注城市经济的衰退和复苏，应对全球生态危机，积极响应可持续发展要求，回归对城市环境美学质量以及文化发展的需要，成为 1990 年代以来西方城市的主要发展方向。在城市历史环境的更新与保护方面，新城市主义强调以现代需求改造旧城城市中心的精华部分，使之衍生出符合当代人需求的新功能，与此同时，强调要保持旧的面貌以及城市旧有的空间尺度。这一时期颁布的国际性宪章有《奈良宣言》和《西安宣言》。1994 年颁布的《奈良宣言》主张尊重遗址的文化多样性和价值的真实性，认为当地社会还有义务根据相关保护文化遗址的国际宪章的条约精神和原则保护这些遗址，平衡本地文化和其他文化社区之间的不同要求。2005 年颁布的《西安宣言》强调了环境对于遗产和古迹的重要性，承认周边环境对古迹重要性和独特性的贡献，强调通过规划手段和实践来保护和管理周边环境。

二 国内外大遗址保护模式研究

（一）国外大遗址保护模式介绍

国外许多国家都在执行和探索保护自己文化遗产的方式方法，在遗址保护方面已取得了很大的成就。其中，有的国家的文化遗产保护工作已有 100 多年的历史。各国在保护和利用的方式上各具特色，虽然这些国家所采取的保护举措各有千秋,而且也未必完全符合我国的具体国情,但从它们的各种保护举措来看,这些成功的历史经验给我国的遗产保护工作带来很多深层次的启示。

1. 欧美发达国家的保护与利用方式

欧洲是近代考古学的发源地,19 世纪初就已开始从搜求古物艺术品转为完整的发掘、保护、展示大遗址,与美化城市相结合。

(1)德国。德国保护大遗址的主要方法是建立公园和博物馆。例如,明斯特的城墙已经全部被毁,该城在原城墙所在位置修建了环城带状花园,以树木花卉进行植物造景,同时配以游乐休闲设施,既作为城墙的标识和纪念,又向游人初步展示了古城墙的宏大规模,也为游客提供了娱乐和休息的场所。法兰克福把城墙遗址建成有高大树木的公共绿地,其中布置了良好的步行道。在德国,古建筑遗址在历史文化遗迹中所占的比例很大,对其开发利用最有效的办法就是就地建立博物馆、展览馆、缩微景观,或者择其一二重要者予以恢复重建,例如,柏林的夏洛滕堡宫博物馆就是在遗址原地进行了同比例全面的修整恢复。

(2)法国。法国的文化遗产保护利用是世界上十分出色的,法国不搞人工历史景观,认为那是伪古董。法国政府采取的是划定历史文化遗产保护区的方法,保护区内的历史文化遗产多达 4 万多处,如今这样的保护区已有 100 多个。划定保护区并不意味着将其封闭,反而是敞开大门,使之成为人们了解民族历史与文化的窗口。如今,法国人已经不再局限于对那些特殊的历史建筑遗产的修复,而是致力于对历史地段内的居民生活环境的改善以及对于遗址的再利用,从而保持历史文化遗产的活力并使其价值在新的时代得到提升,不但延续和弘扬法国传统文化,而且也为旅游业的发展奠定物质基础。

(3)意大利。意大利历史遗产多样,保护经验丰富,一些大遗址则把考古遗迹的维护和文化、生态景观的建设与保护结合为一体,从而具有动人心魄、震撼力强的魅力。对于建筑遗址,特别重视其环境的保护,严格保留遗址及其周围的地形地貌。世界遗产地费拉拉将 9 公里长的古城墙护城河遗址作为环城公园严格保护下来。文物保护的对象从博物馆文物和纪念碑等扩大到历史性建筑物和历史地段，保护也逐渐演变为从建筑本身到周围的历史文化环境，从一个单体到一组群体，从只限于材料的保护扩大到"文化资源"的概念。

（4）美国。美国拥有多层面的历史遗产保护机构和法律法规，鼓励通过对地方历史文化、自然和游憩资源的综合保护与利用，实现遗产保护、经济发展、重建区域身份、提供游憩机会等多重目标。在遗址保护方面，主要是遗址区与绿色廊道相结合，在大区域内运用遗产廊道的保护模式对遗址进行整体保护。遗产廊道内部可以包括多种不同的遗产，它将文化遗产的保护提到首位，同时强调经济价值和自然生态系统的平衡能力；遗产廊道不仅保护了线形遗址，而且通过适当的生态恢复措施和旅游开发手段，使区域内的生态环境得到恢复和保护，使得一些原本缺乏活力的点状遗址重新焕发青春，成为现代生活的一部分，为城乡居民提供休闲、游憩、教育等生态服务。

2. 亚洲国家的保护与利用方式

（1）日本。从 20 世纪 70 年代起，日本对大遗址投入较大力量进行史迹公园建设，许多遗址在考古发掘工作完成以后，都进行了保护利用的建设，现已建成一大批环境风貌协调、各具特色的史迹公园。日本历史公园的建设方法主要有露天保护、覆罩保护、地上复原、陈列和发掘现场展示。即使对同一类遗址也采用了不同的展示方法，如吉野里遗址区的瓮棺葬展区既有地面原状展示，也有对其结构的不同展示。日本对大遗址采取保护与利用协调共进的方式，既保护了大遗址，又发掘了新的旅游资源，为旅游业的飞速发展提供了持久的动力。

（2）韩国。韩国注重文化遗址的原貌保存，严格保护文化遗址及其周围环境，不允许盲目开发。一些古墓群、古窑址保存完好。为落实对文化遗产的法律保护，韩国不但实行了"事故问责"制度，还实行了专门的挖掘、论证、推荐遗产的"发现"责任制度。

（3）新加坡。新加坡历史文化资源丰富，确定了 3 组独特的保留和保护性发展区：历史性区域、历史性居住区、二级居住区。新加坡对保留着典型的南洋风格建筑群的河沿岸地带的整治在城市历史文化资源保护和利用方面可以说是一个经典的案例，不仅有静态的维修和保护，而且有动态的保护和开发，将基础设施建设、环境整治、古建筑群的维修更新与为商业发展提供空间有机结合起来。

（二）国内大遗址保护的现状特点

大遗址保护是文化遗产保护中的一大难点，在世界文物保护界颇受瞩目。我国大遗址保护一直采取以"限制型保护"为中心的模式，这一模式在一定程度上对保护大遗址起到了积极作用。但随着我国经济建设的加快，大遗址面临的破坏因素增多，保护资金短缺、管理不善等问题日益严峻。

1. 国内大遗址保护与利用方式

目前，国内提出了许多关于大遗址的保护与利用方式，包括整体保护和局部保护与利用。整体保护与利用主要有以下4种方式：一是将整个遗址区建成遗址公园；二是将遗址区与风景区结合，建成旅游景区；三是将整个遗址区建成森林公园；四是将遗址保护与现代农业园区结合，建成遗址历史文化农业园区等。局部保护与利用方式主要有以下2种：其一是将部分遗址建成遗址展示区；其二是将部分遗址建成遗址博物馆。

国内大遗址保护通常采取传统保护模式，这一模式是静态的、以防止遗址受损害为主要目的的保护形式，其基本类型有两种。①设置遗址保护区，即对发掘的大遗址和出土文物实行原址保护和适当展示。根据采取的措施，又可分为三种形式：一是设置简单的护栏，直接露天保护展示；二是在遗址上面修筑厅棚，实施覆罩保护展示；三是将原遗址填埋后，在其上面复原建造。②建立遗址博物馆，对考古发掘的遗址和出土文物进行保护展示。通过设置陈列厅，并配以解说系统，将不同的文化内涵和主题展示给观众，如半坡遗址博物馆。

我国各地都对大遗址的保护进行了积极的探索，走出了一条成功之路。洛阳市区及其周围地区是中华文明的发源地之一，在洛河两岸30公里内分布着中国历史上五个大的都城遗址：夏代都城、商代都城、东周王城、汉魏都城、隋唐东都城。它们如此集中地分布在这样狭小的范围内，在全世界都是不多见的。洛阳市在经济建设中能够正确处理城市规划和经济建设的关系，从而形成了"远离旧城建新城"的洛阳模式。

2. 大遗址保护面临的威胁

经济高速发展时期往往是文化遗产遭破坏的高危险期，我国大遗址正面临着巨大的威胁。除了来自各种自然力——洪水、地震、水土流失、风化、冰冻、雨水、坍塌、环境污染等的侵蚀和破坏外，主要还有来自人为因素的破坏，具体有以下几点。

城乡建设发展带来的破坏。例如城市化、工业化和房地产开发，特别是处在现代城市叠压、半叠压或邻近城市的大遗址，遭受破坏的程度最大。如郑州的商城遗址、洛阳的隋唐东都遗址、西安的唐长安城和大明宫遗址、扬州的唐宋城遗址和开封的北宋东京城遗址。

大中型基础性建设带来的破坏。特别是未经前期选址研究、论证审批和采取保护措施的大中型基础性建设项目，如公路、铁路以及其他基础性建设。如西安的阿房宫遗址、河南新郑的郑韩故城和四川的三星堆遗址都被公路建设破坏。

农业生产和生活活动带来的破坏。例如乡镇企业发展、日常农业生产生活活动、占地、取土、开山、农民建房，甚至耕作、开荒、植树，都对处于农村腹地的大遗址造成冲击与威胁。如陕西的周原遗址、汉长安城遗址、汉魏洛阳城遗址、山东的齐故城遗址和浙江良渚遗址。

受经济利益的驱动，屡禁不止的各种文物盗掘、劫掠活动对大遗址上的文物造成极大的破坏。20世纪80年代以来对古墓葬、古建筑和田野石刻文物的盗掘、劫掠活动已对我国的大遗址上的文物造成了极大的破坏，可以说，几乎我国所有较为著名的大遗址都遭到了不法分子的疯狂盗掘和劫掠，如楼兰遗址。不少遗址遭到了毁灭性的破坏，如山西侯马的晋国遗址。

3. 大遗址保护存在的问题

在我国经济社会高速发展时期，大遗址保护依然面临种种难题，概括地讲主要有两大类：一是技术层面的问题，包括本体保护和环境控制的问题；二是社会经济层面的问题，涉及与当地人民的生活和生产以及发展的矛盾，包括林业、农业、产业、土地、城建、规划、水利、旅游等，而社会经济层面面临的问题最复杂、最难以解决。具体来讲，我国大遗址保护面临的难题和矛盾主要有以下几方面。

对大遗址进行急功近利的旅游开发。一方面，大遗址保护得不到应有的重视，但另一方面，一些地方政府为了发展旅游经济，为了一地一时的经济发展，对一些观赏性强、影响力大的大遗址投入巨资进行急功近利的开发利用，在遗址保护区内兴建商业设施、营运设施和娱乐设施，甚至为了轰动效应吸引观众，对遗址中的大墓进行发掘。这种盲目地对大遗址搞旅游开发的做法严重破坏了遗址的本体及其环境风貌，不利于大遗址的保护，也损害了遗产的长远经济利益和社会利益。

大遗址保护尚未得到政府有力的行政支持。由于大遗址保护涉及面广，如林业、农业、土地、城建、规划、水利、交通、旅游等方方面面，非文物管理部门一家所能左右，需要得到政府行政的多方面支持。在土地利用和产业结构调整方面，原本可以促进大遗址保护的合理的绿地建设、生态农业、植树造林、观光旅游，甚至城乡建设，因为得不到政府的行政支持，所以往往难以落实。在保护规划方面，由于地方政府担心大遗址保护规划束缚当地的经济社会发展，地方政府总希望保护规划的范围做得越小越好，越省钱越好，因此所做的大遗址保护规划往往与大遗址保护的基本要求相距较远。

大遗址保护尚未获得国家专项配套政策支持。大遗址保护规划问题涉及面广，情况复杂，不仅仅是一个资金投入的问题，还牵涉人口调控、征地、移民、拆迁、环境整治、土地利用调整、经济结构调整、产业结构调整等多方面的问题，牵涉众多部门和各方面利益的平衡与协调问题。一些地方虽然做了大遗址保护规划，但是落实不了。由于没有国家专项的配套政策的支持，涉及大遗址保护及其规划方面的许多问题往往只能悬而不决，大遗址保护难以推行。

大遗址保护规划缺乏理论和技术支撑。我国的大遗址保护是从 20 世纪 90 年代后期才开始的，虽然做了一小部分大遗址保护规划工作，例如半坡遗址、河姆渡遗址、高昌故城、交河故城、江苏淹城遗址等，但是大遗址保护工作及其研究尚处于初级阶段，对如何做好大遗址的保护、展示和开发利用缺乏成功的典范及经验。无论从理论研究的角度还是从标准、规范和技术支持的角度看，我国对大遗址的保护规划都还很落后。

（三）国内外大遗址保护模式评估

1. 国外大遗址保护模式评估

国外大遗址保护的不同理念和模式是不同的民族与国家自身所特有的历史性遗产，其保护理念必然受到各民族自身所特有的文化传统的影响，包括终极价值和思维模式。关于大遗址保护与利用的模式，或者称大遗址展示模式，各个国家、各地区因大遗址情况不同而有所区别。但就一般了解的情况而言，目前世界各国对大遗址保护理念大致表现出三种主要倾向：一种是以欧洲为代表的、严格讲求保护的真实性和完整性的理念；一种是以日本为代表的、借助"遗址公园"的理念来统一保护与展示遗存与环境；一种是以美国为代表的不拘一格、形式多样的保护理念。

欧洲是近代考古学的发源地，19 世纪初就已开始从搜求古物艺术品转为完整的发掘、修复大遗址，并与美化城市相结合。如古希腊、土耳其这两个国家有一个共同的特点，就是文明起源早，文明历史长，拥有丰富的人类文化遗产，两国为保护这些文化遗产，均投入了巨大的人力、物力和财力。无论是希腊公元前 1500 年的迈锡尼遗址、举世闻名的雅典卫城、被誉为"欧洲文化之都"的塞萨洛尼基，还是土耳其的艾菲斯古城遗址、地下水宫，两国政府都采取了重要的保护措施，保护这些古城和遗址的完整性和真实性，使这些长达几千年，短则几百年的不可移动文物得到妥善保护。

意大利政府在 20 世纪 50 年代就形成了较系统的保护古迹、遗址的法律，1990 年又颁布了古城区保护新管理办法，政府强调对城市的整体保护。古罗马古城没有高架、高速公路，主要依靠地铁来体现城市的原貌。文艺复兴城市费拉拉，它的全部建筑都能够体现文艺复兴时期的文化特点，环环相扣，充分反映了那一段历史阶段的建筑风格。联合国教科文组织于 1995 年将其列为世界历史城市。费拉拉市政规定，每一栋建筑修建必须经审核，风格是否与历史统一，环境是否协调，须经专门机构批准。以欧洲为代表强调保护遗址的真实性和完整性的文物保护倾向，在世界范围的遗产保护领域具有主导性的作用，可谓主流派。

以日本为代表的"遗址公园"保护理念，讲求的是可观赏性，并以同样的立场强调了对遗存环境的重视。因此，日本在大遗址展示方面，喜好使用复原设计和"重建"手段"再现"历史场景。具有代表性的实例有"国立飞鸟历史公园"和"国立吉野历史公园"。日本的文化遗产保护理念在东亚地区具有一定的影响。

以美国为代表的保护理念，正如这个国家的文化特色一样，兼收并蓄。对此，王世仁先生曾撰文介绍，并给予了生动、形象的概括："美国是一个实用主义根深蒂固的国家，手段完全服从目的。在他们看来，保护文物古迹的目的是保存历史，所有的保护方法，'藏之名山'也好，新旧并存也好，全部复古也好，保存原物也好，仿古重建也好，住人也好，空置也好，只要能将历史的现象保存下来，使现代的美国人知道过去的美国是什么样子，这就够了。"

除了上述三种倾向之外，随着世界范围的民族文化的差异和大遗址现存状况差异的发展，还会出现更多的各种各样的保护理念。同样，即使在同一保护理念的指导下，也会有不同形式的实践探讨。

2. 国内大遗址保护模式评估

国内对大遗址保护工作的探索和实践起步较晚，不足十年，保护形式也主要是受日本的影响。目前虽然全国各地就大遗址保护开展了许多相关工作，方兴未艾，但多属探索阶段，还没有形成一套较为成熟的理论框架，所以很难对我国的大遗址保护工作用一些基本模式来概括。但从国内工作开展情况看，大致可以总结为以下几种倾向或主张。

（1）遗址绿化公园。典型的是北京的元大都遗址公园。其以保护遗址本体为主，对遗址重点实施绿化保护，并对保存的古城墙进行展示，同时对遗址周边进行环境整治，使遗址成为本地居民观赏、休闲和娱乐的遗址公园。其主要目的是借助遗址改善当地居民的生态环境，同时使其兼具历史文化的旅游功能，但不以旅游为主。

（2）考古遗址公园。例如我国的秦始皇陵遗址公园、半坡遗址公园、大堡台汉墓遗址公园等。这些遗址公园的明显特征是将考古遗址作为主体进行展示，同时对遗址周边环境进行综合治理，改善生态环境，确保遗址环境风貌的完整性和真实性，逐步恢复历史原貌，使观众身临其境，有所观、有所感、有所体验、有所领悟，达到重温历史、增长知识、荡涤心灵的目的，宣传和弘扬我国悠久历史文化。这类公园的建设其功能主要是依托文物发展当地的文物旅游业，使之成为地方支柱产业，从而提高地方在国内外的知名度和美誉度。

（3）遗址文化公园。例如河南安阳殷墟等一批史前文化遗址公园。安阳殷墟遗址在宫殿区上修建了殷墟博物苑，占地100亩。大门设计是依照甲骨文的"门"字形，用几根雕有商代纹饰的木柱和横梁构架而成，极富特色。苑中每座建筑均采用了重檐草顶、夯土台阶的形式恢复原貌，现已建成一处集考古、古建、园林为一体的旅游胜地。这类遗址文化公园的做法类似于日本的一些遗址史迹公园，将考古发掘的成果，借助于现代技术进行复原，同时对遗址进行绿化，为观众再现先人当年生产生活的场景，使人们在参观时能够感受到远古历史文化氛围。这类遗址公园以保护历史文化遗迹为主，兼具旅游功能。

（4）主题文化公园。严格意义上讲，主题文化公园不应列入遗址公园范畴，但它与大遗址保护密不可分，是大遗址保护的一个重要补充部分。今天的文化主题公园完全不同于过去那些设计简单的反映各种文化现象的缩景式公园，它是以大遗址为依托，在大遗址的保护范围之外或近边依照历史的原貌，科学地复原历史场景，让观众从现实与远古历史文化遗址的鲜明对比中体会其丰富的文化内涵，借以发展旅游产业。

第三节　西安大遗址保护的实践

一　西安大遗址概况

作为举世闻名的历史文化名城，西安不仅有辉煌的建都史，更重要的是具有无与伦比的完整性和延续性相一致的文化资源。根据文物普查统计，西安地区登记在册的文物点达 2944 处，其中全国重点文物保护单位 51 处，陕西省文物保护单位 82 处，西安市（县）文物保护单位 230 处。1972 年 11 月 16 日，联合国教科文组织大会第 17 次会议在巴黎通过的《保护世界文化和自然遗产公约》对遗址的定义为："从历史、美学、人种学或人类学角度看，具有突出、普遍价值的人类工程或自然与人联合工程以及考古地址等地方。"大遗址的概念主要运用于文化遗产保护领域，指文化遗产中规模大、文物价值突出的大型文化遗址、遗存和古墓葬。大遗址是祖先以大量人力营造，并长期从事各种活动的遗存，是大规模的文化及环境遗产。大小是相对而言的，特别是随着范围和分类的变化更是如此。我国历史上周秦汉唐都曾建都于西安，一般认为，西安大遗址除了周丰镐遗址、秦阿房宫、汉长安城、唐大明宫这四大遗址外，还包括以部分秦陵、汉陵为代表的大遗址。可以说，大遗址是西安这座历史文化名城的主要内涵。[1]

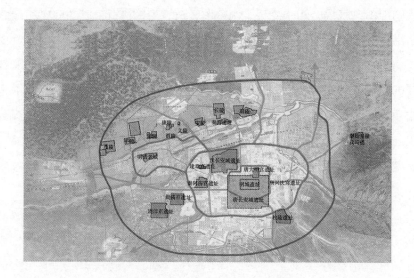

图 5 - 1　西安主要大遗址空间分布

资料来源：西安市国际化大都市发展战略规划（2009~2020）。

二　西安大遗址保护模式

西安大遗址保护工作一直走在全国的前列。按照国家关于重点推动大遗址保护、建立西安大遗址保护示范区的计划，西安先后实施了一大批大遗址保护展示工程，包括以汉杜陵遗址公园为代表的"退耕还林模式"，以唐长安城延平门遗址公园、曲江遗址公园为代表的"市民公园模式"，以大唐西市遗址博物馆为代表的"民营资本投资模式"，以唐大明宫国家遗址公园为代表的"集团运作模式"，以及以汉城湖水域治理为代表的"大项目推进模式"，这些工程在全市得到了深入发展，

---

[1]　西安市文物局：《西安大遗址保护》，文物出版社，2009，第62~66页。

并在全国具有一定的影响力。

（1）退耕还林模式

汉杜陵位于西安市的东南角，区域南北长约 8.1km，东西宽约 3.85km，区域总面积为 20.9km^2。杜陵因地处台塬地貌，属温带半湿润大陆性季风气候，四季冷暖干湿分明，适宜植物生长。从 2000 年开始，雁塔区在杜陵塬地区实施了万亩都市森林项目，并已经由政府出资植树造林，建成了生态经济林 11000 亩，其中生态林 5600 亩，果林 5200 亩；种植各类苗木 160 多个品种，合计 540 多万株，形成了千亩示范生态园、千亩银杏林、千亩柿子林等森林景观。以此为基础，汉杜陵遗址公园形成以杜陵遗址为核心保护区，以核心文化展示区、杜陵汉代文化综合体验区、明十三陵（明秦王）遗址公园为三大板块的格局。

汉杜陵遗址公园立足有效保护遗址、夯实生态基础、优化区域功能、启动旅游项目、强化管理措施的思想，通过实现绿地与古文化遗址结合，为公众提供了众多的绿色休闲空间，更好地保护了文物遗址的本体和历史环境风貌。杜陵以其独特的生态优势、区位优势在未来西安城市绿地系统中承担更为重要的角色，也成为建设"生态化"西安的重要组成部分。同时，其因在遗址文化、城市景观、生态建设等方面有独特的优势，能够满足人们对户外休闲活动的空间环境质量的需求，成为西安城市居民进行高品位的户外休闲旅游的主要目的地。

（2）市民公园模式

唐长安城延平门遗址公园是市民公园模式的典型代表。唐长安城延平门遗址公园以严格保护地下城门遗迹和城外壕沟遗迹为目的，在遗址上方建设延平门广场，在遗址正上方等比复制城门遗迹供人观赏，适当地复制展现城门包城砖结构、城门道内的城门门限遗迹和车辙痕迹；在广场东南隅放置延平门整体建筑复原模型，模型比例为 1∶10 左右，材质为石雕或者铜铸，供游人想象延平门原本面貌；遗址周边 5 米范围内禁止种植大型乔木和根系发达的花灌木。[①] 从使用功能上说，本遗址公园建成后基本上实现了遗址保护与展示、为周边居民提供休闲健身的带状绿化公园两大功能。首先，从保护的角度来说，该公园对城墙、城门、壕沟等遗址要素的地域空间进行了严格的建设控制保护，并对地下遗存实行了原封不动的保存方式；着重对邻近城墙的城市空间要素，按照原有形制和尺度进行了象征性恢复和展现，将单纯的城墙遗址保护工作上升到城市空间架构的恢复与展示，当然这一切都是在有限的规划空间中进行的，并没有与周边开发区现代化的建设产生矛盾与冲突。其次，对于周边居民，遗址公园是一个非常实用的休闲健身公园，带状的步行道及连续的开放空间适合各种休闲健身活动，这也是遗址公园的又一个非常现实的社会功能，对于提升高新技术开发区的环境品质和文化底蕴有着重要的贡献。最后，该带状公园作为连续的大规模开放空间，也是周边开发区重要的避难场所和重要的疏散场所，在城市防灾体系建设中发挥着重要作用。

（3）民营资本投资模式

西安大唐西市遗址博物馆的建设和运营是"民营资本投资模式"的典型代表。大唐西市博物馆的投资主体是西安大唐西市文化产业投资集团有限公司，其是目前全国唯一一家由民营企业投资建设的遗址博物馆，具有保护、展示西市遗址和反映丝路文化、盛唐商业文化、市井文化珍贵文物的功能，已成为西安的城市"客厅"和重要的公益性文化基础设施，也是我国民间资本保护国家历史文化遗址的首例和典范。项目占地约 500 亩，总建筑面积 135 万平方米，总投资 80 亿元人民币，规划建设有大唐西市博物馆、国际古玩城、"丝绸之路"风情街等八大业态。项目分两期进行开发。一期工程占地约 300 亩，建筑面积 66 万平方米。其中九宫格板块占地 176 亩，规划有金市广场、大唐西市博物

---

① 张琳、张迪昊、许凯：《基于遗址保护与展示的城墙遗址公园规划探索——以唐长安城城墙遗址公园规划为例》，《规划师》，2010 年第 10 期第 26 卷。

馆、"丝绸之路"中国及日韩部分风情街、国际古玩城、国际旅游纪念品交易中心、西市城·购物中心。二期工程占地约 200 亩，建筑面积 69 万平方米，规划有"丝绸之路"中西亚和欧洲部分风情街、"丝绸之路"中央商务区、五星级酒店、国际会展演艺中心、大型人文住宅等功能板块。目前，项目一期时尚生活广场、金市广场、大唐西市博物馆、国际古玩城、大唐西市酒店、西市城·购物中心已开业、开始运营。"丝绸之路"中国及日韩部分风情街于 2013 年 9 月 27 日试营业，"丝绸之路"中西亚和欧洲部分风情街于 2015 年底建成开业。大唐西市采用集文物保护、文化展示、商旅开发为一体的综合运作模式，是陕西非公有制经济发展文化产业的成功范例。

（4）集团运作模式

集团运作模式即为曲江模式。曲江以"文化 + 旅游 + 城市"的发展模式，在平衡环境保护、民生改善的同时谋求城市发展，在谋求城市发展的过程中谋求保护好历史文化遗产和发展文化产业，改善城市居民的生活质量。即寓历史文化资源保护于开发利用之中，以开发利用促进历史文化资源保护，实现文化资源保护和城市建设、经济发展和民生改善的双赢。大明宫遗址公园是曲江集团开发运作的项目之一，该项目的开发建设不仅保护了被城中村严重破坏的大遗址本体，更彻底改变了 10 万余名"道北"群众的生产和生活面貌，为破解城市现代化和大遗址保护和谐发展的世界性难题做出了重要贡献。

大明宫遗址是 1961 年国务院首批公布的重点文物保护单位，是国际古遗址理事会确定的具有世界意义的重大遗址保护工程，是"丝绸之路"整体申请世界文化遗产的重要组成部分。多年来由于大遗址保护工作的缺失，大明宫遗址上被密密麻麻的棚户区覆盖，恶劣的居住环境、混乱的社会治安使得大明宫所在的"道北"成为城市名副其实的"贫民窟"。2006 年，曲江集团投资 120 亿元，用两年多的时间将大明宫遗址区 3.2 平方公里内的 350 万平方米建筑物全部拆迁。在遗址外新建移民安置区，使几十年来一直居住在生活基础设施严重落后和环境脏、乱、差的棚户区的 10 多万低收入普通群众住上了生活设施完善、宽敞明亮的城市新居，彻底改善了遗址区群众的生活条件和遗址及其周边城市环境，并使其成为融合大遗址保护、教育、科研、游览等多项功能的城市公共文化空间。大明宫遗址区保护成为带动西安率先发展、均衡发展、科学发展的城市增长极，成为西安未来城市发展的生态基础、最重要的人文象征，并成为世界文明古都的重要支撑，进一步提升了西安的城市特色。

（5）大项目推进模式

汉城湖水域治理是大项目推进模式的典型代表。汉城湖水域原为团结水库，位于汉长安城遗址东南部，过去曾经垃圾遍布，臭气熏天，严重破坏了汉长城遗址区文化环境，曾被称为"西安最脏角落"之一。为了保护汉长安城遗址，改善区域环境，提升区域品质，西安市决定实施团结水库水环境综合治理。汉城湖水域治理采用了黄土回填夯实的方案，以确保汉城湖左侧水岸线距离城墙 30～50 米；其次，在城墙遗址外保留 3 米巡查通道，并用透视篱墙与汉城湖园区进行隔离，确保游人不对城墙夯土层造成损坏；同时在城墙内侧建设宽度为 300～500 米的城墙保护绿化景观林带，彻底改善汉城墙的周边环境。并在汉城湖湖底防渗处理方案上进行了多次优化，不铺设防渗材料，只是用黄土进行夯填，覆盖天然河道砂卵石，使城墙遗址区地下水位不会发生变化，以确保城墙遗址不裂缝、不下沉，达到有效保护的目的。

经过治理后的汉城湖景区拥有长 6 公里、面积 850 亩的水面，景观绿化 1031 亩，总库容 137 万立方米，70 多个景点点缀在湖两畔，是集防洪保安、文物保护、水域生态、园林景观为一体，以水文化、汉文化展示为主题的旅游新景区。作为城市发展的又一杰出力作，汉城湖水域治理项目改善了城市人居环境，以汉城湖为核心形成了西安新的生态居住圈，更在文化角度上为汉文化的传承与发展做出了巨大的贡献。

三　城市规划整体保护

都市圈范围内的大遗址保护是一个动态发展过程，随着都市空间的不断拓展，新的大遗址不断被纳入城市发展版图，从而产生二者如何在空间上协调发展的问题。作为我国重要的历史文化名城，西安城市发展历程与大遗址保护工作密切相关，其所经历的四轮城市总体规划更是将如何处理历史遗产保护与城市发展关系作为重点研究对象之一。

（1）西安市第一次城市总体规划（1953～1972年）

西安市第一次城市总体规划学习参考了苏联城市规划的理论和经验，继承发扬了隋唐长安城的规划传统，坚持棋盘式道路格局，形成城市道路骨架。对于旧城采用"充分利用，基本不改建"的原则，以保护古城风貌，并以旧城区为依托，主要向东、西、南三个方向扩展，形成了东、西郊工业区和南部文教区。规划考虑保护汉长安城和唐大明宫遗址和铁路在城北穿越城市等因素，铁路以北不做大的扩建，在一定程度上保护了汉长安城遗址和大明宫遗址的完整性。然而，受当时社会背景的影响，在"消费城市变生产城市"理念的指引下，明城墙遗址范围内，工厂与居住区混杂、交通拥挤、房屋破旧、市政设施不全，为后来明城墙遗址区的风貌整治埋下了隐患。

（2）西安市第二次城市总体规划（1980～2000年）

1970年代末，随着社会的变迁和城市规模的扩大，第一次城市总体规划已经不能适应新的形势发展要求。在第二次城市总体规划指导下，在162平方公里的用地范围内，确立了以明城墙范围内的方整城区为中心，继承和发展唐长安城棋盘式路网、轴线对称的布局特点，选择了新区围绕旧城的结构模式。城市主要向东南、西南两个方向发展，开辟新的功能区，构筑起西安现代城市基本框架。经历了十年"文明浩劫"，城市管理者更加意识到历史文化对于城市发展的意义。本轮城市总体规划依据在保护古都风貌的基础上建设现代化城市的指导思想，确定了"显示唐长安宏大规模，保护明清西安城的严整格局，保护周秦汉唐的重大遗址"的古城保护原则，先后开展了巨大的环城建设、大雁塔曲江风景区和骊山风景区的保护与开发工程，实施了修葺古城墙、疏浚城河、打通环城路、改造环城林、修建环城公园的古城垣整体保护工程。针对明城墙遗址区内工厂与居住区混杂等问题，工厂采取关、停、并、转、迁的方法进行调整，严格控制旧城区人口，降低人口密度，逐步改善遗址区环境。然而在旧城改造过程中，本应保留的历史街区和民居院落被与古城风貌极不协调的建筑取代，成为西安历史文化名城保护工作的遗憾。

（3）西安市第三次城市总体规划（1995～2010 年）

随着改革开放和城市建设的发展，许多新情况和新问题出现，原规划确定的城市性质、城市规模和规划布局等已不能适应西安经济发展的需要。80 年代后期，随着新兴的高新技术产业开发区、经济技术开发区和旅游开发区的规划建设，西安人口、用地规模突破了原规划确定的规模，经济布局也发生了重大变化，这不仅引起城市外在形态的变化，而且在城市规划理念和内容诸多方面也需要更新和发展。新版城市总体规划强调西安历史文化名城的保护要从城市发展战略、规划布局、城市设计等方面统筹考虑，采取综合措施，使保护与建设相结合，促进历史文化遗产的保护。本轮规划继承隋唐长安城规划的结构形态，选择了新区围绕旧城发展的结构模式，确立了中心集团、外围组团、轴向布点、带状发展的形态布局，将整个市域划分为中心城市、卫星城、建制镇三级城镇体系。针对旧城区建筑密度过大、园林绿地过少、环境质量差和交通拥挤等问题，总体规划严格控制中心集团规模，通过对中心集团的调整和改造，将部分功能转移到二环、三环之间，从而降低中心集团特别是旧城区的人口密度和建筑密度。然而规划实施与城市环境的改善仍然是一个漫长的过程，由于明城墙遗址区即老城区所承担的城市职能仍过于密集，老城区内交通拥堵和环境质量差等问题依然存在，不少新建筑高度、体量、风格和色调与古城风貌格格不入。第三轮城市总体规划虽然明确了大明宫遗址区和汉长安城遗址区的文化遗产地位，但是遗址区范围内的城中村人口密度的增加及民房建设强度的加大，对遗址本体的破坏愈演愈烈，遗址保护与城市发展的矛盾也越来越尖锐。

（4）西安市第四次城市总体规划（2007～2020 年）

西安市第四轮城市总体规划延续了西安历史文脉，城市总体布局形态为"九宫格局，棋盘路网，轴线突出，一城多心"，积极发展外围城区，降低中心城区建设密度，为西安历史文化名城保护争取了发展空间。这一时期西安历史文化名城整体保护以城市协调发展为目标，坚持保护优先、有机更新的原则，注重对历史文化遗产的保护，加强对历史文化资源的整体保护，弘扬优秀传统文化，重点保护传统空间格局与风貌、文物古迹、大遗址等，妥善处理好城市建设与历史文化名城保护的关系。在明城墙范围内，保护和恢复历史街区、人文遗存，形成由一环、三片（北院门、三学街、七贤庄历史文化街区）、三街（湘子庙街、德福巷、竹笆市）和文保单位、传统民居、近现代优秀建筑、古树名木等组成的保护体系，合理调整用地结构，改善老城城市功能，增强老城活力，通过一系列保护措施，逐步改变老城有古城墙而无古城的局面，构建具有古城特色的和谐西安。[①]

第四节　历史遗址与城市空间结构协调性评价

一　历史遗址与城市空间结构协调性评价

对于历史遗址分布较为密集的城市而言，不同区位的历史遗址因其与城市空间相互作用所经历的时间长短和发展阶段不同而在都市空间扩展中面临着不同层面的问题。以西安为例，选取西安城市范围内具有代表性的 15 处历史遗址作为主要研究对象，包括汉长安城遗址、秦阿房宫遗址、周丰镐遗址、明城墙遗址、兴庆宫遗址、唐大明宫遗址以及茂

---

① 和红星：《西安於我：一个规划师眼中的西安城市变迁（2）·规划历程》，天津大学出版社，2010，第 116～125 页。

陵、平陵、延陵、康陵、渭陵、义陵、安陵、长陵、阳陵，拟对历史遗址与城市空间结构的协调性进行定量分析。各个历史遗址在城市空间中的分布如表5-1所示。

表5-1　西安城市范围内历史遗址区位分布

	大遗址
核心区	明城墙遗址、唐大明宫遗址、兴庆宫遗址
发展区	周丰镐遗址、秦阿房宫遗址、汉长安城遗址、杜陵、霸陵
边缘区	茂陵、平陵、延陵、康陵、渭陵、义陵、安陵、长陵、阳陵

1. 评价方法

本节拟采取主成分分析法对大遗址保护与都市圈空间协调性进行定量评价。所谓"空间"是研究对象综合状态的反应，本节所研究的大遗址保护与都市圈空间协调性主要体现在大遗址本体保护情况、以大遗址为核心的产业发展状况、大遗址周边城市区域的环境质量以及大遗址周边居民生产生活状态四个方面。基于上述四个方面的因素，本节设计了本体保护、经济发展、环境质量、社会环境四个层面的10项指标。如表5-2所示。

表5-2　评价指标体系

一级指标体系	二级指标体系
本体保护	保护规划完成情况
	保护规划实施情况
	文物保护情况
经济发展	产业发展方向明晰度
	产业发展形势
环境质量	生态环境
	景观环境
	交通环境
社会环境	当地居民生产生活状态
	公共空间建设

鉴于指标体系所含内容的广泛性，以及指标数据获取的困难，课题组通过与西安都市圈范围内大遗址管理部门的座谈以及专家打分，得出各大遗址各项指标得分。如图 5 - 2 所示。

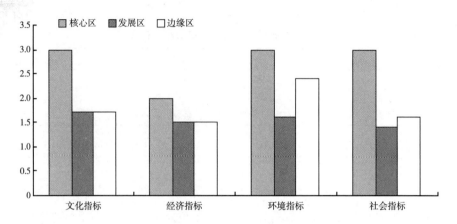

图 5 - 2　都市圈不同区位大遗址评价指标数据比较

2. 评价结论

通过对都市圈不同圈层范围内大遗址各项指标的综合，得出不同圈层范围内的大遗址在文物保护、经济发展、环境建设以及社会环境方面具有不同特点的结论。

（1）核心区

核心区范围的大遗址由于与城市空间相互较量时间较长，经历了"摩擦期"后，其与城市空间建立了良好的共处关系，与整个城市"水乳交融"，成为城市中不可分割的一部分。其在本体保护接近极致的同时，在文化产业发展、环境空间以及社会环境建设方面均明显胜于其他大遗址。以西安明城墙以及唐大明宫遗址为例，明城墙自西安市第一轮城市总体规划发展至今，已然成为西安历史文化名城的名片，经历了顺城巷改造后，历史环境与街区环境交相辉映，成为游客最喜欢的旅游景点之一。经过棚户区改造后的大明宫一改"脏、乱、差"的城中村形象，成为市民休闲、游憩的公共空间，同时也带动了周边房价的升高。

（2）发展区

该圈层范围内的大遗址是城市空间与大遗址保护矛盾表现最激烈的区域，一方面城市空间的拓展已经蔓延至大遗址脚下，另一方面大遗址之上所附着的自然村落经济发展迟滞不前，村落环境衰败不堪。由于长期受到当地居民生产生活的干扰，土质类遗址本体损毁比较严重，遗址区几乎没有与文化遗址相关的产业发展，生态环境没有得到妥善的维护，景观环境与文化遗址氛围不符。这类虽位于城市近郊，但由于长期没有得到完善的开发，交通等公共设施建设游离于城市发展空间之外。西安的丰镐遗址、秦阿房宫遗址、汉长安城遗址是周、秦、汉文化的典型符号，超高的文化价值之下，是整个遗址区附着的衰败的城中村落。其中汉长安城部分遗址已经开始申报世界文化遗产，借此机会其中9个村落已经完成整村拆迁，但遗址区经济的可持续发展仍然是困扰文化管理者的问题之一。

（3）边缘区

都市圈边缘区的大遗址由于距离城市建成区较远，受城市空间扩张影响较小。除了已经开发完善的著名旅游景点，如秦始皇陵、阳陵、茂陵外，多数遗址仍处于千百年来的自然发展状态，遗址管理部门没有专门制定文物保护与开发规划，除了少量的旅游门票收入外，没有其他相关文化产业。与此同时，正因为遗址区受居民生产生活扰动较小，保护了遗址区生态环境和景观环境，遗址区居民除了少量的建房取土外，能与大遗址和平共处。位于西咸新区秦汉新城范围内的平陵、延陵、康陵等汉代帝陵带被植被覆盖，遗址区生态环境较好，景观环境与帝陵文化氛围相符。

二　大遗址区与都市圈空间协调发展路径分析

1. 促进大遗址区空间"再生"

空间"再生"是指"机体的一部分在损坏、脱落或截除后重新生成的过程",包含"正常生命活动中的重新生成",物品"损伤后的修复"及"旧物""进行加工,使复旧有性能"等含义。城市同有机体在不断生长、发展之中必然有"再生"的过程,城市空间也有不断"重新生成""修复""恢复"的过程。随着城市空间的拓展,大遗址不断融入新的城市发展空间,成为城市"有机体"的一部分,与城市发展相互影响。在城市的发展过程中,大遗址区面临着城市空间再生的多种选择。对于都市圈发展区范围内的大遗址区来说,要逆转其逐渐发展为城中村的发展态势,转变大遗址区在都市圈中的"城中村"的尴尬地位,将对大遗址本体保护造成严重影响的因素,如人口密度的增加以及建设强度大降低到最小状态。与此同时,大遗址区要积极引入新的城市功能,建设新的文化设施。

2. 构建大遗址区多元特色开放空间

以历史文化为核心的城市公共空间能够反映空间中个人、家庭或团体的生活体验和记忆,从而把个体与更大一层次的集体记忆和价值相关联,是城市文化和精神价值的承载物,在城市生活和城市文化中占有重要地位。由公共空间所激发的共同记忆或感受使空间中的个人产生对自我身份(self-identity)的认知[1],同时也成为超越个体的维系社会和文化的纽带。因此,对于意义重大的历史资源要素在现代城市空间中的塑造,可以结合城市开放空间体系布局,建设具有地方感和历史感的特色开放空间,同时应当特别重视边缘景观和外延景观的烘托呼应和协调,使其与来自境外的协调美、呼应美产生良性循环的效果。

3. 建设大遗址区和谐社会空间

和谐社会空间是大遗址保护与都市圈空间协调发展的重要方面,没有大遗址区居民生活的安居乐业以及对大遗址保护的积极态度,二者在空间上的协调也将成为空中楼阁。受大遗址保护的限制,都市圈发展区

---

① Proshansky, H. M., Fabian, A. K. and Kaminoff, R., "Place-identity: Physical World Socialization of the Self", *Journal of Environmental Psychology*, Vol. 3, 1983, pp. 57 – 83.

范围内大遗址区居民的经济发展长期受到制约，以致居民对于大遗址保护持冷淡甚至反感态度，严重违背了大遗址保护的初衷，更不利于和谐社会的建设。因此，对于都市圈而言，以大遗址保护和城市建设为契机，促进大遗址区和谐社会空间的建设，是实现多重利好结果的有效之举。因此要积极引导都市圈发展区范围内大遗址区的居民生产生活方式的转变，在有条件的情况下实现居民搬迁。

4. 发展大遗址特色文化产业空间

都市是各种经济力量和社会力量的综合体，大遗址是历史文化元素的集合体，两者的互相碰撞与磨合必然促进文化产业的发展。充分挖掘大遗址的文化价值，并使之产业化，打造以大遗址为核心的文化产业空间，能够通过产业发展反哺大遗址保护，以弥补文物保护资金的缺失，在突出城市文化特色，塑造城市文化品牌的同时，将城市的文化"软实力"变为"硬实力"，实现文化繁荣与经济发展的双赢目标。因此，随着都市圈空间的扩张，发展区和边缘区范围内的大遗址应加快制定文化产业发展方略，充分调动居民、企业、其他社会力量等各个利益主体参与到遗址保护与产业发展中去，从而更好地发掘和保护城市的文化资源，推进文化创新与繁荣。

三 大遗址保护与都市圈空间协调发展机制

（一）管理层面

1. 扩大市文物保护部门职能范围，加强与城市相关职能部门的沟通

当前大遗址保护工作不仅仅是对遗址本体的保护，更涉及城市环境、经济、社会等各个方面。我国当前文物保护部门的职能范围仅限于负责各级重点文物保护单位的文物保护工作，但文物只限于静态的而且是"点"式的保护，对于整个城市历史文化环境和社会环境以及产业发展则无力涉及。因此有必要扩大文物保护部门的职能范围，在现有的建设部门下设一个专门机构，由文物部门、规划部门、文化部门抽调相关人员组成，负责城市历史文化资源调查、信息管理和发布，配合规划部门，对

城市历史文化资源保护和利用进行系统的规划，并制定相应的设施方案。与此同时，定期开展与城市相关职能部门的深入沟通，加强相关领域的合作，使文物保护工作在城市空间发展的框架下实现高效、可持续的发展。

2. 设立国家大遗址保护特区，争取国家政策支持

在大遗址分布密集区设立国家认证的大遗址保护特区，争取实现中省共建、省市共建，从更高的层面上在文物保护、财政、税收、土地规划等方面加大对大遗址保护工作的投入和支持力度。

（二）规划层面

1. 宏观层次——城市空间发展战略的文化导向

城市是一个不断发展、更新的有机整体，城市现代化建设是建立在城市历史发展基础之上的。对于历史文化信息丰富的城市而言，大遗址所构成的人文物质空间则构成城市空间结构特色，因此城市空间发展战略要坚持历史文化导向，凸显城市的丰富文化内涵。

2. 中观层次——大遗址区的空间再生

在当前城市空间特色趋同的发展背景下，城市特色文化空间的打造对于城市来说成为稀缺品，并成为影响城市文化软实力的重要支撑。近几年我国大遗址保护开发的经验证明，大遗址是承载着众多历史信息的文化载体，通过保护性开发将其打造成具有历史特色的城市空间，使其成为都市空间特色的最佳元素。

3. 微观层次——项目设计和空间环境整治方案

针对大遗址区经济发展缓慢、整体环境质量较差的局面，通过对大遗址区的保护与开发，可以再次激发遗址区发展动力，营造良好的城市环境空间。

城市历史文化资源的保护和利用必须符合城市建设的诸多社会和技术要求，创造一个适应现代生活方式的永恒的活力来源；现代城市强调功能，而历史文化资源提供了充分的视角和心理上的美感，积极的动态保护和合理利用，就是将功能和审美有机结合起来。

长效的整体规划不仅是现代城市发展的规划通则，也是历史文化资

源保护的一般做法。整体规划的前提是，每个城市必须详细掌握历史文化资源的数量、分布及其价值等，这方面的信息多通过资源调查获得。对历史文化资源进行分类，制定不同的修复保护和开发利用方案。

（三）政策层面

1. 完善相关财税制度

加大文物保护基金支持力度。我国大遗址保护普遍存在文物保护资金投入不足的现象。目前我国已经设立了文物保护基金，但是资金有限，只限于国家重点保护的遗址，而省级以下的遗址很难得到资金上的支持。因此，需扩大国家层面的文物保护基金支持力度和支持范围，加大大遗址保护资金投入量，建立与中央财政的直接通道。

建立大遗址保护区财税补贴制度。对于大遗址分布密集的区域而言，一方面，丰富的文物资源增强了整个中华民族的认知度和自豪感；另一方面，大遗址保护工作的特性在一定程度上限制了区域经济的发展。对遗址规划区域内以农业为生的农民，也可以按照其耕地所占遗址面积来给予一定的收入补贴，使其达到城市居民的最低生活保障水平，并建立审核和检查机制，及时更新情况。对遗址占地比重较大的区、县、乡、镇的企事业单位，根据不同等级的遗址，实行差额税收减免政策以促使其进行有效的保护，同时可以对保护突出的单位给予一定的物质奖励和授予荣誉称号。

2. 明确大遗址土地使用权属

文物保护基层管理部门在执法工作中常面临因土地权属而导致执法不力的问题。大遗址上所附着的村落村集体对大遗址所占土地拥有所有权，承包者拥有使用权，村民在建造房屋、打井、挖鱼塘等过程中对大遗址本体造成难以修复的破坏，而大遗址管理部门在执法过程中常常因为土地权属而遭遇到村民的强烈阻挠。因此，明确大遗址区土地的权属，设立专门的文物用地，将有利于大遗址保护工作的顺利开展。

第六章

城市空间结构优化与国际化大都市建设

　　随着城市建设的持续推进，城市空间结构会随之产生与之相适应的调整，并从宏观政策层面指引城市空间的发展方向。本章以西安为例，探讨了城市发展建设过程中城市空间结构优化问题。大西安建设提出十几年来，一直鲜有突破性进展。其中，城市空间结构一直是困扰大西安建设的重要问题。2016年底，陕西省委、省政府与西安市在思想意识上达成一致，决定省市联手共建大西安，在省市共建框架下，大西安城市空间结构优化面临最好的历史机遇。

第一节　西安城市空间结构演变历程

一　1949年之前西安城市空间格局演变

1. 古代都城时期

　　《周礼·考工记》规划思想的宏观指导奠定了西安作为都城时期的城市空间形态。周文王在沣河两岸建立了中国最早的双子城丰京和镐京，两京虽隔河相望，实则为有机联系的整体。《周礼·考工记》对其的描述为："匠人营国，方九里，旁三门，国中九经九纬，经涂九轨，左祖右社，前朝后市，市朝一夫"。这是我国古代最早的有关城市的记载，对中国古代都城的建设有着深远影响。此后不论是渭水贯都的咸阳宫、象征星斗的汉长安城，还是雄踞六坡的隋唐长安城，都始终贯穿着"山水相连、龙脉并列、棋盘路网、象天法地"的城市形态。

2. 明清府城时期

唐末长安城遭到毁灭性破坏，留守长安的韩建以抱残守缺之举弃宫城和外郭城，将皇城改建为新城，历经五代、北宋、金、元，城市格局无大变化。

明洪武二年（1369 年）设西安府，扩建城垣，除西、南面仍依韩建时的新城位置外，北、东两面向外扩展约 1/4。由于历史与地形的限制，明长安城以今东、西大街为界分为南北两半，北半部面积为南半部的两倍。城内主要建筑如西安府治、按察使司署、贡院、长安县署等绝大多数在西半部，东半部仅有咸宁县署和秦王府。明神宗万历十年（1582 年），钟楼从西大街迁至今址，成为直对东、西、南、北四个城门和四条大街的城市中心标志（见图 6 - 1）。

清代西安城市布局的最大变化是建立"满城"。清顺治六年（1649 年），将北大街以东、东大街以北约占全城 1/3 的城区筑墙设防，成为"满城"。"满城"、南城军事区加上陕甘总督、陕西巡抚、陕西布政使治所和府县衙署等，全城面积的一半以上被兵营、官衙占据，居民人口和经济重心完全被挤压到城区的西半部。至此，西安成为清代城池封闭和落后的典型代表。

3. 民国时期（1912～1949 年）

民国时期城市空间格局的演变主要表现为城中城格局的突破和城门的增辟。1911 年，西安新军响应武昌起义攻陷满城，清代以来形成的以满城为重心的城中城格局彻底被打破，城市以钟楼为中心，以东、西、南、北四条大街为道路主干，分别向东门（长乐门）、西门（安定门）、南门（永宁门）、北门（安远门）四个方向对外延伸，使以西安钟楼为中心的十字形道路骨干构架的交通功能全线畅通。随着多个城门的开通，城内交通更加便利，城市空间趋于开放。

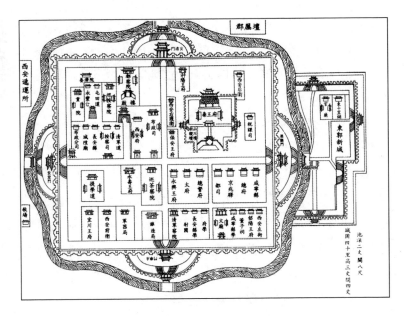

图6-1 明代西安城空间布局

资料来源：任云英著《近代西安城市空间结构演变研究（1840～1949）》，
陕西师范大学博士学位论文，2005。

抗日战争爆发后东部城市逐步沦陷，东部城市的资金和技术不断流入，西安成为民用和军需生产供应的大后方，西安人口有较大幅度的增加。陪都时期西京市政建设委员会分别于1937年和1941年制定了《西京市分区计划说明》《西京计划》，将西京市区划分为行政区、古迹文化区、工业区、商业区、农业试验区、风景区六区。古迹文化区，包括了汉长安城、隋唐长安城以及太液池、阿房宫、镐池、昆明池、含元殿、丹凤门、大雁塔、唐曲江池等；行政区在西安城南凤栖原；商业区在旧城区；工业区在车站北郊；农业试验区在南郊神禾原、子午镇一带，东临洋河，西濒大峪河，北滨潏河，南至终南山脚的区域为农业试验区域；风景区以终南山西"自户县东南圭峰山，入境至蓝田县西南终止，占长安南界之全部，东西八十余里"，包括"清华、翠微、五台、翠华等山"（见图6-2）。虽然规划最终并未实现，但首次在官方的规划中对城市功能区做出划分，在西安城市建设和发展中仍具有重要的积极意义。

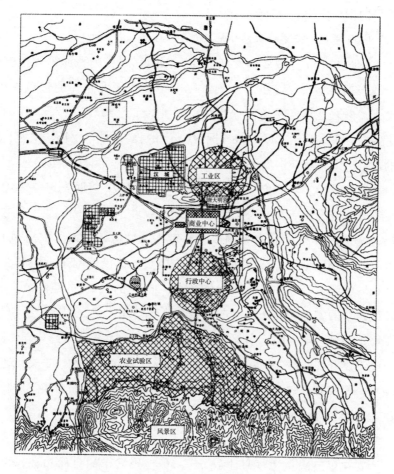

图 6 − 2 《西京市分区计划说明》功能区分布

资料来源：任云英著《近代西安城市空间结构演变研究（1840～1949）》，陕西师范大学博士学位论文，2005。

二 1949年以来西安城市空间格局演变

1949 年后，西安先后于 20 世纪 50 年代、80 年代、90 年代以及 2004 年编制了四次城市总体规划。总体上看，该四次总体规划均延续了西安古城的传统格局，同时结合城市经济社会发展需要，确定了与不同时期发展需要相适应的城市空间结构形态，对西安城市空间演变起到了积极的指导作用。

1. 1950 年代西安第一次总体规划

为适应城市经济恢复和发展需要，在国家"变消费城市为生产城市"政策指导下，西安作为"一五"时期国家工业布局的重点城市，确定了"以轻型精密机械制造和纺织为主的工业城市"性质。在苏联专家的指导下，应用苏联的城市规划理论和经验，继承发扬了隋唐长安城的规划传统，坚持棋盘式道路格局，形成城市道路骨架，以工业项目建设为中心开始了老城的扩建与改建。1953～1972 年西安市总体规划确定的城市空间布局为：西安市以旧城为中心，向东、南、西三个方向扩展，城市道路格局没有大的变化。对于旧城区，采取"充分利用，基本不改建"的原则，以保护古城风貌，城市建设范围基本控制在东至纺织城，西至西户铁路，南至吴家坟，北至纬十二街的空间范围内。初步确定了西安的功能分区：市区中心为商贸居住区，东郊为纺织城、军工城，西郊为电工城，南郊为文教区，北郊为大遗址保护与仓储区。城市建设避开周、秦、汉、唐四大遗址地区，保护了大批历史文化遗址和文物，同时，吸取汉、唐长安城市规划和建设的传统，沿袭了唐长安城棋盘路网和轴线对称的整体格局。

2. 1980 年代第二次总体规划

西安在第二次总体规划中继承了 50 年代城市的总体布局，提出"保存、保护、复原、改建与新建开发密切结合，把城市各项建设与古城传统特色和自然特色密切结合"的原则。规划提出继承历史传统，保护古城风貌的新观点，确定了显示唐长安城的宏大规模，保持明清西安的严整格局，保护周、秦、汉、唐的伟大遗址的古城保护原则，强调了要把西安建成有特色的城市。《西安市 1980—2000 年城市总体规划》确定中心市区面积 162 平方公里，市区范围控制在东到纺织城、南至吴家坟、西到三桥、北到龙首原的空间范围内。在城市结构形态方面，确立了以明城的方整城区为中心，继承和发展唐长安城棋盘式路网、轴线对称的布局特点，以显示唐城的宏大规模，保持明城的严谨格局，保护周、秦、汉、唐重大遗址为特点，选择了新区围绕老城发展的结构模式，形成了较为理想的中心城市的完整形态。城市主要向东南、西南两个方向发展，开辟新的功能区，构筑起西安现代城市的基本框架。

3. 1990 年代第三次城市规划

《西安市 1995—2010 年城市总体规划》确定了城市形态为以明西安城方整的城区为中心，继承唐长安城棋盘式路网和轴线对称的布局特点，新区围绕旧城、发展外围组团的结构模式。市域布局形成功能各异的大九宫格局：城市中心为唐长安城，发展成商贸旅游服务区；东部依托现状发展成国防军工产业区；东南部结合曲江新城和杜陵保护区，发展成旅游生态度假区；南部为文教科研区；西南部拓展成高新技术产业区；西部发展成居住和无污染产业的综合新区；西北部为汉城遗址保护区；北部形成装备制造业区；东北结合浐灞河道整治，建设成高尚居住、旅游生态区。第三次城市总体规划以"中心集团、外围组团、轴向布点、带状发展"的新格局为特色，形成中心城市、卫星城、星罗棋布的建制镇三级城镇体系；开辟了高新技术产业开发区、经济技术开发区、现代农业综合开发区、曲江旅游开发区、浐河经济开发区、未央湖旅游度假区以及区县工业园区等。这一时期，在西安主城区范围内，相继在城市西南和正北方向成立两个国家级开发区，即西安国家级高新技术产业开发区和西安国家级经济技术开发区，并以高新技术产业开发区为增长极，城市用地向西南方向快速扩张。

4. 2004 年第四次城市总体规划

第四次城市总体规划突破了西安市辖区的范围，将咸阳市纳入规划范围，大西安的视野和格局也在此轮规划中初步形成。在本次规划中，大西安城市空间发展模式确定为"九宫格局，棋盘路网，轴线突出，一城多心"的空间布局模式，形成东接临潼，西连咸阳，南拓长安，北跨渭河的格局，形成虚实相当的大九宫格局。以古城为中心，轴向伸展，沿"米"字形方向，南北生长。即以 84 平方公里的唐长安城为中心，北面为泾河工业城高陵，南面为体现长安文化的韦曲，东面为以秦兵马俑和唐华清池而著称的临潼，西面为咸阳，东北方向为阎良航空科技城，东南面为蓝田玉石城，西北方向为三原，西南方向为周至老子文化城和户县农民画城。这一时期，除了先期成立西安高新区和经济开发区外，西安浐灞生态区、曲江新区、西安国际港务区、航天产业基地等国家级开发区纷纷成立。随着西安各个开发区的成立、开发区基础设施建设逐步推进以及产业项目纷纷入驻，城市形态沿着开发区方向实现了跨越发展。

三　当前西安城市空间结构存在的问题

（一）圈层式扩张导致的大城市病问题

尽管西安第四轮城市总体规划确定了"组团式"发展的布局模式，但长期以来，中心城区城市功能和产业过于集中，基础设施建设水平和土地开发效益与外围组团形成了巨大的反差，导致西安始终保留古都南北长安龙脉的城市主轴，以钟楼为核心的东西横轴的框架结构，西安城市空间扩展始终以古城为中心呈圈层式扩张态势。这一问题导致城市功能过于集中在中心城区，同时造成城市增容和扩建道路与交通拥堵之间的恶性循环。根据高德地图发布的 2016 年《中国主要城市交通分析报告》，在全国 45 个主要城市中西安交通拥堵状况排第 17 位，其中位于中心城区的新城区和莲湖区居全国最堵区（县）前 10 名。

（二）三区分治导致古城保护难以为继

目前，西安古城在莲湖区、新城区、碑林区的管辖范围之内，以东大街和永乐路为界将碑林区与新城区划分为南北，以北大街为界将新城区与莲湖区分割为东西。三区行政辖区面积空间较小，人口密集度过高，在一定程度上制约了中心城市集聚和辐射功能的发挥，也制约着老城区的合理改造。尽管 2004 年西安市第四轮城市总体规划制定了详细的"唐皇城复兴计划"，但三区分治管理体制导致古城保护难以实现统一协调。如莲湖区管理下的西大街以唐式风格著称，碑林区管理下的东大街以明清建筑风格为主，新城区管理下的解放路则以现代建筑为主。

在旧城改造的市场化推动下，雄伟的唐皇城被淹没在水泥丛林之中，"唐皇城复兴计划"难以真正落实。

（三）产业布局零散导致集聚效应不强

自1990年西安第一个开发区——西安国家级高新技术产业开发区成立以来，西安相继成立了西安国家级经济技术开发区、西安阎良国家航空高技术产业基地、西安浐灞生态区、西安曲江新区、西安国家民用航天产业基地、西安国际港务区、西咸新区以及西安渭北工业区七区两基地，"七区两基地"在整个市域形成"围合"状的开发区布局形态，开发区已然成为西安城市空间拓展的主力军。如图6-3所示。

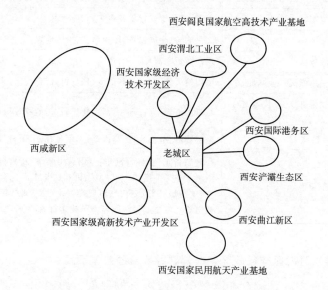

图6-3 西安"七区两基地"空间分布

根据各开发区制定的产业发展规划，开发区主导产业存在明显的产业同构、同业竞争现象。如西安国家级经济技术开发区、西安国家民用航天产业基地、西咸新区均将新材料产业作为主导产业，西安国家级高新技术产业开发区、西安国家级经济技术开发区以及西安渭北工业区均将汽车、交通运输设备、能源设备等制造业作为园区产业发展的主要方向。开发区产业发展方向同构引发同一产业类别在多个开发区之间分散分布,势必会导致各开发区在争取项目落地时出现恶性竞争现象,同时致使开发区产业聚集度偏低,产业链不够完整,产业配套能力不强,纵向产业链有效的分工和协作机制没有建立,本地配套率不高,产业集群的竞争优势尚未形成,缺乏具有全国影响的产业集群(见表6-1)。

表6-1 西安各开发区主导产业

名称	主导产业
西安国家级高新技术产业开发区	电子信息、先进制造、生物医药和现代服务业
西安国家级经济技术开发区	装备制造、电力电子、食品饮料、新材料、光伏半导体
西安浐灞生态区	会展、商务等现代服务业
西安曲江新区	文化旅游、会展创意、影视演艺、出版传媒
西安国际港务区	现代商贸物流
西安国家民用航天产业基地	民用航天技术应用、新能源、新材料、信息技术、装备制造
西安阎良国家航空高技术产业基地	整机制造、零部件加工、航空新材料、维修改装培训
西咸新区	空港物流、节能环保、高端制造、信息技术、新材料、物联网
西安渭北工业区	高陵装备工业组团:汽车、专用通用装备、新材料等产业;阎良航空工业组团:大中型飞机制造与产品配套、通用航空、航空服务等产业;临潼现代工业组团:现代装备制造、机电设备制造、新能源、新型科技建材等产业

（四）开发区与行政区条块分割导致管理效率不高

西安开发区普遍存在跨多个行政区县的现象,如表6-2所示。在这种情况下,开发区二元管理和交叉管理现象比较普遍。尽管开发区管委会及支撑体系依市级职能部门授权与行政区职能部门依职权共同管理开发区,但由于授权范围、程度以及行使职权能力的差异,开发区整体呈现城乡二元管理和业务交叉管理的格局,并不同程度地存在于各区城管执法、工商管理、户籍管理、社会保障与就业、公共服务和社区管理等领域。随着开发区范围的不断扩大,产业集聚能力的不断增强,经济要素和人力资源日益集中,开发区已由原来单纯的产业集聚区转向了生产、生活和商贸结合的综合区，被征地农民的安置、新建小区的管理、环境保护、文化教育、医疗卫生等社会问题日益突出，原有的管委会体制已不再适应城市功能多元化的要求，必然要求相应服务职能链条延长，而开发区与多个行政区之间因利益分割而产生的管理摩擦与掣肘使得开发区管理效率下降，一定程度上影响了开发区的经济职能和创新体制的发挥，开发区"小机构、大服务"精干高效的管理构架面临着膨胀压力。

表 6 - 2   西安开发区所跨行政区情况

开发区	面积	所在行政区
西安国家级高新技术产业开发区	283.57 平方公里	雁塔、长安、西鄠区
西安国家级经济技术开发区	113.7 平方公里	未央区、灞桥区、高陵区
西安浐灞生态区	129 平方公里	灞桥区、未央区、雁塔
西安国际港务区	120 平方公里	灞桥区、临潼区、高陵区
西安国家民用航天产业基地	86.64 平方公里	雁塔、长安区
西咸新区	882 平方公里	西安市的长安区、西鄠区以及咸阳市秦都区、渭城区、兴平市、泾阳县

（五）西咸两市貌合神离导致大西安建设迟滞不前

早在 2000 年前后，陕西省社科院研究员张宝通在主持策划西部大开发陕西思路时，就提出西安咸阳必须实现一体化发展的观点，西咸一体化是历史发展的趋势，更是建设大西安的必然选择。此后，尽管学界关于"西咸一体化"的呼声颇高，但西咸一体化踌躇十年有余，由于面临体制改革上的桎梏，依然没有突破性的进展。2012 年为了加快推进西咸一体化进程，西咸新区成立，2014 年西咸新区升级为国家新区后，由"省市共建、以市为主"变为"省市共建、以省为主"，西咸新区依然未让两座毗邻的城市更近一步，而是将二者各自推向相反的方向来寻求发展空间：西安朝东北方向成立渭北新城，咸阳朝西北方向建设北塬新城，形成西安、西咸、咸阳三足鼎立的局面。西咸一体化的重重困难导致大西安建设严重滞后，并错失了大城市国际化发展浪潮的先机。

第二节 西安城市空间结构优化

一 优化路径

（一）多轴线放大城市空间格局

作为世界四大古城之一，西安有着骄人的悠久历史文化，城市空间依然保留着历史的记忆，这些是西安不同于其他现代城市的特色之处，更是西安对外形象的重要名片。在当前百舸争流的时代背景下，大西安城市空间发展需要跳出古城思维，在尊重历史文脉的基础上，突破现有的南北长安龙脉城市主轴以及以钟楼为核心的东西横轴的框架结构，结合西安城市发展现状与规划，在西咸一体化框架下，因地制宜地规划若干条具有强烈现代气息和强大经济承载力的城市发展新轴线，从而减轻城市经济发展对古城保护带来的压力，扭转城市空间圈层扩张的趋势，实现西安城市空间扩张的突破发展。

在加快推进西咸一体化发展背景下，西安向西发展，推进与咸阳地区在空间上的衔接已经成为历史选择。作为大西安经济发展的核心优势，科技创新已然成为促进大西安经济发展的主旋律。因此，在周丰镐京轴线的基础上，以西咸新区为核心，南北延伸链接西安高新技术开发区国家自主创新示范区、昆明池遗址、周丰镐京遗址、沣东新城统筹科技资源改革示范基地、西咸新区信息产业园、能源金融贸易区、五陵原帝陵带，使山、水、城在这条轴线上充分融合，形成大西安的科技创新引领发展轴。未来在全面创新改革试验区以及自贸区的政策推动下，该轴线将围绕科技创新、产业融合及资源整合，并以此为核心动力，引领未来以大西安为核心的关中城市群的发展。

专栏 6 – 1 世界城市轴线案例

北京——以故宫为内城核心的南北中轴线穿过全城，该轴线为北京南北中轴，但由于被紫禁城和景山隔断，南北难以穿越，除非从空中鸟瞰，否则不易为人感知。东西向的长安街逐渐成为北京城的又一主要轴线，首都重要机关和建筑沿此轴线布置，阅兵式等重要政治仪式亦沿长安街行进。进入 21 世纪后，北京成功申奥后建设的奥林匹克公园，以及复建的永定门又一次强化了北京原有南北轴线。

巴黎——17 世纪下半叶路易十四统治时期，巴黎经历了大发展，以罗浮宫为主的中心建筑群和香榭丽舍大道构成的主轴线初步形成。到 19 世纪中叶拿破仑三世执政时，由奥斯曼主持对巴黎进行了较大的改建，完成了城市纵横两条轴线和两条环路的建设，使得巴黎城市轴线体系开敞丰富，其特点主要是市主轴线与塞纳河平行，充分利用宽阔的水面和绿地，使城市空间开朗明快。

华盛顿——在方格路网的基础上确定主要的节点，并开辟连接这些节点的对角放射大街。由国会向西的轴线延伸至林肯纪念馆，长约 3.5km，由白宫向南的较短轴线延伸至杰斐逊纪念亭，两轴线相交于华盛顿纪念碑（方尖碑）。轴线两侧布置着政府机构以及博物馆和美术馆等具有纪念意义的公共建筑，轴线中央是林荫绿带和大片狭长水面。

启示：两大中轴线大框架下的北京城市空间呈圈层扩张态势，导致城市单中心发展格局历经多年难以改变，城市空间弊病积重难返，大城市病问题重重。反观巴黎和华盛顿，城市发展轴线不局限于古遗址区、老城区，而是利用水域、绿地以及新的交通发展轴积极开辟新的更加开放的城市空间轴线，既减少了老城区的交通压力，又为城市经济发展提供了更加开阔的空间载体。

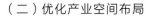

（二）优化产业空间布局

优化产业空间布局，整合提升开发区产业功能，是解决当前大西安开发区产业结构雷同、协同竞争力不强的应急之举，是关系到提升大西安产业综合竞争力，推动大西安实现追赶超越的长远之策。按照布局集中、产业集聚、土地集约的要求，遵循区域相邻、产业关联、错位发展、统一规划、分步实施的原则，实行差异化发展方针，打破开发区辖区限制，按现有发展基础与条件，有序推进"七区两基地"功能整合，最大限度提升和发挥开发区的整体产出效能，在大西安范围内构筑集约高效的产业空间格局。

根据"七区两基地"产业发展现状与基础，推动开发区功能整合，在大西安范围内构筑科技产业、现代工业、商贸物流、文化产业四大特色功能板块，在板块范围内统筹产业政策资源，优化产业空间布局。科技产业板块：整合西安高新技术产业开发区、西安民用航天产业基地、沣东新城、沣西新城为大西安科技产业园区。打造大西安科技产业发展大平台。现代工业园区：整合西安经济技术开发区、西安渭北工业区、西安阎良航空高技术产业基地、秦汉新城。统筹优化现代工业空间布局，打造大西安现代工业空间板块。物流商贸板块：整合空港新城、西安国际港务区以及浐灞新区。充分发挥港口资源优势，打造大西安物流商贸空间板块。文化产业板块：整合曲江新区、汉长安城、大明宫、泾河新城。集中优势文化资源，打造大西安文化产业板块。

专栏 6 - 2　产业功能区整合案例

杭州市"两区合并"——2014 年，浙江省人民政府出台第 143号文件《关于各类开发区整合优化提升意见的通知》，意在推动浙江各类开发区整合优化提升，促进开发区转型升级、创新发展。2015 年初，杭州列出了"30 项年度重大改革"清单，把"推进市域产业园区整合优化提升"作为重要项目列入其中。随后，又密集出台了《关于加快推进杭州市开发区（产业园区）整合提升工作实施意见》，意在推进产业园区整合提升，再造一个杭州工业平台。2015 年 8 月 6 日，杭州出台了《关于实施杭州钱江经济开发区整合提升工作的若干意见》，明确了将钱江经济开发区和余杭经济技术开发区合并。2015 年 11 月 10 日，杭州市委市政府在余杭区召开余杭经济技术开发区、钱江经济开发区体制调整工作会议，两区合并。

广州"四区合一"——广州自 1998 年开始探索各种功能区的整合，先是将经济技术开发区与高新技术产业开发区两个国家级开发区实行合署办公，2002 年又把两个国家级的功能开发区——出口加工区和保税区合并进来，形成了"四区合一"管理体制，即四块牌子（广州经济技术开发区、广州高新技术产业开发、广州出口加工、广州保税区），一套管理机构。

启示：园区功能整合能够避免各区之间的相互竞争，由过去"各自为政"变为一个整体，在优惠政策、招商引资、规划建设等方面实现资源整合，使得不同功能区整合的优势得以充分发挥，资源从分散走向整合，管理走向高效化，有利于促进产业的集群化发展和土地的集约化利用。

（三）因地制宜推进特色小镇建设

特色小镇主要指聚焦特色产业和新兴产业，集聚发展要素，不同于行政建制镇和产业园区的创新创业平台。浙江利用自身的信息经济、块状经济、山水资源、历史人文等独特优势，打造了一批特色小镇，成功打破了浙江空间资源瓶颈，符合产业结构演化规律，是适应和引领经济新常态的新探索、新实践。2016 年国家发改委发布了《关于加快美丽特色小（城）镇建设的指导意见》，提出从各地实际出发，遵循客观规律，挖掘特色优势，体现区域差异性，提倡形态多样性，彰显小（城）镇独特魅力。在大西安建设过程中，因地制宜地推动小城镇建设，是经济新常态下加快区域创新发展的战略选择，也是推进供给侧结构性改革和新型城市化的有效路径，有利于加快高端要素集聚、产业转型升级和历史文化传承，推动经济平稳健康发展和城乡统筹发展。

大西安特色小城镇建设要以"政府引导、企业主体、市场化运作"方式，彰显产业特色、文化特色、建筑特色、生态特色，结合浓郁的地方特色和深厚的文化底蕴，把经典产业中蕴含的历史文化价值转化为商业价值。首先要坚持产业建镇。根据区域要素禀赋和比较优势，挖掘本地最有基础、最具潜力、最能成长的特色产业，做精做强主导特色产业，打造具有持续竞争力和可持续发展特征的独特产业生态，防止千镇一面。其次，坚持以人为本。围绕人的城镇化，统筹生产、生活、生态空间布局，完善城镇功能，补齐城镇基础设施、公共服务、生态环境短板，打造宜居宜业环境，提高人民群众获得感和幸福感，防止形象工程。最后，坚持市场主导。按照政府引导、企业主体、市场化运作的要求，创新建设模式、管理方式和服务手段，提高多元化主体共同推动美丽特色小镇发展的积极性。

（四）积极推动行政权力空间配置的调整

随着城市经济总量的不断扩大，产业分工也不断细化，城市对空间扩展的需求也不断强烈。由于行政区划的历史约束，城市自身建设用地有限，远远不能满足城市发展的需要，因此，调整行政权力的空间配置成为扩大城市发展空间的主要手段。西安城市空间面临三区分治导致的古城保护难以为继的问题，开发区与行政区条块分割导致管理效率不高的问题，以及最棘手的西咸一体化问题，归根到底都是管理体制的问题。因此，从多个层面对大西安进行行政区划调整，有助于适应大西安空间扩展的需要，理顺城区之间的行政级别和体制关系，加强对各种资源的优化配置和高效利用，提高经济运行效率，不断增强大西安的综合竞争力。

　　大西安行政区划调整主要从以下几个方面展开。一是多区合并。合并辖区范围较小的新城区、莲湖区、碑林区为皇城区，充分挖掘西安大唐历史文化资源，加快实施"皇城复兴计划"，将皇城区打造为展现西安悠久历史的特色空间。二是开发区与行政区合署。逐步将大西安范围内发展成熟的开发区与行政区合署，完善开发区行政区管理体系，突破开发区管理体制障碍，充分发挥开发区在大西安建设中的引领作用。三是市界重组。考虑将泾阳、三原、兴平、西咸新区、富平县划到西安市管辖范围，通过行政区划边界调整消除大西安规模扩张进程中的体制性障碍，扩大城市发展空间，从而有利于优化产业布局和降低行政运行成本，增大经济规模和城市竞争力。

专栏 6-3　我国行政区划调整案例

　　多区合并——广州旧城区中的东山区和越秀区历来都是行政、经济和商业中心，两区合并是对辖区内的商贸旅游资源的挖掘、整理，能有效整合区域内优质教育资源，使其在更大范围内共享共用，促进总部经济的大发展。正是由于两个区具有很大的相似性，合并后才便于融合和协调。而荔湾区是文化底蕴深厚的老城区，万商云集，各种专业市场齐全，但市场扩张的势头一直受行政区划的限制。而隔河相望的芳村区，发空间较广阔，又是全国著名的花市，具有很强的互补性，两区合并有利于双方的快速发展。

　　苏州平江、沧浪、金阊作为古城区，存在规模小、财政实力弱、发展同质化问题，2012 年，平江、沧浪、金阊三区合并为姑苏区，理顺了苏州古城保护开发的体制机制，有利于对古城实行统一的行政管理，还降低了行政管理成本，提高了行政效能。

　　开发区与行政区合并——青岛经济技术开发区与作为行政区的黄岛区合并，充分发挥了青岛经济技术开发区的体制优势和政策优势，带动了黄岛的发展，实现了两区优势互补。1992年山东省和青岛市政府将青岛开发区扩展到黄岛全区，开发区管委会与黄岛区政府合署办公，两块牌子一班人马，开了全国沿海城市把经济区与行政区融为一体的先河。

在广州经济技术开发区和南沙经济技术开发区分别新设立行政区——"萝岗区"和"南沙区"，正是为了从根本上加强对开发区经济社会的全面管理，理顺行政管理体制，这为两大开发区的经济腾飞扫清了行政体制障碍，为开发区的大发展注入了新的活力，也为我国其他城市解决开发的行政管理体制问题提供了很好的经验借鉴。

上海浦东开发区，在历经17年的大开发、大开放、大建设后，于2000年8月正式更名为浦东区政府，同时撤销了浦东开发区党工委、管委会，正式建立区委、区政府，并建立了区人大和区政协，成为上海市新的独立行政区，实现了从准政府向行政区政府的过渡。2009年4月，上海市撤销南汇区，将其并入浦东新区，使浦东新区的区界得以扩展，区内重大要素资源得以进一步汇拢与整合，重要产业聚集和引领功能大大增强。

撤市设区——2011年7月，国务院批准了安徽省撤销巢湖市，将合肥、芜湖、马鞍山三市行政区划做相应调整的方案。行政区划调整后，合肥市的发展空间得到有效解决，芜湖市消除了长江南北一体化的障碍，合肥、芜湖两市毗邻，在地域空间结构上存在明显的双核结构关系，在经济地域联系上更加直接。

启示：纵观我国大城市行政区划的调整，其都是在经济快速发展和空间约束的矛盾下发生的，都是在经济全球化的背景下，力图冲破行政区划的体制约束，争取更广阔的发展空间而进行调整的。总体上看，行政区划调整适应了大城市空间扩展的需要，有利于整合城市的各种资源，促进城市的快速发展。

二 对策建议

（一）统一思想认识

统一思想认识，凝聚奋进力量，深入学习贯彻习近平总书记关于城市规划建设的系列重要讲话，深刻认识国家赋予西安的职责使命，深刻领会建设大西安对陕西省跨越发展的重大意义。大西安建设已经进入攻坚期，一些问题之所以难推进、难解决，有的属于体制机制遗留的老问题，有的属于前进过程中出现的新问题，有的源自思想观念障碍，有的受到利益格局掣肘。逆水行舟，不进则退，我们要有强烈的忧患意识。未来一段时间内，我们要以此为总目标统领工作全局，凝聚全陕西省人民的思想、智慧和力量，朝着大西安建设的宏伟目标奋勇前进。

（二）加强顶层设计

大西安空间结构优化涉及面广、影响层面深，必须在充分借鉴其他地区成功经验的基础上，加强顶层设计，统筹协调推进，下大力气抓好发展方向和发展战略，在充分考虑面临问题及未来发展规律与趋势的基础上，提出突破已有思维惯性或现有法律政策框架的调整原则、思路和方案设想等。在完成"大西安新轴线建设规划"基础上，尽快启动大西安第五轮城市总体规划，通过城市总体规划，调控、引导大西安城市空间结构的调整与优化。按照"一区一主业"的原则，制定大西安产业发展规划，加强各园区产业发展宏观引导，科学、合理地优化产业空间布局。

（三）创新体制机制

探索开发区整合的机制和路径，创新园区管理体制和运行机制，促进园区产业分工和资源整合。充分借鉴国内外已有经验，推进开发区与行政区融合发展，创新开发区管理体制。打破西安市与咸阳市政府行政壁垒，调整充实大西安建设工作领导小组及其办公室，负责研究制定促进大西安空间结构优化的专项政策措施。建立完善大西安空间优化工作推进机制、综合考核评价制度和激励机制，把工作落实情况纳入机关效能监控体系。

（四）强化政策保障

研究并认真贯彻落实好大西安建设有关财税、融资、土地等支持政策，着力在规划编制、产业布局、审批核准及投资安排、资金补助、贷款贴息、财政转移支付等方面加大争取力度。支持开发园区扩区升级，制定鼓励园区合作共建的政策措施，着力在规划实施、开发建设、招商引资、产业发展、科技孵化、信息交流等方面制定优惠政策，尝试在GDP统计、税收分成、环境容量等方面建立共享机制。创新特色小镇建设投融资政策，大力推进政府和社会资本合作，鼓励利用财政资金撬动社会资金，共同发起设立美丽特色小镇建设基金，鼓励开发银行、农业发展银行、农业银行和其他金融机构加大金融支持力度，倾斜支持美丽特色小镇开发建设。

第三节　西安国际化大都市建设研究

一　西安国际化大都市定位的提出

西安建设国际化大都市理念的形成经历了一个由浅到深，由城市的概念化目标口号到大区域范围的功能定位和发展使命的过程。

早在2004年2月召开的西安市第十三届人大常委会第四次会议上，陕西省委副书记、西安市委书记袁纯清正式提出西安城市国际化、市场化、人文化、生态化的发展理念，并提出国际化是西安今后的发展目标。随着"四化"发展思路的厘清，2005年2月西安市委形成了《西安国际化、市场化、人文化、生态化发展报告》，认为城市作为经济全球化的节点和载体，在迈向现代化的进程中，应在更大的范围内、更高的层次上积极参与国际分工和竞争，以谋求更为广阔的生存与发展空间。以"历史文化特色的国际性现代化大城市"为目标，选择"内陆中心—外向型城市—国际都市"的战略，采取"重点突破、特色带动、持续推进"的策略，以西安的历史、教育、科技、文化和旅游等优势资源为战略启动点，突出重点，发挥特色，大力增强科技竞争力、文化竞争力和旅游业竞争力，以此带动其他领域的国际化。2009 年 6 月，国务院批复的关中—天水经济区规划提出，将西安（咸阳）大都市核心城市确定为经济区的核心与建设的重点，将核心区西安定位为一个"国际现代化大都市"，将其建设成国家重要的科技研发中心、区域商贸物流会展中心、区域性金融中心、国际一流旅游目的地、全国重要的高新技术产业和先进制造业基地。至此，西安的国际化定位从区域角度得到了进一步的提升。

二 国际化大都市概念及内涵

1. 国际化大都市概念

国际化大都市，又称为"国际性大城市"或是"全球性城市"，英国学者霍尔（Peter Hall）在他的著作《世界城市》一书中，第一次提出国际性城市或世界城市的概念。国际化大都市即在全球范围内，起到世界或世界某一大区域的经济枢纽作用的城市，它是世界经济活动越来越向国际化推进的产物。[①] 关于国际化大都市的定义，迄今为止还没有一个统一的标准或解释，但大多数学者比较倾向于认为，国际化大都市主要是指那些国际知名度高，拥有强大的经济实力或现代化服务和城市特色的国际人流、物流、资金流、信息流等的聚散枢纽城市，或简而言之，是指经济、社会、文化活动与国际交往密切的大都市。其实质是国际行业聚集量大、跨国交流活动频繁、辐射力和吸引力影响到国外，主要表现为城市功能国际化、城市社会和经济运行机制国际化、城市产业结构国际化、城市法规和管理国际化以及城市居民素质国际化等。

---

① 姚士谋：《长江流域国际化大都市建设的前景》，《地域研究与开发》1996 年第 15（1）期。

2. 国际化大都市的特点

国际化大都市在科学技术和社会改革的背景下，城市的经济、社会以及居民生活方式和生存环境的质量得到全面提高，不仅在世界经济中占有全球性的地位，而且这些城市所在的国家在世界政治上也占有比较重要的地位，这些城市具有全方面、综合性的国际影响力和辐射力。研究者们普遍认为，国际化大都市具有一些明显的共同特征，主要反映在以下几个方面。

（1）拥有广阔、发达的经济腹地。国际化大都市的发展历程，无一不是以周边广大的都市圈地区为城市功能辐射聚集的腹地，依托都市圈内合理的产业结构配置、便利的交通通信联系、完善的区域性基础设施和有利的自然人文环境资源条件，在与其他城市地区的竞争之中脱颖而出的①，腹地的发展水平直接决定国际城市的形成和发展，决定其全球控制能力的大小和作用方式。

（2）经济枢纽地位。国际化大都市具有良好的区位条件，处于世界或区域的中心，具有世界经济中心地位；经济发展水平高，对世界经济有较高的参与度和较强的竞争与渗透能力；在国际经济贸易活动中占有举足轻重的地位，是国际社会公认和国际经济运作认可的经济中心；在国际分工格局中居于国际经济的中心，并在世界市场中发挥重要作用。城市经济国际化的核心和本质表现为城市经济发展从地区分工走向国际分工，加入国际经济循环，对全球经济有较高的参与度和较强的竞争力。

（3）交通信息枢纽地位。基础设施的现代化既是城市现代化的重要标志，也是城市国际化的前提条件。国际化大都市呈现明显的区位优势，绝大多数是由在全国社会经济体系中占有绝对优势的首都城市发展成的，大都市区具有交通、通信和信息中心地位，设施齐全，现代化程度高，形成网络，能够为全世界大中城市进行经济联系和信息交流提供

---

① 曾峻：《国际化大都市政府管理体制的基本特征与发展趋势》，《世界经济与政治》2004 年第 11 期。

有效的、高质量的服务。绝大多数位于经济发达的沿海地带，是国际交通运输网上的重要节点，拥有重要的国际港口、国际航空港。

（4）科技文化交流中心地位。国际化大都市拥有高水准的科技、文化、教育设施和研究机构及相应的人才优势，具有多元的文化生活，在国际上有很强的文化辐射力和吸引力；高新技术产业高度发达，是新技术、新思想层出不穷的地方，是国际化科技教育中心，并且其凭借这种优势开展广泛而频繁的国际科技文化交流。

（5）产业结构高度化。第三产业发达而完善，能提供多层次高质量的国际性服务，包括金融、贸易、专业技术咨询、市场信息服务等生产性服务，成为全球或某一区域的商贸中心、金融中心和信息中心。

（6）具有很高的开放度和较强的国际行为能力。具有全方位开放的大环境，拥有大量的跨国公司、银行、国际组织和外国政府派出机构，并能组织国际金融业务和大型商贸活动，开展各种新式国际交流，促进国内经济与世界经济直接相融。这是国际化大都市的重要标志和本质特征。

（7）城市运行机制和管理法规国际通行。按国际规划办事，城市在经济、社会、文化、行政等各项活动的组织机构、调控机制、运行方式、管理体制和政策法规方面与国际化社会的通行惯例较好地协调与接轨。

（8）拥有开放的市场，成为国际经济、贸易中心和商务活动中心，具有很强的吸纳资金、人才、技术以及商品集散、资本流转的功能。

三　西安离国际化大都市还有多远

（一）经济实力的差距

一个国际化的大都市，不仅要在国内有着首屈一指的综合经济实力，能够带动国内经济发展，而且还要能发挥国际经济、金融、贸易中心的作用，这是一个国际化大都市的基础性、核心的条件。而西安市在这些方面与世界上真正的国际化大都市仍有不小的差距。人均GDP是反映城市经济发展整体水平的重要指标，而西安市目前的人均GDP虽已达到3742美元，但与发达国家仍有不小的差距，与当今国际化大都市平均水平的10000美元更是相去甚远。另外，在产业结构上，国际化大都市的第三产业增加值一般要占GDP的65%以上，而西安市2008年第三产业增加值只占GDP的50.1%。可见，西安市无论是在经济实力还是产业结构等诸多方面，与国际化大都市仍有较大差距。

（二）城市基础设施的差距

作为一个国际化大都市，其必须具备良好的城市基础设施。环顾全球，许多国际化大都市通常都有着异常发达的交通网，如伦敦拥有世界重要的港口，希思罗机场是世界最为繁忙的机场之一。另外，市内拥有350多条公共汽车线路、10条地铁线路等。与之相对照，西安市的城市基础设施就有着较大的差距，道路建设以及公共交通建设都远落后于其他国际化大都市。西安市空中运输的发展也相对迟缓，与国际化大都市平均水平相去甚远。

（三）对外开放水平的差距

高度的对外开放水平是国际化大都市的重要特点之一。目前，西安市已和179个国家和地区建立了贸易关系，对六大洲的出口实现全面增长。目前进驻西安的全球500强公司仅90家，远低于国际化大都市至少250家的平均水平，目前进驻西安的外国金融机构远远不足100家。国际旅游业的发展水平直接反映了一个城市的国际化水平，同时也是衡量一个城市开放程度的主要指标之一，2007年西安入境旅游100万人次，与国际化大都市的平均水平600万人次还有不小差距。举办国际会议是国际化大都市提升国际形象和知名度的重要途径之一，也是衡量国际化大都市对外开放水平的重要指标，按照4年举办国际会议80～90次的标准，西安还相距很远。

四 西安建设国际化大都市条件分析

1. 区域发展战略地位重要

特殊的地理位置、深厚的历史渊源和优越的资源条件与发展基础，决定了西安在我国东中西三大地带经济社会发展中，特别是西北地区发展中，具有承东启西，连接南北的战略地位，是国家实施西部大开发战略的前沿基地和西部地区最具发展潜力和带动影响作用的城市之一。以西安为中心的关中—天水经济区，是西北地区人口、城镇和经济密度最大的区域，能够为西北地区发展提供便利的技术、信息、金融、人才服务，在国家区域发展战略中发挥重要的引领、组织和带动作用。

2. 经济发展潜力巨大

特别是西安作为西北地区最大的中心城市和科教与国防装备工业基地，具有雄厚的科技实力和显著的综合经济优势。到目前为止，西安GDP增长率已连续9年保持在12.9%以上。西安国家级高新技术产业开发区、西安国家级经济技术开发区、西安曲江新区、西安浐灞生态区、西安阎良国家航空高技术产业基地、西安国家民用航天产业基地的建设日渐成熟，"四区两基地"的开发新区格局逐渐形成，成为西安科技成果转化的中心基地、对外开放的窗口和促进经济发展的新增长点。其中，西安国家级高新技术产业开发区是西安最强劲的经济增长极和对外开放的窗口，是我国发展高新技术产业的重要基地。西安国家级经济技术开发区是关中—天水经济区目前规模最大、资金最密集、技术含量最高的制造业聚集区。西安曲江新区面积扩至原来的2倍，是发展壮大旅游、休闲、文化产业的又一重大举措，对于促进西安文化产业跨越发展具有重大意义。西安阎良国家航空高技术产业基地是国家发改委批复设立和建设的首家国家级航空高技术产业基地，被首批认定为"国家科技兴贸创新基地"。此外，西安国际港务区开发建设将依托规划建设中的综合保税区和西安铁路集装箱中心站，承接沿海港口功能内移，通过多式联运，成为联结西北经济圈与环渤海经济圈、长三角经济圈、珠三角经济圈的重要枢纽型国际陆地港口和现代综合物流园区。

3. 交通区位优势明显

西安地处关中城镇群和沿 210 国道（榆林—延安—西安—安康）的省内生产布局和城镇发展轴线的交汇点上，以西安为中心的"米"字形交通网络将西安与省内其他九市一区连接成一体。随着高速公路网络的建设，西安的省际交通网络业日益完善。西安航空港是我国重要的国内干线机场、国际定期航班机场和区域性中心机场。现开通国内外航线 130 条，与国内 70 个城市通航。这就为西安建设国际化大都市提供了有利的基础设施条件。

4. 科教实力强大

教育综合实力和综合科技开发能力居全国前列。西安市大专院校和科研院所云集，是我国中西部地区重要的高等教育和科研设计基地，不少领域研究水平居国内领先或达到国际先进水平。西安市科学技术竞争力较强，在全国排名第九；研发设计指数仅次于北京、上海、天津、武汉，居第五位。目前已经形成高新技术和先进实用技术的开发与创新基地、开发区、产业园区、星火技术密集区等的建设布局，大大提高了高新技术和先进实用技术的开发与产业化，使西安在全国城市竞争中增强竞争优势，为西安建设国际化大都市奠定了良好基础。

5. 文化资源丰富

西安是世界四大古都之一、首批国家级历史文化名城。早在 110 万年前就有人类在此生活，并留下了大量的聚落遗址。此外，周、秦、汉、唐等 13 个朝代均在此建都，其独特的古都风貌不仅备受古今中外的文人、游客称道，而且构成了当代西安的城市文脉和城市经济社会发展不可多得的历史文化资源。悠久的历史文化积淀使西安享有"天然历史博物馆"之誉，有以宗教文化为特色的寺庙道观，有反映不同王朝兴衰的宫殿御苑遗址与帝王陵墓，有反映古代经济、社会、政治、艺术的石刻、典籍与各种艺术珍品，有反映人类发展进化的历史遗址、化石、器具。境内有重点文物保护单位 314 处，其中国家级和省级重点文物保护单位 84 处，古遗址、陵墓 4000 多处，出土文物 12 万余件。文物古迹种类之多，数量之大，价值之高，在全国首屈一指。

五 西安国际化大都市建设的路径

1. 整合区域资源，构建区域一体化发展战略

西安国际化大都市的形成与发展依赖关中—天水经济区的发展，其发展水平直接决定西安国际化大都市的形成和发展，以及西安在世界范围内控制能力的大小和作用方式。同时，西安国际化大都市是未来关中—天水经济区得以实现其全球控制能力的空间载体，并通过国际化大都市来进入全球市场，实现整个区域的国际化和全球化。[①] 因此，西安应该有强烈的服务腹地意识和融入区域意识，区域内的其他城市应该有强烈的接轨中心意识和区域整合意识，即整合区域资源，促进区域一体化，共享外部经济。其主要内容包括：整合产业分工与布局，在经济区范围内考虑支柱产业和主导产业的内容，推动各经济主体间的产业分工和合作布局；优化市场环境，打破城乡分割、地区封锁的经济格局，优化关中—天水经济区一体化的市场环境，实现产品和要素市场一体化；整合交通运输，要以高速公路和关中城际铁路为重点，形成一体化的交通运输网络；引导城市体系合理发展，形成多中心、多层次的城市等级体系；统筹生态环境保护，要以区域水环境治理和防止水土流失为重点，开展一体化的关中—天水经济区环境保护和生态建设。

2. 打破行政区划，拉大城市空间架构

国际化大都市往往依托发达的轨道交通，将巨大而充足的城市发展空间拉入城市版图。西安当前建成区面积仅 369 平方公里，与国内建设国际化大都市呼声较高的北京、上海有较大差距，与其他国家的国际化大都市相比更是远远不足，难以满足国际化大都市建设的需要。因此在

---

① 周振华：《全球城市区域：我国国际大都市的生长空间》，《开放导报》2006 年第 5 期。

未来的发展中要打破行政区划限制，拉大西安城市骨架，合理规划布局功能分区，充分发挥各功能区职能。首先，以西咸共建区为突破口，推进西咸一体化的实质性发展，真正实现规划统筹、交通同网、信息同享、市场同体、产业同布、科教同兴、旅游同线、环境同治。其次，结合西安经济社会发展、自然条件、历史条件和文化传统，构建适合西安的城市空间架构，满足西安快速发展的要求。根据西安城市历史演变、城市现状和对未来发展趋势的预测，西安市第四轮城市总体规划对西安的城市空间架构做了详尽的规划，在西安市域内，形成"大九宫格局"的发展模式。最后，促进轨道交通和西安四环线的建设。便捷、快速的交通网络是国际化大都市得以正常运行的大动脉，是城市各功能区相互联系、实现有机协调的重要依托。目前西安地铁建设正如火如荼，西安未来主体功能空间已突破三环，未来应考虑四环的建设。

3. 依托优势、特色产业，提升经济实力

以园区建设为空间载体，重点发展高新技术产业、装备制造业、现代服务业、旅游产业、文化产业五大主导产业。

高新技术产业。依托一批成长性强、发展潜力大的高新技术产业园区和相关科研院所，大力促进自主创新、集成创新和消化吸收再创新，培育优势产业集群和延伸产业链，推进信息化与工业化融合，重点支持新型电子元器件、医药中间体产业、新材料产业以及航空航天产业等领域的企业，开展技术创新和核心技术研发，拥有更多的自主知识产权。

装备制造业。抓住国家振兴装备制造业的机遇，加紧大型运输飞机、中国飞机强度试验中心、中国西安半导体照明和太阳能光伏产业基地建设，抓好经济开发区兵器产业基地、千亿元先进制造业基地和阎良航空城建设，加快航天产业基地建设。实施名牌战略，推进产业协作配套，形成一批围绕汽车、飞机、通用电气设备等主导产业的零部件加工和延伸加工骨干企业。

现代服务业。大力发展物流产业，进一步加大物流基础设施建设力度，加快西安国际港务区、咸阳空港产业园建设，充分发挥西安作为国家级物流节点城市的辐射带动作用，积极研究设立西安陆港型综合保税区，打造在国内具有重要影响力的内陆口岸和亚欧大陆桥上重要的现代物流中心。推进浐灞金融商务区建设，吸引国内外金融机构来西安设立总分支机构。加快推进会展业市场化进程，继续申办国内外大型知名展会。

旅游产业。以西安为中心，加快资源整合，大力发展人文历史旅游、生态自然旅游、红色旅游和休闲度假旅游。加强精品旅游景区和精品旅游线路建设，完善配套设施和服务功能，提升旅游资源产业化经营水平。加强旅游管理机制创新，大力发展旅游经济，建设国际一流的旅游目的地城市。

文化产业。发挥西安历史源远流长、文化积淀深厚的优势，积极发掘历史文化遗产，传承和创新秦风唐韵、佛道宗教等历史文化。推动曲江新区建设国际一流文化产业示范区，打造特色文化产品展示平台。运用现代理念和手段，开发影视、动漫游戏、文化创意、文化博览等产品和产业，支持大戏、大片创作，实现文化产业发展新突破。

4. 强化城市特色，提高文化竞争力

城市和地区间的特色竞争策略是一项基本的策略，特色竞争的基础是特色的培育和塑造，特色的形成和成功营销又会进一步吸引外部的资金、信息和注意力的投入，由此成为特色竞争力的不竭源泉，并形成特色引领、综合带动的良性循环。城市文化是现代化与国际化的根基，是城市的气质。保持历史的延续性、保留城市的记忆、保护历史文化遗产不仅是人类现代文明发展的必然要求，对于国际化大都市的建设和可持续发展更具有战略意义。西安城市特色建设是西安建设国际化大都市追求的目标，传承历史、延续文明，提升西安文化竞争力是建设国际化大都市的重要战略。西安3100年的建城史和1100年的都城历史留下的丰富的历史文化资源，形成了西安独具特色的文化品格和文化魅力，面对竞争日益激烈的国际国内环境，这种得天独厚的历史遗存和文化传承正成为推进西安走向国际化的核心优势。具体措施有：进一步搞好大遗址

的保护和展示利用，如汉长安城遗址、唐大明宫遗址、秦阿房宫遗址、西周丰镐遗址；延续千年一脉相承的城市格局；保护旧城以内的历史环境，确定旧城内建筑主色调和建筑风格；保持和弘扬西安佛教、道教祖庭地位；搞好西安水环境的保护和利用，恢复西安南山、北原、八水绕长安的山水格局。

5. 扩大开放水平，提高国际影响力

较高的对外开放水平和较强的国际影响力是国际化大都市的重要特征。针对西安目前对外开放水平较低、国际影响力较弱的现状，西安要做好以下几个方面的工作：一是全力推动国际贸易平台的建设和发展，充分依托已有的和在建的国际平台、外向型经济和国际物流服务优势，加快推进国际贸易平台建设，拓展信息集散、金融结算、涉外服务等领域，增强国际采购、国际展示展销、国际营销及重要能源原材料配置等功能；二是积极开展具有国际影响力的活动，承办更多国际经济、政治、文化的国际论坛和会议；三是鼓励非营利性国际组织来西安发展，支持并帮助西安争取更多的国际经济、政治、文化和社会组织总部或办事处落户，如多层次争取世界银行、联合国等国际性组织对西安经济社会发展的技术指导和支持；四是积极推进空港、陆港建设，大力发展国际中转、配送、采购、转口贸易和出口加工等业务，拓展港口物流增值功能，促进西安区位优势、港口资源优势的发挥。

6. 提高政府管理水平，提升城市软服务能力

政府管理水平是国家或区域经济增长和持续繁荣的关键性因素之一。世界主要国际化大都市的治理经验也表明，法治、透明和高效的政府体制对于都市经济社会全面发展意义重大。因此，西安国际化大都市的建设和发展不仅体现在经济本身，而且也要从其制度环境方面去探索和谐社会建设背景下的新型城市管理体系，打造一流的城市综合管理信息平台。其一，强调公共服务对象顾客化，同时，积极培育和发展社会组织，实行公共服务社会化、服务方式多样化。其二，改革政府绩效评估机制，完善行政监督和绩效评价体系，推进城市政府管理高效化，提

高民众满意度。其三，积极改革传统僵化的行政组织体制，构建适应信息化时代要求的城市政府运行机制，按照决策与执行相对分离的功能配置，重组政府部门的职能分工和机构设置，实行大部制，以精简有关政府部门，强化部门首长的行政责任，减少横向协调困难。其四，科学合理设置政府机构，凡是能够进行业务合并或者业务相关的部门，只设立一个政府部门，减少职能交叉与机构重复设置。其五，利用电子网络信息技术进行"政府再造"，发展"电子政府"，全面提升政府在信息时代的治理能力。其六，强调多渠道、宽领域地与市民沟通，促进政务公开与公民参与。其七，减少政府内部的各种繁文缛节，精简办事手续；同时，采取集中办公、联合办公、网上办公等新模式，提高政府行政效率。

第七章

城市服务功能国际化

城市服务功能国际化是现代城市经济社会发展的主要特征，是衡量现代城市国际竞争力强弱的重要标志，更是提升城市国际影响力的重要抓手。国内外大型城市、中心城市、经济强市、国际大都市发展的历程和经验表明，辐射带动周边区域，服务区域经济乃至全国、全球的综合服务功能有助于增强城市的资源聚集力、创新创造力、对外辐射力，并对一个城市的崛起和发展以及国际影响力的提升起主导作用。西安作为"一带一路"的重要节点城市、我国西北地区唯一的国家中心城市，如何提升城市服务功能国际化水平，实现城市服务功能集聚化、高端化、国际化，进而提升西安的交通、产业、科技、文化等国际影响力，是目前面临的一项十分重要而又紧迫的战略任务。

第一节　城市服务功能问题的提出

一　研究背景与意义

（一）研究背景

1. 国内外城市争先掀起争夺全球网络节点城市的浪潮

在经济全球化、文化多元化、社会信息化的主导和推动下，全球范围内的资源要素呈扁平化、网络化流动和配置趋势，在这个巨大的网络空间中，国家之间的界限日益模糊，城市成为资源集聚、辐射、流通和增长的载体，也成为资源配置的网络节点。国内外大中城市正在掀起争夺全球经济网络节点城市的激战，竞相提升城市服务水平，增强城市国际影响力。随着经济全球化浪潮的冲击和国际劳动分工的深入推进，国际竞争的核心日益聚焦于区域核心城市要素资源控制力和国际影响力的竞争。放眼全球，纽约、伦敦、东京、巴黎等国际化大都市，无不在全球经济、金融、贸易、文化交流等方面承担着重要角色，随着全球范围竞争的日趋激烈以及世界经济重心的逐渐东移，香港、北京、上海已经在全球城市竞争中前列前茅。着眼国内，除了北京、上海、广州、深圳毫无争议地进入一级城市序列外，天津、重庆、沈阳、南京、杭州、武汉、成都、西安等二线城市在经济、交通、贸易、文化多个方面激烈角逐，努力扩大自身区域影响力与辐射带动力。

2. 双向开放背景下西安迈入国际化大都市发展关键期

十八届五中全会提出，"坚持开放发展，必须顺应我国经济深度融入世界经济的趋势，奉行互利共赢的开放战略，发展更高层次的开放型经济"，"完善对外开放战略布局，推进双向开放"，"推进'一带一路'建设，推进同有关国家和地区在多领域互利共赢的务实合作，推进国际产能合作和装备制造合作，打造陆海内外联动、东西双向开放的全面开放新格局"。西安已经明确提出了建设国际化大都市的发展目标，作为"一带一路"的重要节点城市及西北地区经济发展的桥头堡，西安有着向西开放的先天优势。并且，从西安肩负的历史使命、地理位置、资源禀赋、发展空间、影响力来看，西安有基础、有条件、有能力在国际合作、科教创新、经贸物流、金融服务、文化交流等方面率先实现向西开放，通过加强与相关国家的交流与合作，打造"一带一路"创新高地和内陆型改革开放新高地，为西安实现国际化大都市建设奠定开放基础、赢得发展先机。

3. 西安综合服务功能发展面临国际化瓶颈

当前，西安正在积极申报国家中心城市，城市综合服务功能是国家中心城市所必须具备的五大功能之一。长期以来，西安作为西北地区经济建设的领头羊，在区域服务功能建设方面取得了显著成绩。根据《西安建设丝绸之路经济带（新起点）战略规划》，西安树立了"具有历史文化特色的国际化大都市、欧亚合作前沿城市、开放型体制机制创新城市"发展目标，未来将建设"丝绸之路经济带的金融商贸物流中心、机械制造业中心、能源储运交易中心、文化旅游中心、科技研发中心、高端人才培养中心"。然而，西安近年来城市综合服务功能发展实践表明，西安城市国际服务功能仍不健全、不完善，发展水平不高，与国内发达城市有较大差距，与国际发达城市更有相当的距离，这些成为西安综合服务功能发展，实现国际化城市发展目标的瓶颈。

（二）研究意义

1. 增强综合国际竞争力

从全球城市竞争格局来看，城市国际竞争力的大小主要取决于城市综合服务功能和国际影响力的强弱，提高城市国际综合服务功能，提升城市国际影响力是提高城市国际竞争力的核心、支撑城市国际竞争力的基础。因此，通过提升城市国际综合服务功能，进而提高西安在交通、产业、科技、文化等方面的国际影响力，能够促使西安在人才集聚、知识集聚和创新集聚等方面占据竞争优势，改善产业发展环境，凸显城市服务功能特点，提升西安的综合国际竞争力。

2. 扩大开放推进经济结构调整

开阔国际发展视野，提升国际化水平，能够为西安产业发展在全球范围内获取资源要素、扩大市场份额，借此迅速提高西安经济发展的对外开放水平。因此，全面提升西安城市国际服务功能和国际影响力的过程必然是进一步扩大开放的过程。同时，提升西安城市国际综合服务功能和国际影响力需要大力引进国际服务业主体，通过学习和借鉴它们的经验和做法，充分利用其业已形成的国际服务网络，能够迅速提升西安服务功能的能级和水平，促进西安服务业发展，调整西安经济结构。

3. 增强城市持续创新能力

提升西安国际综合服务功能和国际影响力需要强调观念、体制、管理等多方面的创新，创造出新的城市服务功能、服务手段、服务路径，提升服务水平。同时，提升西安国际综合服务功能和国际影响力，能够改善创新环境，进一步促进科技创新，进而充分发挥西安科技、教育、人才资源优势，吸引国外创新机构和创新团队的集聚，增强城市自主创新能力，为西安抢占科技和产业发展战略制高点奠定深厚的发展基础。

4. 提升城市品位和人民群众生活品质

城市国际综合服务功能不仅包括产业层面的服务，还涉及城市基础设施、社会管理和公共服务等方面。提高基础设施国际化水平需要打造畅通便捷的城市立体交通体系，推进信息、生态等基础设施建设，塑造国际化城市风貌，从而能够提升城市品位。通过打造国际化的城市社会管理和公共服务体系，探索推行与国际接轨的社会管理和公共服务方式，能够提升城市居民的生活品质，实现城市发展成果全民共享。

二　国内外城市服务功能国际化的经验、启示

（一）国际性城市服务功能的特征及做法

1. 国际性城市服务功能的特征

国际性城市是指在社会、经济、文化或政治等层面直接影响全球事务的城市。目前全球国际性城市主要分布在三个区域：一是以伦敦、巴黎、柏林、法兰克福和巴塞罗那为代表的欧洲；二是以纽约、芝加哥和洛杉矶为代表的北美；三是以东京、香港、上海和新加坡为代表的亚太地区。国际性城市一般是具有世界影响力的金融服务中心、高科技创新与研发策源地、多元文化创意与交流中心以及在世界交通体系中具有重要地位的交通枢纽，其城市服务功能具有高层次、外向性、协调性、服务性、带动性的特点。伦敦、纽约、洛杉矶、法兰克福、东京、新加坡

均为世界知名城市，它们既具有共同特征，也具有鲜明个性和特色。

伦敦。①世界性金融和商业中心。拥有世界上最其国际化、最有活力和生机的商业环境，金融服务业在聚集国际资源、推动要素流动、释放国际影响力等方面发挥着重要作用。②多元完善的一流国际、国内交通系统。5个国际机场拥有通往世界范围内530个目的地的直航航班；建有到巴黎和布鲁塞尔的高速列车和世界上最大的国际港口；市内形成由地铁、国铁以及常规公交、轻轨、有轨电车、轮渡组成的完善发达的公共交通网络体系。③国际多元文化中心、创意城市。拥有使用超过300种语言的大批国际人才；有着丰富的文化资源，号称博物馆之都；每天都有数量巨大的文化活动，每天举办的艺术活动多达200项。④都市圈建设及大伦敦政府体制管理新模式。实行两级政府管理，大伦敦市和各自治市之间权责划分明确，在经济、社会、文化和公共服务等方面构建了大伦敦区域的交流和协作机制。①

法兰克福。①欧洲最重要的国际经济与金融枢纽之一，欧洲最大的金融市场与股票交易中心。3300名股票交易所员工操控着全德国市值约1.15万亿欧元的股票中97%的金额。②首屈一指的资本、货物以及人口流通中心，在全球国际贸易中占重要地位，欧洲重要的门户城市，欧洲最大的交通枢纽城市。③德国重要的文化中心，共有约60座博物馆、53个艺术长廊与各式各样的歌剧院或文化广场。④世界著名的国际博览会所在地，每年举办大量全球性和区域性的展览和交易大会，如国际书展、国际汽车展、乐器展、皮毛展、国际纺织品展等，文化、艺术和教育展更是琳琅满目。②

纽约。①美国文化艺术的中心，集聚着众多的博物馆、美术馆、图书馆、科学研究机构和艺术中心，是美国3大广播电视公司和最有影响

① 刘波、白志刚：《伦敦世界城市建设的特征及对我国城市发展的启示》，《城市观察》2012年第5期。

② 李永宁：《国际大都市的辐射效应研究——法兰克福都市区发展案例》，《城市观察》2013年第5期。

的报纸总部所在地。②以金融服务、商务服务、文化创意产业为主导的服务业呈现集群发展态势。全球第二大金融市场；文化艺术、教育、医疗保健、设计、时装、旅游等服务业集聚发展；高新技术产业和第三产业高度发达，设立了科技园区和中央商务区。③社会服务、生活质量等多方面功能实现融合与共同发展。通过包括医疗服务业、教育服务业、金融服务业等在内的诸多服务业的均衡发展，促进城市功能的均衡化融合和服务供给，满足城市居民多样化的生活需求。④基础设施极为完善。形成了发达的通信设施和信息网络，为全美和全球 1600 家金融企业处理 2600 万宗交易提供了完善、安全、便捷的信息交换条件；物流基础设施完善，为美国区域性乃至国际性的物流业务提供了强大的自动化立体仓库、自动分拣系统、电子订货系统。⑤城市绿化建设与公共交通全覆盖。城市绿化特别是屋顶绿化、建筑节能改造为城市建设营造了良好的生态环境；倡导资源循环利用和低碳发展；推广和倡导轨道交通等公共交通利用，非机动车类交通工具使用比例近 80%。[1]

　　洛杉矶。①美国西部的高科技产业和研发中心，享有"科技之都"的称号。拥有的科学家和工程技术人员数量位居全美第一。②高度发达的文化娱乐产业。电影业作为洛杉矶娱乐业的火车头，带动了包括音像、电视、印刷、出版、旅游等整个娱乐业的发展。[2] ③国际贸易发达。洛杉矶的港口和机场承担了美国与太平洋国家 60% 的贸易量，成为美国第一大港以及太平洋经济圈的重要交通枢纽。④金融业高度聚集。是仅次于纽约的全美第二大金融中心，36 家美国银行、108 家外国银行及许多著名的国际大财团在此设有机构。洛杉矶还有来自 76 个国家和地区的领事机构，33 个国家和地区的贸易代表办公室，35 个外国商会组织。[3]

---

① 陆小成：《纽约城市转型与绿色发展对北京的启示》，《城市观察》2013 年第 1 期。

② 马小宁：《美国西海岸大都市洛杉矶经济腾飞原因探析》，《河南师范大学学报》（哲学社会科学版）2007 年第 3 期。

③ 王立新：《洛杉矶产业转型对深圳建设国际化城市的启示》，《开放导报》2007 年第 6 期。

东京。①依托城市技术、资源和服务要素密集的特点，有选择地将东京建成首都圈乃至整个日本的信息技术性服务与生产性服务的中心。②利用全国教育、科技和文化中心的优势地位，全力打造知识服务的技术宝库和人才高地。① ③以信息与高科技为媒介的金融服务业高度发达。集中了日本 30% 以上的银行总部，全球百强银行中有 16 家将其总部设在东京，全球规模最大的 20 家银行有 8 家在东京落户；是世界三大金融中心和证券交易中心之一，也是日本最大的金融服务中心。④积极发展物流和交通运输服务，将东京建成首都圈乃至全日本和东亚地区的交通枢纽。②

新加坡。①加快推进产业升级。制造业向高产值和高科技提升，传统贸易中心向全球经济中物流服务商务中心转型。②在国际贸易中心基础上发展世界金融中心功能。亚洲超过一半的金融衍生产品在新加坡交易，拥有亚洲最大的金融机构管理资产量，约有规模不等的 2880 个金融企业在新加坡注册，吸引了大量私募基金公司聚集。③注重公共物品和社会物品的供给。以建设新加坡花园城市和公共城市为目标导向，提升城市生活环境质量，打造市场竞争背景下公平的社会环境。③

2. 国际性城市增强服务功能与提升国际影响力的做法

国际性城市在发展过程中始终将增强和提升城市的经济、社会、文化、政治服务功能，提升城市的国际影响力作为重要任务。其一般做法和经验主要如下。

（1）挖掘自身资源优势，优化产业布局，凸显城市发展特色

优化产业布局，凸显城市特色是成为国际化都市的先决条件。新加坡土地面积狭小、资源匮乏，但其大力发展电子、生物医药、资信与传媒、物流、金融等知识密集型产业，优化产业布局，最终成为极具特色

---

① 朱根：《日本服务经济论争与东京服务功能转型》，《日本学刊》2009 年第 1 期。
② 何勇等：《城市发展战略规划的全方位跟踪与适时修订——基于东京 3 年"实行计划"的配套落实经验》，《上海城市管理》2015 年第 4 期。
③ 《城市发展战略规划的发展机制——政府推动城市发展的新加坡经验》，《城市规划学刊》2012 年第 4 期。

的国际化都市。法兰克福二战后利用其在德国和欧洲一贯的商贸、金融和政治优势，着力发展总部型产业，使法兰克福迅速崛起为德国乃至世界的著名城市。

（2）建设基础设施和科技文化事业，提升硬实力和软实力

国际化大都市是在全球政治、经济和文化等核心领域具有国际影响力和控制力的城市，而这种影响是通过基础设施和科技文化实现的。美国洛杉矶的"多中心、低密度、水平方向"的城市空间结构依赖高度便利的交通吸引世界各地资源在此集聚。洛杉矶以软实力功能确定自身的品格和质量，拥有的科学家和工程技术人员数量位居全美第一，科研实力雄厚，其通过尖端国防工业带动通信设备、计算机、电子仪器等产业发展，因而成为第三次科技革命的发源地。

（3）推动科技发展，引导产业转型，打造城市发展坚实支撑

世界国际城市普遍重视科技发展，视科技为城市发展的核心资源，持续推进科技水平向前发展。美国洛杉矶、日本横滨、新加坡、英国利物浦、德国法兰克福等城市依托本地的一流学府和科研机构提供的前沿技术支持和优秀科技、智力资源，成功实现产业升级转型和科技创新服务功能的国际化。

（4）强化外部策动力，促进城市跨越式发展

外部策动力是促进世界城市发展的强大推动力量。外部策动力源于城市系统外部的激励，主要包括国家制度和政策、国家重大战略规划和有国际影响的重大事件等。二战结束后，美国洛杉矶由于朝鲜战争以及"冷战"，政府通过提供贷款和军事订货等方式吸引大批相关工业企业迁往洛杉矶等南部地区，同时也加强国防产业与教育、信息等产业的联系，鼓励引导国防工业向高、精、尖方向发展，洛杉矶从飞机制造中心转型成导弹与宇宙飞船研发的综合性中心。

（二）国内发达城市服务功能国际化及提升国际影响力的做法与经验

我国推进国际化城市建设，提升国际综合服务的行动计划较为完备，主要内容既涉及城市综合服务功能的国际化，也涉及经济服务国际

化、社会服务国际化、国际文化交流服务、创新服务体系、制度环境服务、国际人居服务等专项内容。

1. 综合服务功能提升方面

在综合服务功能提升方面，上海、北京、深圳、成都、南京等城市均结合自身特色提出了有所侧重的行动与计划，见表 7-1。上海市提出全面提升城市综合服务功能的目标，形成国际航运服务体系、国际金融服务体系、国际商务服务体系、高端制造业服务体系、国际社会环境服务体系和国际创新服务体系 6 大具有国际水准的服务体系。深圳市推进国际化城市建设共涉及提升城市综合经济实力、提高区域合作水平、提高城市建设质量和生态文明水平、提高城市创新能力和现代文明水平、加强对外交流与合作 5 个方面的行动计划。南京市加快推进城市国际化的行动计划包括推进经济服务国际化、加强国际化创新服务、加强国际化商务服务、加强国际化文化服务、加强国际化会展旅游服务和加强国际化人居服务建设 6 个方面。

表 7-1 国内发达城市国际化综合服务功能提升的行动与做法

类别	城市（区）	行动计划或主要做法
国际化综合服务	上海市	提出全面提升上海城市综合服务功能的目标，形成国际航运服务体系、国际金融服务体系、国际商务服务体系、高端制造业服务体系、国际社会环境服务体系和国际创新服务体系六大具有国际水准的服务体系
	无锡市	以经济国际化带动城市国际化；实施社会国际化发展战略；提升城市国际化功能形态；构建城市国际化的制度和文化环境
	深圳市	共 5 个方面 19 项行动计划 提升城市综合经济实力（提高城市的经济辐射带动能力和国际竞争力、加快发展开放型经济、建设国际一流的旅游度假胜地）；提高区域合作水平（全面深化深港澳交流与合作、拓展城市发展空间）；提高城市建设质量和生态文明水平（大力提升城市规划和管理水平、开展生态文明建设）；提高城市创新能力和现代文明水平（加快体制机制创新、推进法治政府建设、推动社会管理创新、加强公共服务体系建设、大力实施人才强市战略、加强国际语言环境建设、加强公共文明建设）；加强对外交流与合作（积极扩大国际交往、加强文体领域的国际交流与合作、加强教育和科技领域的国际交流与合作、打造国际会展之都、大力推广城市形象）

类别	城市(区)	行动计划或主要做法
国际化综合服务	北京市通州区	共8项重点任务 全面完成通州新城城市总体布局规划及"一核四区"控制性详细规划;有序推进新城基础设施和公共服务设施建设;推动中心城区教育、医疗、文化项目等国际优质公共服务资源疏解落户;加快行业总部、商务总部等高端产业要素入驻;建设文化旅游区,打造具有国际影响力和竞争力的北京旅游品牌,推动文化旅游产业发展;加快建设文化创意产业集聚区,推动通州文化创意产业发展;加快建设国际医疗康体区,引进一批高品质医疗康体项目;加快建设环渤海高端总部集聚区,提升产业服务功能,促进区域高端企业总部集聚
	成都市	共5个方面26项行动计划 建设通达全球的国际区域性交通通信枢纽(建设通达全球的对外综合运输大通道、建设国际区域性物流中心、建设直达国际的通信网络);建设充满活力的国际交往中心(建设亚洲会展名城、建设国际美食之都、建设国际知名的旅游目的地城市、构建城市国际营销网络、扩大官方和民间的友好往来、深化文体领域国际交流与合作);建设体现国际品质的宜人城市(提升城市建设的国际品质、建设高质量的城市生态环境、建设多元包容的文化之都、建立国际化医疗卫生服务体系、建设面向国际的教育服务体系、构建与国际接轨的就业和社会保障体系、提升国际化服务水平、建立与国际惯例接轨的涉外管理机制、营造国际化信用环境);建设具有比较优势的国际产业聚集高地(大力发展现代化的高端产业、打造具有国际影响力的总部基地、建设区域性国际贸易中心、构建经济合作大开放格局、加快建设国际化的产业发展载体);建设具备国际竞争力的创新型城市(加强国际科技交流与合作、建设与国际接轨的知识产权保护体系、加快推进人才国际化进程)
	杭州市	共5个方面23项行动计划 打造国际先进的信息经济高地(建设国际先进的智慧城市、建设国际领军的电子商务中心、建设国家重要的高新技术产业基地、争创国家级自主创新示范区、建设接轨国际的产业发展集聚平台、建设国内一流的民间财富管理中心);建设具有东方特色的世界休闲之都(打造国际重要的旅游休闲中心、建设"购物天堂、美食之都"、建设全国文化创意中心城市);提升达到国际标准的城市功能(建设长三角交通枢纽城市、建设国际水平的公共交通体系、提升城市建设品质、打造国际会展目的地、争取国际机构和重大赛事、营造国际化语言环境);建设"美丽中国"美好生活样板城市(建设"美丽中国"先行区、建设国际化生活品质城市、扩大官方和民间的国际交流合作、发挥国际友城平台作用);构建国内一流的全方位开放格局(加快引进国际知名企业、推进杭州企业广泛参与国际竞争、建设投资贸易自由开放城市、提升杭州城市品牌国际宣传)

类别	城市（区）	行动计划或主要做法
国际化综合服务	南京市	共6个方面18项行动计划 加快推进经济国际化（推进开放型经济转型升级、提高产业国际竞争力）；加强国际化创新功能建设（引进与培育国际化人才、建设国际科学创新城和研发载体、大力实施教育国际化）；加强国际化商务功能建设（打造具有国际影响力的总部基地、建设国际商务载体、增强商务服务功能、加快金融功能国际化、提升口岸国际化水平）；加强国际化文化功能建设（打造独具魅力的世界文化名城、扩大国际文化交流、强化国际文化创意功能）；加强国际化会展旅游功能建设（打造国际会展之都、建设国际旅游度假胜地）；加强国际化人居功能建设（建设宜居的城市生态环境、加快公共服务国际化、提升城市国际化管理水平）

资料来源：根据政府网站各类文件进行综合分析整理。

2. 专项服务功能提升方面

在专项服务功能国际化方面，多个城市、发达城区或开发区分别从某一领域提出推进国际化服务功能提升的行动或做法。在企业国际化服务方面，中关村国家自主创新示范区提出了企业全球技术协同创新、科技金融服务、国际人才与原创技术引入、国际创新创业环境塑造四项重点任务。教育国际化服务方面，上海市和杭州市分别从人才国际交流与培训、国际人才引进、完善国际教育服务以及加强基础能力建设等方面提出相关行动计划。在营商环境国际化服务方面，广东省提出建设法治环境、政务环境、市场环境、社会环境、开放环境五项任务，佛山市在五项任务基础上提出更加有利于具体实施的12项任务。

（三）国内外城市服务功能国际化及提升国际影响力的启示

国内外城市服务功能国际化对西安推进建设国际化大都市，提升城市服务功能国际化水平和国际影响力具有重要经验借鉴和启示意义。

1. 城市国际化是一个逐步演进的过程

国内外城市发展经验表明，城市只有通过广泛参与国际经济循环和社会文化交流，才能逐步升级为国际城市，并且随着城市能级的不断提升,城市国际服务功能结构也将不断调整和优化,城市国际化服务功能逐步从基础性服务向专业化过渡、从生产性向服务性过渡。在当前"一带一路"建设及向西开放背景下,西安即将迈入国际化大都市建设新时期,在国际服务功能建设的内容和水平上应当有一个质的跨越。

2. 城市国际化服务功能是多维的,既具有共同特征,也具有鲜明个性

从国际国内发达城市国际化服务功能建设和国际影响力提升的经验来看,交通设施、公共服务、金融服务、商贸服务等有其共有的功能特征,而科技创新、文化交流均具有个性。因此,西安作为历史文化名城和科教资源名城,应结合自身城市个性与特色,发挥"一带一路"区位优势,大力推进文化、科技服务功能的国际化建设。

3. 地缘优势是提升城市服务功能国际化和国际影响力的基本动力

城市的地理位置和交通条件是否有地缘优势,在一定程度上决定着该城市参与世界经济分工与合作的程度,而且许多世界知名城市的经济起飞是通过赋予经济自由区以免除关税等优惠政策,加快发展进出口贸易或转口贸易,并在贸易功能的拉动下,推进城市服务功能实现国际化的跨越发展的。因此,西安在服务功能国际化建设和提升国际影响力过程中,要注重自身地缘优势的构建。

4. 科技服务功能是实现城市服务功能国际化,提升国际影响力的加速动力

从国外发达地区科技创新发展路径来看,政府发挥着至关重要的作用。通过营造激励创新的公平竞争环境,依托各类研发资金支持以及完善的深度孵化体系建立创新风险分担机制,为科技创新企业提供资金支持,从而促进城市科技创新服务功能的提升。因此,未来西安要充分发挥科技创新资源优势,通过体制机制创新,实现科技创新服务功能国际化的提升。

5. 多元文化基因的辐射与交流是城市服务功能国际化和提升国际影响力的重要特质

国际化城市一般拥有高水准的多元文化基因,具有多元的文化生活，在国际上有很强的文化辐射力和吸引力。西安拥有浑厚的历史文化积淀及现代文化基础，未来要促进与世界多元文化的交流，积极发展现代文化旅游与创意产业。

6. 国际综合交通体系是发挥城市国际服务功能，提升国际影响力的重要基础

国际化城市一般依托绝佳的区位优势，在全球社会经济体系中具有交通、通信和信息中心地位，能够为世界城市与区域之间的经济联系和信息交流提供高质量的服务，是国际交通运输网上的重要节点。因此，综合国际交通服务体系建设是提升西安国际服务功能和国际影响力的重要内容。

第二节　西安城市服务功能现状及空间分布

一　指标选取

从空间属性的角度来看，城市综合服务功能可分成市区性、区域性和全国性乃至世界性三个层次。其中市区性服务功能，其服务范围为城市实体地域，用于维持城市的正常运转和满足城市居民的基本生活需要。区域性服务功能服务范围为城市的腹地区域，主要是城市作为特定区域的中心为其腹地所提供的各种物质、精神方面的综合服务活动。全国性乃至世界性服务功能服务范围是全国性甚至世界性的，这类服务功能组分较少，功能影响尺度较广，主要表现在超越腹地尺度的交通运输功能、创新服务功能、商贸服务功能、国际交流服务功能等方面。本节的研究重点聚焦于国际性城市服务功能的提升，因此指标体系多以国际性服务功能为衡量尺度。本节在吸收上海、深圳等国际服务功能指标体系研究成果的基础上，结合西安发展现状，设计了包括国际交通服务功能、国际金融服务功能、国际创新服务功能、国际商务服务功能、国际交流服务功能、国际社会环境服务功能在内的 6 类一级指标和 23 项二

级指标，如表 7 - 2 所示。

　　作为正在成长中的国际化大都市，西安城市服务功能正处于由区域性向全国性迈进阶段。北京、上海是我国公认的国际化大都市，西安作为国家明确提出建设国际化大都市目标的第三个城市，应当通过与北京、上海之间的横向对比，找出西安当前城市服务功能国际化的不足与问题。同时，本节还选取了被确立为国家中心城市的成都、郑州、武汉作为比较研究对象，该三市与西安均地处我国中西部，国际化发展的区位条件有相似之处。根据 2015 年各城市经济总量核算，成都、郑州、武汉三市的 GDP、财政收入、固定资产投资额等经济指标均超过西安。在陕西全省实施"追赶超越"背景下，从国际化视角对比分析西安与成都、郑州、武汉在城市服务功能国际化方面的优势与短板，对于突破西安城市经济发展国际化瓶颈，冲出二线城市竞争重围，实现"追赶超越"具有重要启示。

表 7 - 2　西安服务功能国际化衡量指标体系

一级指标	二级指标
1. 国际交通服务功能	1.1 国际航线数量
	1.2 国际列车通车班次
	1.3 高铁线路数量
2. 国际金融服务功能	2.1 金融服务业增加值占 GDP 比重
	2.2 金融行业从业人员占全行业比重
	2.3 外国金融机构数量
	2.4 金融机构外币存款所占比重
3. 国际创新服务功能	3.1 每十万人专利授权量
	3.2 R&D 经费投入占 GDP 比重
	3.3 港澳台和国外企业研发经费支出占规上工业企业总量比重
	3.4 有研发活动的港台和国外企业数量
4. 国际商务服务功能	4.1 港澳台及外商投资企业数量
	4.2 引进世界 500 强企业数量
	4.3 商务服务企业占全行业比重
	4.4 国际进出口总值

续表

一级指标	二级指标
5. 国际交流服务功能	5.1 国际游客占常住人口比重
	5.2 国际友好城市数量
	5.3 城市展览业发展指数
6. 国际社会环境服务功能	6.1 每十万人拥有博物馆与文艺场馆数量
	6.2 城市公共交通分担率
	6.3 人均公园绿地面积
	6.4 外籍常住人口数量
	6.5 国际学校数量

二 现状分析

（一）国际交通服务功能

便捷的国际交通环境是大城市发挥国际综合服务功能的基础支撑。截至 2016 年底，西安国际航线为 36 条，与北京、上海、成都相比仍有较大差距，见表 7-3。西安始发的中欧班列"长安号"从 2013 年每月 1 班增开到 2014 年每周 1 班，2015 年至今每周 2 班，月发车次数为 8 次。与成都、郑州始发的中欧班列相比，西安国际轨道交通物流发展相对缓慢。从高铁线路来看，西安、成都、郑州、武汉均具有重要的战略交通枢纽地位，高铁开通线路均有 2 条，北京、上海开通 4 条。综合来看，西安作为我国西部交通枢纽城市，无论与国际化大都市北京、上海对比，还是与国家中心城市成都、郑州、武汉相比，在国际航运建设方面仍显不足。

表 7-3　国际交通服务功能指标比较

单位：条

	二级指标	西安	北京	上海	成都	郑州	武汉
国际交通服务功能	国际航线数量	36	130	112	85	24	40
	国际列车通车班次	每周 2 去 1 回	每周 7 去 7 回	无	每周 6 去 2 回	每周 4 去 4 回	每周去 2 回 1
	高铁线路数量	2	4	4	2	2	2

（二）国际金融服务功能

强大的金融服务是世界城市国际服务的核心功能。截至 2015 年底，西安金融服务业增加值为 658.9 亿元，占 GDP 的 11.36%，明显低于北京、上海，略低于成都，明显高于郑州、武汉。2015 年，西安已经进驻包括香港汇丰、香港东亚、韩亚、英国标准渣打银行在内的外资（包括港澳台资）银行 4 家，北京、上海、成都、武汉分别进驻 15 家、18 家、12 家、9 家，均高于西安。2015 年西安金融机构外币存款占存款总量的比重仅为 1.44‰，低于成都的 4.42‰、武汉的 17.33‰，与北京、上海相比更是有相当的差距，见表 7 - 4。可见尽管西安金融服务业在经济结构方面具备一定优势，但在金融国际化方面依然存在短板，国际金融服务能力偏弱。

表 7 - 4　国际金融服务功能指标比较

	二级指标	西安	北京	上海	成都	郑州	武汉
国际金融服务功能	金融服务业增加值占 GDP 比重（%）	11.36	17.06	16.57	11.61	9.59	7.68
	金融行业从业人员占全行业比重（%）	3.39	4.84	2.58	2.32	2.53	2.36
	外国金融机构数量（家）	4	15	18	12	3	9
	金融机构外币存款所占比重（‰）	1.44	39.7	34.40	4.42	0.38	17.33

（三）国际创新服务功能

科技创新服务功能是保证城市经济活力并持续发展的动力支撑。西安在科技创新方面保有传统优势，截至 2015 年底，拥有 63 家科研单位、69 所高等院校，有 R&D 活动的规上工业企业 506 家。每十万人专利授权量为 164 项，R&D 经费投入占 GDP 比重达到 5.22%，略低于北京，高于上海、成都、郑州、武汉。但是，在国际创新服务方面，西安明显偏弱。西安港澳台和国外企业研发经费支出占规上工业企业总量的比重为 14.76%，远低于北京的 39.47%、上海的 52.61%、郑州的 19.30%、武汉的 24.88%；2015 年，西安有研发活动的港澳台和国外企业数量仅为 22 个，与郑州的 40 家、武汉的 61 家相比有一定差距，与北京、上海相比更是有相当的差距，见表 7-5。由于西安缺乏国际化的公共研发资源服务平台以及国际化的技术研发服务环境，国际创新服务能力不足，与西安优越的科教资源优势严重脱节。

表 7-5　国际创新服务功能指标比较

	二级指标	西安	北京	上海	成都	郑州	武汉
国际创新服务功能	每十万人专利授权量（项）	14024	94031	8756	367	185	2129
	R&D 经费投入占 GDP 比重(%)	5.22	6.01	4.4	2.21	1.99	3
	港澳台和国外企业研发经费支出占规上工业企业总量比重(%)	14.76	39.47	52.61	—	19.30	24.88
	有研发活动的港澳台和国外企业数量（家）	22	210	303	—	40	61

（四）国际商务服务功能

国际化高端商务服务体系能够为商贸企业创造有利的商务服务环境。2015 年西安拥有商务服务企业 10876 家，在全行业中占比为 10.21%，低于北京、上海、郑州、武汉。2015 年，西安港澳台及外商投资企业数量为 3331 家，远远低于北京、上海，与成都、武汉也有一定差距。引进世界 500 强企业 146 家，与上海、北京、成都、武汉相比仍有明显差距。2015 年西安国际进出口总值 265.32 亿美元，落后于北京、上海、成都、郑州、武汉（见表 7-6）。整体而言，西安国际商务服务产业发展总量不高，同时外资企业数量不多，导致国际性商务服务活动密度不高。

表 7 – 6　国际商务服务功能指标比较

	二级指标	西安	北京	上海	成都	郑州	武汉
国际商务 服务功能	商务服务企业数量占全 行业比重（％）	10.21	11.88	13.48	8.83	12.10	12.34
	港澳台及外商投资企业 数量（家）	3331	13000	60000	7091	2100	4920
	引进世界 500 强企业数 量（家）	146	293	281	260	88	230
	国际进出口总值（亿美元）	265.32	3194.16	8187.86	392.75	570.3	280.72

（五）国际交流服务功能

国际交流服务指标能够反映城市的对外开放水平以及城市文化的国际影响力。2015 年，西安国际游客数量达到 162.02 万人，占常住人口的 18.61%（见表 7 – 7），低于北京、上海、成都、武汉；国际友好城市数量达到 27 个，高于郑州、武汉，略低于成都，远落后于北京、上海。然而，2016 年商务部发布的《中国会展行业发展报告 2016》分析显示，西安城市展览业发展指数为 59.06，全国排名 14，上海、北京、成都、武汉、郑州分别位列第 1、4、8、10、11 位，会展产业发展明显落后于上海、北京、成都、武汉、郑州。以上表明西安依托历史文化资源优势，在打造城市文化品牌、树立国际旅游城市形象方面已经取得较好成绩，但在发展会展产业，打造国际交流高端平台方面仍显不足。

表 7 – 7　国际交流服务功能指标比较

单位：%，个

	二级指标	西安	北京	上海	成都	郑州	武汉
国际交流 服务功能	国际游客占常住人口比重	18.61	19.35	33.13	18.77	4.94	19.08
	国际友好城市数量	27	53	78	29	20	21
	城市展览业发展指数	59.06	195.99	441.69	76.41	73.71	76.14

（六）国际社会环境服务功能

国际社会环境服务功能是城市综合服务功能的软环境支撑，这一指标能够反映城市的社会服务水平以及对国际人口的吸引力。2015 年，西安平均每十万人拥有博物馆与文艺场馆数量 1.63 个（见表 7 - 8），低于北京，高于上海、成都、郑州、武汉；城市公共交通分担率达到 56%，均高于北京、上海、成都、郑州、武汉；人均公园绿地面积 11.6 平方米，低于北京、成都，与郑州、武汉相差无几。然而，西安外籍常住人口数量远落后于北京、上海、成都、武汉，国际学校数量也与北京、上海、成都、郑州、武汉有一定差距。可见，西安在城市基础设施及文化建设方面走在其他城市前列，但社会环境国际化程度不够，国际社会环境服务体系建设仍有待进一步加强。

表 7 - 8 国际社会环境服务功能指标比较

	二级指标	西安	北京	上海	成都	郑州	武汉
国际社会环境服务功能	每十万人拥有博物馆与文艺场馆数量（个）	1.63	12.65	1.49	0.53	0.75	0.80
	城市公共交通分担率（%）	56	50	49.9	38	40	42.60
	人均公园绿地面积（平方米）	11.6	16	7.62	13.5	11.5	11.06
	外籍常住人口数量（万人）	0.5	20	17.83	3.1	—	1.5
	国际学校数量（家）	6	61	35	14	8	8

二 西安城市服务功能国际化存在的问题与制约

（一）存在问题

1. 城市服务功能国际化水平较低

西安为我国西北地区核心城市和"一带一路"重要节点，在区域交通服务、金融服务、科技创新服务、商贸服务、社会服务等方面积累了良好的基础。但与北京、上海、成都、武汉、郑州相比，在国际交通体系建设、外资银行引进、科技创新活动的国际化，国际商贸交流与服务以及国际社会服务发展等方面存在一定差距，城市服务功能的国际化整体水平仍需进一步提高。

2. 文化交流展示与区域发展联动性不够

国际文化交流是推动区域经济对外开放的先行兵。依托优越的文化资源优势，西安国际文化交流服务的基础已经具备，但是西安在国际游客、国际友好城市数量方面并没有绝对优势，引进世界 500 强企业数量、外资企业数量以及国际进出口总值等外向型经济指标发展落后，国际会展产业发展更是严重滞后，与西安世界四大文明古都的文化地位不匹配。这表明西安国际文化交流对外向型经济发展的推动作用没有充分发挥出来，国际交往与区域发展的联动性不足。

3. 国际服务功能聚集整合能力不足

国际服务要素在空间上具有集聚趋势特征，各项国际服务功能之间也是一个有机联系的整体。西安国际服务功能没有形成集聚态势。当前西安高新区依托高新技术产业优势聚集了 61 家金融机构全国或区域性总部，而浐灞地区提出大力发展金融服务业，建设西安金融商务区的发展思路，同时西安没有明确规划建设大型国际社区、国际服务功能区，国际服务要素在空间布局上较为零散。这一问题同时导致国际金融服务、国际商贸服务、国际创新服务等功能之间缺乏整合发展，各项服务功能之间没有形成联动发展的运行机制，国际服务功能的建设和发展呈碎片化状态。

（二）制约因素

1. 区位因素约束

区位因素是指影响甚至决定经济、人文社会现象的空间位置和组合关系的地理、自然、社会、经济等客观存在的因素。区位因素不能在短期内形成，大多数区域因素非主观创建，只有少数区位因素如市场竞争关系、环境政策可以通过主观努力来形成，但同时又必须建立在充分发挥其他因素作用的基础之上。西安是内陆城市，东不靠海，西不靠边，在地理区位方面存在国际化发展的劣势。西安地处关中平原，其背后有着广袤而贫瘠的西北腹地，长期以来，作为西部大开发的桥头堡，西安城市服务功能更多地承担着服务西部地区经济发展的重任，发展的重点聚焦在如何带动关中、陕西乃至西北地区发展。区位条件的约束在一定程度上制约了西安服务功能国际化的进程。

2. 外向型经济发展滞后

城市国际服务功能不是凭空产生的，而是以城市所具有的国际生产、流通、消费、贸易中心作用及创造物质和增殖价值的能力为基础的。这种外向型经济发展的能力决定着城市服务在全球社会经济网络中的地位、角色及影响力，是城市国际服务功能得以发挥的物质基础之一。长期以来，西安经济发展战略导向制约了西安外向型经济发展的步伐。2015 年，西安进出口总额占 GDP 比重 30.32%，低于国际化城市初级阶段 40% 的标准；在固定资产投资上，主要以吸收内部投资（国家投资、民间投资等）为主，外商直接投资占本地投资比重仅为 9.13%，低于国际化城市初级阶段 10% 的标准（伊斯坦布尔世界城市年会城市国际化指标体系）；西安外商及港澳台规上工业总产值占全部规上企业的比重仅为 18.24%，而同期郑州为 22.97%、成都为 37.44%、武汉为 30.83%。在信息交流方面，西安难以整体融入国际信息网络体系，不能成为其中的主要信息创新和传播者。外向型经济发展不足导致经济国际化程度较低，而较低的国际经济联系难以为服务功能的国际化发展提供更大的空间，从而制约了西安服务功能国际化的进程。

3. 服务业对外开放水平不高

对外开放是引进国际优质城市服务主体的重要环境支撑，通过营造开放包容的市场环境，才能吸引国外先进管理技术，提高本土城市服务发展水平。西安国际服务功能发展滞后、竞争力弱的一个重要原因是服务业对外开放水平不高。政府对服务业的垄断经营现象比较严重，市场准入限制多。银行、保险、电信、民航、铁路、教育卫生、新闻出版、广播电视等，至今仍保持着十分严格的市场准入门槛，在外资准入资格、进入形式、股权比例和业务范围等方面还存在较多的限制。不能更好地引进外资及国外先进技术和管理，服务业的供给、服务质量和服务手段难以适应国际化发展需求，导致服务功能国际化水平不高。同时，多数服务产品的价格还是由政府制定和管理，市场决定价格的机制在服务领域尚未建立，服务业市场化程度严重不足限制了其竞争力的提升。

4. 国际服务人才缺乏

在经济不断发展的状况下，国际高端服务的发展主要依托人力资本和知识资本作为主要投入，并最终物化在最后使用与提供的商品与服务中。西安是我国著名的高等教育城市，同时也是高端服务人才的洼地，尤其缺少领军型的现代服务业企业家、创意人才、设计人才、品牌人才、会展人才、咨询人才。高端国际服务人才的缺乏难以支撑城市服务功能国际化的发展。究其原因，其一是国际服务经济发展落后，缺乏龙头企业带动，难以为高端人才提供个人职业生涯发展需要的平台；其二是西安工资水平较低，对高端人才吸引力不足；其三是缺乏满足国际人才长期居住的休闲、医疗保健、子女教育等国际化社会环境。

第三节 促进西安城市服务功能国际化的路径与对策

一 发展重点

（一）打造内陆开放国际门户城市

1. 打造国际交通服务枢纽城市

建设国际性区域航空枢纽。以国际化要求高水准进行西安咸阳国际机场的升级改造，加快建设西安咸阳国际门户枢纽机场，启动西安咸阳国际机场三期扩建工程，打造以全货机运输为重点的货运基地。按照"丝路连通、欧亚加密、美澳直航、货运突破"的原则，织密国际航线网和国内干线网，建设空中"丝绸之路"，全面构建西安至欧、美、澳、亚各洲的客货直飞网络，建成连接国际、服务世界的国际区域性航空枢纽站。

建设国际性区域铁路枢纽。持续推进高铁建设，争取将更多重点项目纳入国家规划，加快形成"米"字形国家高铁网。开工建设西安到重庆、武汉的高铁，建成西安到成都、兰州、银川、延安的高铁，打造3小时到达周边城市群，4~6小时到达长三角、珠三角、京津冀的快速便捷的高速铁路网。加快关中城际铁路建设，开工建设西安到韩城、阎良到咸阳空港、空港到法门寺、法门寺到西安南站城际铁路，形成"辐射＋环"高速铁路网构架，服务大西安建设，带动关中城市群发展。

建设国家区域性高速公路枢纽。加密大西安高速公路网，改扩建高速和国、省干线公路，完善高等级公路网，开工建设西咸环线南段、空港至国际港务区高速公路，实现陆港、空港一体联通。开工建设连接京昆、福银、连霍的西安大环线高速公路西段，实现县县通高速。改扩建西汉高速、西禹高速和兵马俑专用高速，形成"2环＋12辐射"的高速公路网，构筑以快速客运专线、城市轨道、长途客运、公共交通为一体的综合运输体系

2. 建设区域性国际口岸城市

优化整合现有的海关特殊监管区，申建陕西航空综合保税区，构筑外向型物流通道，提升国际物流保税功能，建立与东部沿海港口和西部沿边口岸高度融合的国际化口岸服务体系，实现通关便利化。完善口岸基础设施，推进西安海关"区港联动"信息化项目，建设西安综合保税区多式联运监管中心。强化口岸政策功能，积极争取有利于西安市主导产业发展的进出境口岸政策，拓宽对外开放的各项进口商品指定进境口岸范围，拓展对外贸易经营的深度和广度，建设直达贸易对象国的内陆起点口岸。积极融入全国通关一体化改革进程，推动电子口岸和口岸大通关建设，完善大通关协作机制和模式，实现各口岸单位联网申报和监管核查，提升进出境通关效率。

3. 打造国际化的物流中心

构建高效便捷的国际物流大通道。强化西安咸阳国际机场航空快捷物流服务功能，促进国内、国际航空货运发展，开辟高速运输航线，打

造国际航空物流大通道。加大对"长安号"国际货运班列运行的政策支持，逐步与连云港港、天津港、上海港、青岛港等港口建立起"港口内移、就地办单、海铁联运、无缝对接"的陆海联运体系，形成东西部互联互通的陆海物流大通道。推进干支线铁路规划建设，构建西北、华北、华中与西南地区的铁路物流大通道。完善西安公路网络体系，推进国际港务区与空港的快速货运道路建设，推进关中快速环线建设，打造便捷、快速、畅通的公路物流大通道。以宝成、包西、西康、宁西、西平干线为基础，以新筑等"一主六辅"铁路综合物流中心为节点，打造铁路物流通道。

构建国际中转枢纽港。加大对国际港务区的支持力度，打造"西安港"。依托西安综合保税区，构筑以新筑铁路综合物流中心、西安公路港、咸阳机场联动发展的物流中转枢纽。加强国际港务区和空港及东部海港的联系，向西依托咸阳机场、新筑铁路综合物流中心，构筑面向中亚、欧洲的陆路国际中转枢纽，向东联通天津港、青岛港、连云港港，构筑面向东南亚、北非和欧洲的海上国际中转枢纽，将国际港务区建设成为"一带一路"国际中转枢纽港。

构建区域性物流协作服务体系。构建"一港三园三大体系，十个物流中心"的物流节点布局体系，推进物流园区（中心）基础设施和公共配套设施建设。加快建设面向亚欧的航空和铁路货物转运中心，构建以国际中转、国际配送、国际采购、转口贸易、分拨配送等为主要功能的国际贸易物流服务平台，积极推行跨境电商等新型贸易形态和快件集拼、国际航运中转等新型物流运作方式，形成一个快捷、高效、通畅、安全并与国际接轨的区域性物流协作服务体系。

专栏 7-1 打造内陆开放国际门户城市重点工程

国际性区域航空枢纽建设工程：加快建设西安咸阳国际门户枢纽机场，启动西安咸阳国际机场三期扩建工程，构建西安至欧、美、澳、亚各洲的客货直飞网络。

国际性区域铁路枢纽建设工程：开工建设西安到重庆、武汉高铁，建成西安到成都、兰州、银川、延安高铁，加快建设关中城际铁路等。

国家区域性高速公路枢纽建设工程：开工建设西咸环线南段、空港至国际港务区高速公路，开工建设连接京昆、福银、连霍的西安大环线高速公路西段，改扩建西汉高速、西禹高速和兵马俑专用高速等。

国际化物流中心建设工程：强化西安咸阳国际机场航空快捷物流服务功能，打造新筑等"一主六辅"铁路综合物流中心，提速推动"西安港"建设，构建"一港三园三大体系，十个物流中心"的物流节点布局体系等。

（二）打造亚欧合作之都

1. 建设先进制造业中心

主动顺应工业 4.0 和"互联网＋"的发展趋势，准确把握智能制造、绿色制造和服务型制造的发展方向，充分发挥高新区、经济开发区、航天基地、航空基地在航空航天设备、电子信息设备、汽车、专用通用设备、高中压输变电成套设备等战略性新兴产业方面的基础优势，重点发展以三星、陕西电子信息集团、应用材料等为代表的半导体设备制造，以美光、三星封装等为代表的封装测试，以中兴、酷派、比亚迪手机等为代表的智能终端制造，以法士特、比亚迪、陕西重汽等为代表的汽车装备制造，以西电集团为代表的电力设备制造，以西部材料、陕西有色、铂力特等为代表的新材料及 3D 打印制造，以北村精密、诺贝特、精雕等为代表的高档数控机床及机器人制造等产业，形成高端装备制造产业集群。深入推进工业化与信息化深度融合，使西安装备制造业实现从"工业制造"

向"智能制造、绿色制造、服务型制造"的快速转型，为西安深度融入全球经济，推进国际化大都市建设发挥重要支撑作用。

2. 建设国际化商贸中心

一是持续促进钟楼、西大街、小寨等特色重点商圈建设，推进长安路、唐延路等现代商务聚集区建设，抓好东大街、解放路等传统商圈改造提升工作，培育和打造一批国际化特色商业街区，支持国际港务区建设"丝绸之路经济带"西安港国际采购中心，吸引外地民营商贸企业地区总部落户西安，提升西安商贸业聚集度。二是引进一批国内外知名的商贸企业，建设一批商贸业发展平台，进一步推进国际港务区"丝绸之路"国际商品交易中心、中西部大宗商品交易中心、"丝绸之路经济带"服装展示交易中心（长乐路）等项目建设，积极培育新的商贸业消费热点，重点发展商业综合体、旗舰店、品牌店、商业连锁、高档会所等，建设西部时尚消费中心。三是积极培育本土民族品牌，保护和提升老字号品牌价值，扶持大型民族企业集团发展，使民族商业成为西安商业的金名片和重要支撑，支持民族商业"走出去"。四是把握新产业革命带来的服务经济创新化发展机遇，聚焦服务经济新领域、新业态、新模式，融入科技智慧、文化创意等元素，创新电子商务、个性化定制、体验式消费 APM 商业概念、免税购物等新型业态模式和功能，将西安打造为新兴商贸服务发展的策源地。

3. 建设国际化金融中心

把握产业融合和专业化分工深化、新兴信息技术应用与渗透、现代商业模式演进与变革等趋势，培育和集聚服务业新兴业态模式，大力发展私募股权基金、消费金融、私人银行、财富管理机构、房地产信托基金等新兴金融业，进一步提升在西安金融业发展格局中的地位，构建国际化的产业金融服务体系。鼓励知名国（境）内外金融机构和企业在区内设立法人金融机构、区域性分支机构和创新型金融机构。推动本地金融机构国际化，促进国际金融资本与本土金融资本的融合发展，设立中外合资金融机构以及基金、小额贷款公司、担保公司等各类准金融机构。引导建设促进天使创业投资发展的聚集区和平台，鼓励境内外个人开展天使投资业务。大力发展融资租赁、科技金融、能源金融、文化金融、大数据金融等新兴金融产业，推进浐灞西安金融商务区、西咸能源金融贸易区、西安高新科技金融服务示范园区、西安曲江文化金融示范园区等金融聚集区建设，着力建成在"丝绸之路经济带"上具有重要影响力的区域性金融中心。

4. 建设国际化会展中心

加快西安国际会展中心建设，着力打造"一个中心、两个产业园区、四个特色功能区"。"一个中心"即在西安浐灞生态区欧亚经济综合园区核心区规划建设西安丝路国际会展中心；"两个产业园区"即以曲江国际会展中心和曲江国际会议中心为核心；"四个特色功能区"即临潼高端会议及奖励旅游特色会展区、大唐西市文化展览展示区、阎良航空产业会展功能聚集区、沣渭新兴产业及体育综合会展区，形成"分布合理、配套完善、优势互补、集群发展"的会展产业新格局，把西安打造成为集旅游、购物、休闲、娱乐、住宿、餐饮、商务会展、节庆赛事为一体的国际化会展中心。

5. 积极开展国际合作

深度融入"一带一路"国家倡议，做好东进西拓、南下北上开放文章，加强与长江经济带、京津冀、中原、成渝等城市群的战略互动，形成全方位开放新格局。提升西安国际陆港、航空港、海关特殊监管区、口岸四大平台功能，建设"一带一路"国际粮油及冷链物流基地，最大限度发挥中转枢纽港作用。加快推进国家级欧亚经济综合园区核心区、中亚商贸物流园等建设。优化进出口结构，发展新型外贸业态，促进跨境电子商务健康快速发展。鼓励支持开发区及有条件的企业"走出去"，建立海外仓、境外国际合作园区，培养本土跨国公司，拓展"海外西安"发展空间。提升"长安号"国际货运班列（中欧班列）运输能力，打造面向中亚、东南亚、欧洲的铁路货运集散中心。积极构建国际化合作新平台，用好物流中心、保税区、出口加工区和自贸区平台，加快铁路公路建设，推进西安与欧亚国家商务贸易合作发展。

专栏 7 - 2　打造亚欧合作之都重点工程

先进制造业中心建设工程：重点发展以三星、陕西电子信息集团、应用材料等为代表的半导体设备制造，以美光、三星封装等为代表的封装测试，以中兴、酷派、比亚迪手机等为代表的智能终端制造，以法士特、比亚迪、陕西重汽等为代表的汽车装备制造，以西电集团为代表的电力设备制造，以西部材料、陕西有色、铂力特等为代表的新材料及 3D 打印制造，以北村精密、诺贝特、精雕等为代表的高档数控机床及机器人制造等产业。

国际化商贸中心建设工程：推进钟楼、西大街、小寨等特色重点商圈，长安路、唐延路等现代商务聚集区建设，抓好东大街、解放路等传统商圈改造提升，建设国际港务区"丝绸之路经济带"西安港国际采购中心，进一步推进国际港务区"丝绸之路"国际商品交易中心、中西部大宗商品交易中心、"丝绸之路经济带"服装展示交易中心（长乐路）等项目建设。

国际化金融中心建设工程：推进浐灞西安金融商务区、西咸能源金融贸易区、西安高新科技金融服务示范园区、西安曲江文化金融示范园区等金融聚集区建设，构建国际化的产业金融服务体系，设立中外合资金融机构以及基金、小额贷款公司、担保公司等各类准金融机构。

国际化会展中心工程：推进西安丝路国际会展中心、曲江国际会展中心、曲江国际会议中心、临潼高端会议及奖励旅游特色会展区、大唐西市文化展览展示区、阎良航空产业会展功能聚集区、沣渭新兴产业及体育综合会展区等项目建设。

国际合作平台建设工程：推进国家级欧亚经济综合园区核心区、中亚商贸物流园、"一带一路"国际粮油及冷链物流基地等项目建设。

（三）打造国际历史人文之都

1. 建设国际文化旅游中心

围绕建设最具东方神韵的全球一流旅游目的地城市目标，深度挖掘、整合西安丰富的历史文化和宗教文化资源，以旅游带动文化大发展，大力发展古城文化游、自然山水游、休闲度假游、乡村古镇游、农业观光游、工业遗存游、会展游、养生养老游等多元化旅游业态，实现旅游强市。积极开展与"丝绸之路"沿线国家和周边城市旅游合作，打造精品线路，不断扩大西安旅游"版图"。大力发展特色文化产业，实施"文化产业倍增计划"，围绕"文化＋人脑＋电脑"，促进"文化＋"与生态、旅游、科技、金融、会展深度融合，加快发展一批动漫、音像、传媒、视觉艺术等文化创意产业园区，建设全国文化创意中心。

2. 建设独具魅力的华夏故都

倍加珍惜呵护宝贵的历史文化遗产，充分发挥历史文化、盛世文化、丝路文化、红色文化、秦岭文化资源优势，深入挖掘周、秦、汉、唐优秀传统文化价值，开展"古镇、古村落"地名文化遗产认定，恢复好、保护好、展示好西安的古遗址、老街区、名建筑。传承西安特色文化，开展非物质文化遗产的调查和申报，加强非物质文化遗产场馆建设，加快建设一批博物馆和方志馆，引导行业博物馆和非国有博物馆健康发展，打造博物馆之城。加快城墙顺城巷、三学街、小雁塔、回坊等历史文化街区改造提升，恢复历史文化古城风貌，规划建设"秦渡古镇"，发展"永兴坊""古都印象""簸箕掌""沙河水街""高陵场畔""太乙·长安道"等特色旅游休闲集聚区。实施中华文化标识工程，对兵马俑、大雁塔、城墙、秦岭、渭河等代表中华文明的精神标识和自然标识资源进行保护、传承和开发。

3. 搭建国际文化交流的合作平台

充分发挥国际会展带动效应，用好欧亚经济论坛平台和品牌，办好丝博会暨西洽会等展会，加强与国际机构和国家部委的合作交流，着力引进一批具有世界影响的国际会议、高端论坛项目，加快丝路国际会展中心等重点项目建设，提升国际展览、国际会议、国际赛事承接能力。加强与联合国教科文组织、国际知名智库等机构对接，建设具有重要影响的非政府国际文化交流平台。积极对接上海合作组织、欧亚经济联盟等国际合作组织以及中国国际交流协会等政府国际联络机构，推动建设国际文化交流平台。加快西安领事馆区建设，争取更多"一带一路"沿线国家在西安设立领事馆、签证中心、商务代表处等，推进西安在"丝绸之路"沿线的重要节点城市设立办事机构，打造西安建设"丝绸之路"经济带新起点及国际化大都市的先导区。制定友好城市发展计划，进一步增加友好城市数量，深入开展与友好城市之间的经济、科技、文化交流，提高西安文化辐射力，打造西安特色国际文化品牌。

专栏 7-3　打造国家历史人文之都重点工程

国际文化旅游中心建设工程：大力发展古城文化游、自然山水游、休闲度假游、乡村古镇游、农业观光游、工业遗存游、会展游、养生养老游等多元化旅游业态。大力发展特色文化产业。实施"文化产业倍增计划"，加快发展一批动漫、音像、传媒、视觉艺术等文化创意产业园区，建设全国文化创意中心。

独具魅力的华夏故都建设工程：开展"古镇、古村落"地名文化遗产认定，恢复好、保护好、展示好西安的古遗址、老街区、名建筑。打造博物馆之城，加快历史文化街区改造提升，规划建设"秦渡古镇"，发展"永兴坊""古都印象""簸箕掌""沙河水街""高陵场畔""太乙·长安道"等特色旅游休闲集聚区，实施中华文化标识工程等。

国际文化交流的合作平台建设工程：用好欧亚经济论坛平台和品牌，办好丝博会暨西洽会等展会，引进一批具有世界影响的国际会议、高端论坛项目，提升国际展览、国际会议、国际赛事承接能力，加快西安领事馆区建设，制定友好城市发展计划等。

（四）打造国际创新之都

1. 吸引世界科技资源和服务机构聚集

引进一批世界著名企业与机构来西安设立跨国研发中心、创新中心、国际技术转移中心。加快国际企业研发园、国际企业孵化器、留学人员创业园等一批国际化研发创新载体的建设和发展，形成聚合高端要素的国际化创新创业空间体系。加强与以色列风投公司合作，重点开展科技招商，引入以色列科技型中小企业和科技孵化器，鼓励本地金融机构与以色列风投公司联合发起基金或成立合资投资公司，探索成立政府专项引导产业创新基金，打造长效合作机制。

2. 搭建国际科技创新合作平台

做强产学研合作发展平台，强力推动以大学科技园为骨干引领的产学研紧密结合体系，加快建设中国西部科技创新港，推动大学、科研院所与企业双向开放，鼓励大学、科研院所参与国际科技合作。复制推广西安光机所、西北有色院"一院一所"改革经验，促进创新成果市场转化。依托欧亚综合园区，加快推进中俄丝路创新园、中印科技园等建设，促进国际科技创新合作。

3. 强化高端产业科技服务

强化战略性新兴产业领域科技创新，实施新一轮引技、引智计划，加大集成电路、新型显示、光电子、大数据与云计算、增材制造、机器人、无人机、卫星应用、新材料等产业领域国际合作创新扶持力度，完善战略性新兴产业国际创新服务。促进先进制造业转型升级，通过实施"互联网＋""机器人＋""标准化＋""数字化＋"行动计划，带动先进制造业科技创新，实现产业转型升级。依托国家军民深度融合示范城市，积极推进军民融合科技创新，借鉴乌克兰、以色列等国家在军民融合方面的经验，加强西安军工企业与乌克兰航空工业、以色列机械制造等国际知名军工企业在军民融合领域的科技创新合作，加快推进军民融合科技服务国际化进程。

4. 提升创新创业服务水平

依托国家小微企业创业创新示范城市建设，做强双创孵化示范平台，稳步推动众创、众包、众扶、众筹平台发展，以高新、曲江、碑林、长安、雁塔五区为主阵地，以校区、院区、园区、街区、社区五区联动为主要途径，推进众创空间聚集区和特色区建设。发挥天使投资、风险投资、科技转化引导基金作用，促使科技与金融结合，推动西北人才大市场、技术大市场和资本大市场聚集融合，为创新创业营造更优的创业创新环境。以人才满意为第一标准，积极创新人才服务模式，最大限度留住在西安的大学生、研究生、科研人员等各类人才，贴心贴近、精准细致地做好人才服务工作，使西安成为海内外青年人才创新创业的"天堂"。

专栏 7 - 4　打造国际创新之都重点工程

世界科技资源和服务机构聚集工程：加快国际企业研发园、国际企业孵化器、留学人员创业园等一批国际化研发创新载体的建设和发展。加强与以色列风投公司合作，重点开展科技招商等。

国际科技创新合作平台建设工程：做强产学研合作发展平台，加快建设中国西部科技创新港，推动大学、科研院所与企业双向开放，鼓励大学、科研院所参与国际科技合作。加快推进中俄丝路创新园、中印科技园等建设，促进国际科技创新合作等项目建设。

高端产业科技服务强化工程：实施"互联网＋""机器人＋""标准化＋""数字化＋"行动计划，带动先进制造业科技创新。加强西安军工企业与乌克兰航空工业、以色列机械制造等国际知名军工企业在军民融合领域的科技创新合作等。

创新创业服务水平提升工程：做强双创孵化示范平台，稳步推动众创、众包、众扶、众筹平台发展，推进众创空间聚集区和特色区建设，推动西北人才大市场、技术大市场和资本大市场聚集融合等。

（五）打造国际生态宜居宜业之都

1. 突出城市山水特色

充分利用秦岭北麓自然资源，强化生态保护机制，科学划分空间功能，建设生态功能稳定、文化内涵丰富的大秦岭。做好太乙峪、沣峪、汤峪等48个峪口的开发利用工作，形成城市与山水相融合、生态与经济社会相协调、人与自然和谐发展的新格局。加大水源涵养林建设力度，申报和打造秦岭国家中央公园，打造国际生态保护示范区。加强对城市水系的保护、利用、整治、开发和提升，加快渭河等流域生态修复，把"八水"和湖泊建成展现城市风貌的重要生态符号。大力实施生态引水，恢复一批河池水景，改造一批城市水工程，加快建设斗门水库等水利工程，加快推进浐河雁鸣湖、灞河广运潭、渼陂湖、泾渭分明等生态湿地建设，打造西安城市"库、河、湖、池、渠"连通的水系网络体系，打造富有西安特色的水韵之城。

2. 建设多元包容性城市

综合利用传统媒体和新媒体等多种方式在全市范围内广泛开展文明礼仪普及教育活动，提高市民的文明程度。通过联合举办、引进或参与各国各地区的文化活动，增进西安本土文化与世界各国文化的交流互鉴。提高市民尤其是公共服务行业对外交流能力，营造国际化语言环境，促进咨询服务体系的多语化建设。规范外语标识，推进国际标识改造，不断扩大国际化标识覆盖面。建设和完善市政府门户网站英文版，为西安外籍人士提供便捷的网上政务服务。

3. 建立与国际接轨的公共服务环境

创新涉外管理体制机制，探索建立适应国际化建设需要的国际会议管理、外国非政府组织活动管理等一系列涉外管理机制。改进境外来华人员服务管理工作，将外国人服务管理纳入政府社会管理综合治理范畴。构建和完善政府主导、部门联动、社会参与的外国人服务管理综合体系。保护境外就业人员的合法权益，保障其按规定享受各项社会保险待遇。深入推进行政权力依法规范公开运行，提升政务服务效能，提高政府部门的国际化运作水平。进一步完善现有的地方性法规和规章，努力形成适应国际化城市建设的现代法规制度体系。

营造国际化信用环境。以营造国际化的商务诚信、社会诚信环境为着力点，建设与国际惯例接轨、与社会主义市场经济体制和社会管理体制相适应的社会信用体系。以政务诚信、商务诚信、社会诚信和司法公信建设为重点，建立完善的信用法规制度和标准规范体系，形成覆盖全市、功能完善的公共信用信息管理系统。

4. 提升城市宜居品质

尊重城市的历史文化和居住生态，注重城市美学，统筹协调城市景观风貌，体现"大气、美观、绿色、特色"。正确处理古城保护与开发关系，加强大遗址、历史建筑保护修复，守护城市特色。建立以轨道交通为骨干，以快速公交、常规公交为主体的现代大都市立体公共交通体系。坚持公交优先发展战略，持续推进缓堵保畅，解决"治堵难"。推进地下空间综合开发利用，加快"海绵城市"和地下综合管廊建设，健全道路桥梁、景观照明等标准和规范，深化城郊区域环境治理，提升物业管理水平和覆盖率。围绕"互联网＋"，充分利用新一代信息技术，创新城市发展模式，深入推进与市民生活密切相关的公共服务信息化建设，促进城市宜居，营造普惠化智慧生活。

加快"智慧城市"建设。扩大智能交通设施覆盖面，提高覆盖密度，提升技术含量，深化应用管理，实现交通管理智能化。构建智慧城管信息安全保障体系，完善和升级各信息监控系统，整合数据资源，逐步建成技术先进、标准统一、市域通用的智慧型城市管理平台。实施智慧排水、智慧燃气、智慧供水、智慧电力、智慧通信、智慧市政设施6大城市管网智能化建设，科学提高城市地下管网管理和服务水平。

专栏7-5 打造生态宜居宜业之都重点工程

城市山水特色彰显工程：做好太乙峪、沣峪、汤峪等48个峪口的开发利用，申报和打造秦岭国家中央公园，打造国际生态保护

示范区，加快渭河等流域生态修复，加快建设斗门水库等水利工程，加快推进浐河雁鸣湖、灞河广运潭、渼陂湖、泾渭分明等生态湿地建设。

立体公交体系建设工程：轨道交通建设工程、市域快速通道建设工程、公交优先快速交通体系建设工程。

社会信用体系建设工程：信用信息应用示范工程、中小微企业信用体系建设工程、农村信用体系建设工程、信用服务机构培育工程、社会信用标准化体系建设工程、信用人才培养工程、诚信文化建设工程。

"智慧城市"建设工程：建设先进的信息基础设施网络，基本建立起集智能交通、智能城管、智能地下管网、智能安全保障为一体的智能化城市基础设施运行和管理体系，基本实现基础设施智能化、城市管理信息化。

二　实现路径

（一）夯实经济基础

雄厚的经济基础是发挥城市综合服务功能作用的重要前提。强大的城市经济实力以及发达的腹地经济能够充分激发中心城市面向更广区域的综合服务功能需求，进而孕育服务全球的城市服务功能。因此，西安国际城市服务功能完善以及国际化水平的提高必须以强大的经济基础以及经济发达的腹地支撑为发展前提。通过坚持大集团引领、大项目支撑、集群化推进、园区化承载的思路，积极发展优势产业，加快构建高端化的产业结构。积极培育壮大以战略性新兴产业为重点的高新技术产业，大力发展以先进制造业为主体的工业经济，不断深化两化融合和军民融合，推动传统制造业转型升级，做大做强航空、航天、汽车、专用通用设备制造、输变电设备制造等优势产业，建成全国重要的先进制造业基地。积极发展外向型经济，在国际品牌招商、对外经贸合作、国际商业文化旅游活动等方面走向世界，扩展高端交易领域。

（二）扩大开放水平

开放的市场环境是促进城市服务功能向国际化迈进的重要环境基础，基于贸易和投资的国际经济联系是推动城市服务功能国际化的主要力量。因此，西安未来要进一步扩大服务业开放水平，吸聚并高效配置全球城市服务资源。改善投资环境，建立各类资本进入的负面清单，建立公平、平等、规范的市场准入制度，在确定服务标准和加强行业监管的前提下放松经营管制，消除市场壁垒。积极推进服务业企业从国外"引进来"，着力引进产业链上游关键企业的区域总部，培育壮大一批具有核心竞争力的产业集群。鼓励优秀服务企业和品牌"走出去"，支持企业到省外和境外发展，鼓励企业以并购、参股、股权置换、技术和品牌投资等多种方式开展跨地区经营，培育一批扎根西安、国内一流的企业集团。

（三）深化区域合作

城市间的区域合作在城市服务功能国际化中的作用日益突出，通过城市群的内外联动和紧密协作，发挥群体效应，培育战略腹地，协同参与国际竞争，已经成为完善城市服务功能，提升城市国际影响力的重要途径。省内层面，以西咸一体化为重点，推进西安与省内其他城市产业合作，大力发展服务全省产业发展的生产性服务业，探索西安与省内城市在金融、创新、文化、会展等多领域的合作，提升西安城市服务功能在关中平原城市群及全省的服务水平；省外层面，加强与"一带一路"沿线城市的交流与合作，依托西安创新资源、文化资源等优势条件，积极搭建创新创业、文化交流、金融服务等合作平台，大力拓展合作领域，扩大西安城市服务功能辐射范围。

（四）引进高端人才

高端服务业具有高度创新性、专业依赖性、知识密集性等特点，因此国际服务功能的建设高度依赖国际化专业素质人才。纵观世界著名城市的发展轨迹，凡是综合服务高度发达的城市，必是人才高度集聚的城市。因此，要按照城市服务功能培育与发展的要求，推进西安人才体系的进一步完善与人才素质的不断提升，把西安建设为服务人才聚集高地。强化高端人才的引进，鼓励企业从西方发达国家引进金融保险、服务外包、电子商务、专业服务等国际高端功能服务人才。争取国家在西安试点海外人才引进新机制。放宽外籍创新创业人员停留居留期限，扩大停留居留证件签发范围，扩大外国人才在华永久居留（绿卡）及 5 年签证发放范围。实行外籍人才分类管理，实现专家证、外国人就业证"两证合一"一站式办理。建立为外籍高层次人才及其随迁配偶和未满 18 周岁的外国未婚子女提供申请永久居留资格的便利机制。重视高端人才的培育，积极发展与国际化人才需求相适应的培训体系，鼓励境内外服务业培训机构和行业龙头企业与高校、企业合作开展人才培训，全面提升教育国际化水平。

（五）塑造国际形象

良好的国际形象和城市品牌是促进城市服务功能国际化，提升城市国际影响力的催化剂。未来西安要广泛借鉴国际化城市营销传播的成功经验，实施城市形象的国际推广和城市营销传播策略。加强国际城市品牌产品的开发，挖掘和整合西安具有国际优势的城市资源，提炼和确认西安核心国际城市品牌。坚持多渠道、多形式、多手段宣传推介西安，精心制作能集中反映西安城市特色品质的外宣精品，形成独具特色的外宣品牌，提升西安的国际知名度，吸引更多的外籍人士、海外侨胞集聚西安。充分利用举办重大国际会议和活动的契机，建立与全球主流媒体的战略合作关系，借助国际媒体专业能力和国际影响力推介西安。发挥本地国际知名企业家、外籍人士、外侨、国际友人等名人效应，用好国际友城资源，通过各种载体和途径对外宣传展示西安。

三 西安提升服务功能国际化和国际影响力的措施建议

（一）加强统筹协调

加强组织领导，形成党委统一领导、党政齐抓共管、人大和政协有效发挥作用的城市服务功能国际化工作领导格局。加强协同推进，充分发挥西安市城市国际化推进工作委员会牵头抓总作用，主要负责对服务功能国际化与国际影响力提升的指导和协调，领导小组应依据西安国际服务功能发展实际，统筹组织编制西安服务功能国际化发展规划，制定扶持政策，筹建国际服务重点企业和重点项目数据库，明确服务功能国际化重点领域，指导企业规避风险，协调解决有关问题。设立城市服务功能国际化工作指导小组，由分管市领导担任组长，市发改、交通、科技、商务、旅游、城建等部门主要领导分别牵头国际交通服务、国际科技服务、国际商务服务、对外交流服务、城市国际社会环境建设等方面的指导协调工作。

（二）优化政策环境

一是要加强财税支持力度。研究设立西安服务功能国际化专项资金，对有利于促进城市服务功能国际化的公共服务保障体系建设项目给予适当的财政补贴，通过贴息、贴保等方式对重大国际合作项目给予支持。二是要拓宽融资渠道。设立城市国际服务功能建设投资基金，通过吸引社会资本参股，采取股权投资方式，利用基金杠杆撬动民间资本，支持本地企业海外投资。三是要落实金融支持政策。鼓励金融租赁和融资租赁公司发展，帮助服务企业扩大政策性贷款规模，开展银团贷款、出口信贷、项目融资，申请国家"两优"贷款，利用丝路基金、亚投行等融资服务平台，为开展城市国际服务功能建设的企业提供长期、低成本外汇贷款。四是要加强出口信用保险服务。对开展国际产业的企业实施出口信用保险保费补贴政策，协调中国出口信用保险公司延长承保期、扩大保险覆盖面。五是建立完善风险预警防范机制。加强对海外风险的监测，制定境外商务突发事件应急预案，增强对海外工作人员的人身安全和权益的保障。

（三）搭建信息平台

一是要与国家相关部委、驻外使领馆保持紧密联系，适时、准确地获取城市服务功能国际化的最新政策、项目以及投资目标国的相关信息，为本地服务企业参与国际合作提供项目来源和政策保障。通过领导出访、开展国际经贸论坛等形式，不断延伸政府服务网络，提升政府对国际合作目的地国家和地区法律、法规、政策等信息的搜集能力。二是要整合信息资源，建设城市服务功能国际化公共服务平台。加强对相关目的地国家的法律、法规和政策的研究，开展市场预测，为服务企业开展国际合作提供可靠和权威的市场需求、投资环境和法律法规等信息。强化资产评估、法律、会计、投资风险评估等配套服务支撑，构建市场化、社会化、国际化的涉外中介组织体系。

（四）优化营商环境

一是创新对外开放的体制机制，重点在贸易便利化、投资自由化、行政体制创新、科技体制创新、金融制度创新、服务业扩大开放、完善税收政策等方面加快探索，推动政府职能转变和开放型经济新体制的建立。推动准入前国民待遇加负面清单外资管理模式，打破各种行政性的行业垄断和地区垄断，取消各种地方保护主义政策，完善法制化、国际化、便利化的营商环境。推行行政审批标准化建设，完善信息网络平台，建立一口受理、同步审批的"一站式"服务模式，营造更加高效便利的商贸环境。二是提升涉外公共服务水平。开辟涉外企业员工出入境证件办理绿色通道，为外籍"双高"人才提供出入境居留便利。深入实施外籍人士"家在西安"工程，强化科技馆、图书馆、博物馆、医院、学校等基础设施的国际化服务能力，建设完善国际社区、国际学校、国际医院等涉外服务设施，不断规范政府外文网站和公共设施外文说明。三是营造国际化的城市氛围。举办各类国际活动，丰富交流内容，拓宽合作领域。吸引和集聚各类国际组织地区总部和分支机构，争取更多国际商会、协会和国际经贸促进机构落户欧亚经济综合园区。推行国际规则，使城市的经济、社会、文化、行政等各项活动的组织结构、管理体制、调控机制、运行方式等与国际通行惯例相协调、兼容和对接，做到管理法制化、服务规范化、环境国际化。

第八章

城市空间发展未来

第一节 大都市空间的网络化

在信息化、全球化和网络化的新时代背景下，经济社会发展并没有出现"去空间化"，而是导致区域空间结构的深度演化与重构，并加速了区域空间结构的网络化过程以及和全球经济空间的紧密联系。在美国，大量的理论和实证研究关注大都市区的多中心化现象。而在欧洲，由于城市发展的历史原因，其更多地关注由多个同等规模城镇组成的多中心城市区域，如荷兰的兰斯塔德（Randstad）地区。在我国，随着大城市郊区化发展，一些特大城市如上海、广州等已显现多中心空间结构，而且围绕这些中心城市形成的大都市区域迅速发展，经济实力和国际影响力都在大幅提升，城镇群体化、区域化发展趋势明显，正在从传统的单中心城市向多中心、网络化城市区域（或区域城市）转变。

一 网络化大都市的空间组织

网络城市具有多中心空间结构，在功能上一体化，具有完善的职能分工或网络整合体系，由实体联系（快速交通系统）和虚拟联系（通信系统）网络支撑，是分散化但有竞争力，经济、社会和环境可持续发展的城市形态。大都市区空间网络化模式是指中心城市和各级城镇之间为保持一定程度持续连接的交通流、人流、物流、信息流、资金流和技术流等而运用的一种空间组织模式，目的是最终实现网络经济和资源共享，它是大都市区空间组织的一种新范式。都市区网络里的城镇节点组成的是一个柔性的交互环境，节点之间的职能关系不是以相互替代为主导，而是互相分工和补充。网络化空间格局强调大都市区的空间开放性，并具有区域化的特征，所以应打破行政区划界限，从城市区域整合的角度研究和规划城市发展。

（一）网络化空间产生背景

信息时代，城市之间的联系突破区域的行政界限。网络缩小了城市与区域、城市与城市之间的时空距离，从而使城市发展分散化、中小型化，形成开放式、网络型和多中心的城市体系。这种环形树状结构特征可以反映信息社会城市—区域的空间形态。在这个巨大的网络系统中，中心大城市的作用被进一步强化，网络的主干是国际性城市之间的连接通道，分支是国内的大城市与其他地方中心城市的连接通道，小分支则是参与经济全球化分工的中小城市，世界级大城市仍是国际化网络的集聚节点。城市—区域结构在较高水平上达到新的平衡，形成功能上一体化的空间结构体系。

信息时代，生产的社会化分工加剧，城市组织形态以远程联系方式来组织社会生产和生活，空间结构集聚动力减弱。城市各种功能的分布可以不受地域空间的限制，以区位条件为主导的城市功能布局原则在信息网络时代不再重要。城市的一般功能区（如居住、工业等）呈分散趋势，而城市中心区的商业、金融、信息服务等职能仍然呈向心集聚的态势，城市的郊区和中心区成为信息时代城市的活跃地带，城市空间发展处于整体分散与局部集聚的状态。拥有大量高校和科研机构、高技术人才、先进的管理水平并邻近全球信息网络重要节点位置的地区，是城市发展的前沿地带。

（二）网络化大都市空间基本特征

1. 都市圈网络化发展模式的空间过程是一种生产、交换和消费等经济活动所产生的空间效应过程，即空间网络化是经济网络化的外在表现

其作用在于最大限度地克服空间距离对区域经济发展带来的束缚，最大限度地降低区域资源流动成本，从而能够充分利用区域资源，实现区域合理分工，以获得最大的区域经济整体效益。在都市圈的发展过程中，始终存在纵横交错的网络化关系和影响区域经济发展的明确结构，这个发展过程本质是地域中的经济活动，它可兼顾城镇化的集聚和扩散效应，同时使物质和意识形态的转化得到有效结合。

2. 都市圈网络化发展模式更强调城镇间横向联系、互补分工和双向交流，注重科研、教育、创新技术等知识型活动

圈内各城镇完全受市场机制发展状况影响而随时自我调整，注重城市间经济作用和城市功能的异质性。对一个多核心区域而言，不是需要某一个城市提供一整套城市服务，而是整个区域系统构建一个完整的城市功能。每一个城市从它与其他城市的交互式增长的协调中获利，而这些交互式增长是通过互惠合作、知识交换和未预期的创新性活动产生的。

3. 在都市圈网络化的发展过程中结构不断变化和发展，城镇体系格局由传统的层级式向网络式转变，朝着区域一体化的方向迈进

都市圈网络化发展模式通过空间扩散效应，达到农村地域结构的转换，最终融合城乡二元结构，达到城乡一体化。网络化程度的高低决定了城乡相互作用的强弱，程度越高城乡各经济要素流动越快，城乡一体化程度也越高。

4. 在人口聚集、房地产开发、经济与产业布局、大型基础设施的建设以及环境保护与生态建设等方面都开始突破中心城市而在都市圈区域范围内统一筹划和展开

这种网络化发展模式既可以避免发展超大城市较高的外部成本（环境污染、交通拥挤和昂贵的地价）和由于大量农村人口的盲目涌

入造成的人口负荷过重的问题，也可以弥补现在我国小城镇"天女散花"发展方式固有的大量耕地资源浪费、集聚效应不明显和低效益的不足。值得注意的是，人口与产业的集中并不一定集中于都市圈内位于等级最高的节点城市，而可能进入与核心城市共同形成一组多核心的其他城市；大城市的功能转移引起中小城市地位上升，并获得了新的功能。

二　网络化大都市的空间整合

网络化都市发展格局已经成为世界性的普遍规律，构建网络城市是尊重城市客观规律的必然选择，也是推动城市转型，提升城市治理体系和治理能力的集中体现。因此，大城市及特大城市要在城市规划工作中考虑网络化大都市的发展趋势，提前谋划城市空间整合。西安在此方面做了大量的工作。

（一）战略定位

按照《关中—天水经济区发展规划》提出的把西安都市区建设成为国家重要的科技研发中心、区域性商贸物流会展中心、区域性金融中心、国际一流旅游目的地、全国重要的高新技术产业和先进制造业基地的目标，以及未来都市区在区域承担的职能和作用，西安都市圈未来发展定位为世界东方历史人文之都，国际一流旅游目的地，科技、教育、交通、高新产业具有世界地位的中国内陆国际化大都市。

未来西安都市圈将围绕上述定位，以建设国际化大都市为目标，发掘城市内涵，提升城市品质，重构城市空间格局，促进城市的快速发展。

（1）推进西咸一体化进程，加快国际化大都市建设

西安、咸阳两市是关中城市群的核心，且两市建设用地已经相连，通过一体化发展对两市的资源进行整合，有利于做大做强，是推动国际化大都市建设的重要手段。

（2）建设渭河城市核心区，塑造国际化大都市形象

以泾渭新城及空港新城带动城市空间向北跨越渭河，使渭河两岸成

为集金融商务、会议展览、文化产业、商业旅游、休闲娱乐为一体的大都市核心区带。

依托文化及生态资源，发展西咸新区，使其成为集生态、文化、旅游、居住、新兴产业为一体的城市新区，塑造大都市现代化城市形象。

（3）提升都市区的国际通达性，建设现代国际交通中心

进一步强化西安咸阳机场的枢纽功能，加强铁路枢纽建设，强化以西安为中心的陕西省"两环六辐射三纵七横"高速公路网。依托"空港新城"和"国际港务区"及相关产业优势，使西安都市区成为面向世界的交通枢纽。

（4）传承历史文化，彰显华夏文明，打造世界东方历史人文之都

进一步挖掘炎黄文化的传承脉络，依托史前、周、秦、汉、唐文化积淀，传承和创新秦风唐韵、佛道宗教等历史文化，大力弘扬现代文化，彰显华夏文明，努力将西安都市区打造成为世界东方历史人文之都。

（5）加强旅游资源整合，建设国际一流旅游目的地

加强旅游资源整合，优化旅游环境，突出人文旅游精品，打造山水旅游品牌，增加休闲、度假内容，建设国际化的旅游基础设施和旅游服务体系，使西安都市区成为国际一流的旅游目的地。

（6）依托秦岭绿色生态资源，恢复"八水绕长安"河湖系统，建设生态宜居城市

充分利用秦岭绿色生态资源和丰富的水资源条件，精心打造"八水"生态景观带、湖泊湿地生态园区，强化城市绿色开敞空间，进一步调整工业布局，加强都市农业的发展和农业生态产业园的建设，使城市发展与生态承载力相协调。在全面提升都市区自然生态水准和人文社会环境的基础上，使其成为在国内外有很强吸引力的内陆生态型宜居城市。

（二）发展目标

未来西安都市圈将传承城市历史文化底蕴，延续城市发展空间脉络，依托交通区位、科研教育等资源禀赋及以渭河、秦岭、"八水绕长安"为特色的生态格局，彰显十三朝古都的历史人文特色和现代大都

市的城市景观风貌，科学构建国际化大都市空间结构。

以主城区和卫星城为都市区城镇体系基本格局；加快主城区北跨、东拓、西接、南融的步伐；以西安钟楼南北线为中轴，以渭河水脉贯穿东西，以秦岭和渭北为两大生态风光带，构建"一轴、一河、两带"的大都市空间结构。

以悠久璀璨的华夏文明为灵魂，以山川秀美的大秦岭为屏障，以"八水绕长安"的生态景致为胜景，以便捷高效的交通体系为支撑，把西安国际化大都市建设成为一座历史底蕴与现代气息交相辉映的东方人文之都，一座人文资源与生态资源相互依托的魅力和谐之都。至2020年，都市圈综合经济实力实现跨越，城镇化水平有新的提高，城镇结构得到优化，基础设施建设有新的突破，主城区城市空间框架基本形成，重要建设区域和重点建设项目基本完成，国际化大都市初具规模。至2020年，规划都市圈总人口1280万人，其中城镇人口1110万人。城镇化水平达到86.7%。到2020年，规划主城区总人口850万人，建设用地850平方公里。

（三）空间布局

（1）城镇空间结构

西安都市圈未来将确立区域整体发展理念，支撑做大做强西安国际化大都市，并通过主城区与外围地区的分工互补，实现西安主城（含咸阳）的功能升级、空间优化和生态可持续，并积极带动更大区域共赢发展。

以主城区为核心，中心城镇为节点，快速骨架交通体系为依托，构建都市区城镇发展格局，形成"一轴、一环、八辐射"的城镇空间结构。"一轴"：沿陇海线的城镇经济发展轴。"一环"：以关中环线为纽带的城镇发展密集区。"八辐射"：以高速公路和铁路为依托的中心城区辐射带。

（2）主核心城区

西安都市圈核心城区将西安、咸阳总体规划中的六村堡（沣渭新区）、新筑（国际港务区）、机场（空港新城）、渭北生态产业带（渭北综合商务区）、西咸新区纳入主城区，新增建设用地将超过约100平方公里。在文化产业国际化战略背景下，以最具影响力的周、秦、汉、唐文化为基础，将厚重的东方文化与众多文化遗产遗迹相结合，形成文化产业聚集区，凸显由"文化资源大省"向"文化产业强省"的转变，促进历史文化的传承与发扬，彰显华夏文明。

第二节　城市新区的产城融合

一　产城融合

（一）产城融合的概念拓展与定位

"产城"的常规意义是产业与城市，其中产业主要是指城市中的产业，包括工业、房地产业、服务业等，城市主要由县城及以上级别的城市组成。多年来，随着人们对我国城镇化认识的加深，人们逐渐认识到，没有乡村城镇化就无法实现我国的全面城镇化。基于此，产城融合理念仍有待探讨。①"城"不仅包括城市，也应包括城镇，而我国目前的城镇化重点应放在乡镇城镇化上，使其成为城镇化的最大人口"蓄水池"。②"产"也不能仅指"二产和三产"，对于人口大国区域而言，"一产"具有其重要地位，而且它还具有很强的衍生产业能力，如以传统农业为基础衍生的"农家乐"等娱乐产业，以及农产品加工业等。③乡镇"产"的建立，不仅能带动整个社会经济的增长，更重要的是能推进农村城镇化，实现农村人口向社区、集镇转移。基于以上分析，可以认为产城融合的实质就是从区域自身资源特征入手，根据经济社会的发展水平和生态环境要求，围绕"人"的生存与发展，打造与城镇相匹配的土地利用方式，形成以产业空间布局推进城镇人文经济，以城镇人口和谐生活为目标配置与调控产业结构，建立"产"与"城"的有机融合。

（二）以人为本的产城融合框架构成

产城融合的终极目标是为区域内的人创造一个赖以生存的最佳环境，"产"与"城"的融合主要通过人的需求与消费的实现度体现。人的需求主要表现为：①区域人口最基本的需求——粮食、蔬菜及其衍生的加工产品均由"一产"提供，因此需要保护一定数量的农用地及农业设施用地；②区域人口所需要的服饰与用品则主要由"二产"提供，但产品生产空间用地需要根据区域地理特征加以配置；③区域人口所需要的住、行服务则由"三产"提供，需要根据人口数量及经济文化水平配置空间；④区域人口所需要的文化教育、文化提升也由"三产"提供，需要根据区域教育基础进行配置。"城"是人们消费的场所，由于人们消费的愿望不同，消费的层级存在较大差别，主要体现在：①满足区域人口的食品安全、基本生活用品需求、基本出行条件是"城"建设中所应具备的最基本的功能；②居住产业需要应对不同人的消费愿望与购买能力而开辟城区、小城镇与社区多个层次住房建设空间；③文化教育也应当根据区域人口需要建立基础性教育（九年义务教育）、高中教育以及技能提升教育，有条件的还需要发展高等教育；④除基本生活需求功能外，"城"还需建立适合高消费人群的娱乐、休闲空间，消费与需求的大小与人的购买力相关，而绝大多数人群的购买能力源于就业，也即就业环境取决于"产"配置的合理性，反过来决定了消费群体对"城"功能的认可。

（三）城市新区的产城融合

1. 产业型新区

许多城市的新区都是在原城市外围一定区域内划定一定范围，以相对聚集有关产业和拓展城市空间为目的发展起来的。一些城市的高新技术开发区、经济技术开发区、出口加工区、产业园区或产业聚集区等均是如此。改革开放后，早期阶段城市新区的扩展多以此类型为主。这类新区的优点是产业优势明显，不足是社会服务功能薄弱。

2. 综合型新区

随着我国城市化进程的深入，越来越多的城市逐渐意识到产业型新区功能单一，园区和"母城"的功能割裂，自身功能又难以完善，因此，在开拓新区时，除了突出产业聚集功能外，还综合规划和考虑了产业布局、交通、生活服务设施（学校、商场、医院等）配套、商品房开发等诸多功能，新区就是一个功能相对完善和独立的新城区。目前，城市新区的开发主要以此类型为主。

3. 城市新区的产城融合

根据国内新区建设的实践，目前国内许多城市在新区建设时，政府追求的产城融合一般包含三层含义：一是新区产业发展与城市功能完善同步，成为功能完整的城市新区；二是城市新区产业的甄选和布局与整个城市未来的发展定位相吻合，符合城市发展规划的性质或者代表国内未来一个时期的优势产业；三是城市新区与老城区的有机融合，既希望缓解老城区的拥堵压力，又期盼代表新时期现代都市的特质，最终实现新老城区的共生和新陈代谢。前两个层次产城融合中的"产"主要是产业的概念，包括第一、二、三产业，尤其是"二产"的竞争力及其辐射带动作用和"三产"的社会服务功能能否达到产业自身与城市新区和整个城市的融合。后一个层次产城融合中的"产"是指产业聚集区，是一个区域概念，主要是新城区与老城区的融合关系。

二 产城融合的影响因素

产城融合影响因素主要反映在产业生产要素、经济实力、城市化水平、发展环境四个维度的若干因素上。

（一）产业生产要素

产业生产要素包括自然资源、资本、劳动力等因素。自然资源亦称天然资源，是一切可以利用的自然物质资源总和，是经过人类发现进入生产和消费过程，产生经济价值来提高人类当前及未来福利的物质与能量的总称，是人类社会生存发展的根基，在经济发展中起着基础性作用。劳动力是生产过程中不可或缺的要素，劳动力供给是其他生产资源进行优化配置的重要条件，同时生产活动也会创造出对劳动力的需求，引起劳动力的就业结构改变，进而改变产业发展方向和城市经济发展进程。资本是一种可以带来剩余价值的价值，是指所有者投入生产经营，能产生效益的资金，包括一切投入再生产过程的有形与无形资本。

（二）经济实力

经济实力包括经济产出、产业结构、科技创新等因素。经济产出是一个地区的国民收入，可以是 GDP，也可以是人均 GDP 等指标反映的经济总量，一个地区的经济产出和该地区的产业发展高度相关。产业结构是各产业之间的联系构成和结构比例关系，是在分工基础上产生和发展起来的，包括产业结构、产业布局、产业组织等内容。不同的产业部门，因受到各种因素的影响和制约，会在增长速度、从业人数及对经济增长和发展的推动作用等方面呈现较大差异，因此推进传统产业的改造提升，是加快城市经济发展和促进城市产业结构优化升级的重要途径。科技创新是科学研究、技术创新的总称，是提出新概念、新思想、新方法、新理论和新发现等的科学研究活动，是生产工艺、流程、产品及制造技能等方面的创新与改进，是科学研究、技术进步与应用创新共同演进的产物。

（三）城市化水平

城市化水平包括生活水平、公共服务等因素。生活水平是指经济社会在某一生产发展阶段，居民用来满足物质与文化生活需要的产品和劳务的消费程度，主要包括居民实际收入水平、消费水平及消费结构等内容。公共服务是指政府部门或其他经济主体部门投资建设的为了公共利益所提供的满足居民生产和生活需要的服务，涉及保障基本民生所需的教育、医疗卫生、社会保障、基本公共设施等方面。

（四）发展环境

发展环境具体包括制度环境、文化环境、生态环境、风险环境等因素。制度环境是指一系列用来发展生产、交换与分配的社会、法律与市场的基础规则，它是对经济产生影响的正式和非正式制度因素的总和，包括法制环境、市场化程度、政府职能转变及开放度等若干内容。Globerman 和 Shapiro[①] 认为成熟、良好的制度环境意味着政府政务和立

---

① Globerman, S., & Shapiro, D., "Governance Infrastructure and US Foreign Direct Investment", *Journal of Internation Business Studies*, 2003, 34（1）: 19–39.

法透明、腐败程度低，能够为市场机制的基础性资源配置提供良好保障，减少政府对市场的非正常干预，有助于社会经济的发展。文化环境是人类生产和创造出为自身物质文化和精神文化活动提供协作和秩序的基础文化条件。生态环境是指与人类生活和生产活动密切相关并发生作用与影响的各种自然力量的总和，是人类赖以生存与发展的物质条件综合体。城市生态环境是关系到城市经济社会持续发展的复合生态系统。风险环境是指存在于事物内部的某种特定危险情况发生的可能性及后果的组合。产城融合中存在的风险，主要体现在产业风险、债务风险、金融风险及治安风险等方面。

三　城市新区产城融合存在的问题

1. 人口城市化压力大，社会服务设施与城市基本功能薄弱

一般情况下，城市新区大型公共设施的建设是推动新区发展的"催化剂"，其目标是实现经济功能和设施功能的双赢。但在实施过程中，一方面，大型公共设施的选址和基础设施建设的投资导向虽然由城市政府决定，但各城市政府又受自身实力、建设资金和空间需求的限制，其从属功能的规模、性质等标准降低。这就可能导致部分城市在建设大型公共设施项目时，有时只注重项目本身配套功能的建设，而普遍存在商业、商务、办公的从属功能和综合服务设施定位偏低，未达到带动新区发展的"门槛"规模，无法满足城市新区发展的要求。另一方面，我国现行的开发管理模式实行的是"谁开发，谁配套"的运作模式，这样就导致配套设施分散，规模较小的现象，未能带动城市功能的有效集聚和发展。在这种情况下，许多城市新区就有可能首先建成以居住功能为主的大型片区。

国内新城区的发展历程表明，任何新城区都要经历一个社会功能逐渐完善和提升的过程，学校、医院、商场、游园绿地从无到有，从没有得到认知、认可到成为著名社会服务机构等都需要一个过程。对此，有城市专家认为，任何一个新开发的区域，前三年做市政配套，接下来五

年做第一轮房地产开发,第二个五年继续开发、导入人口,再下一个五年,人口才会聚满。也就是说,建一座新城一般要花18~20年的时间。此外,由于一些城市新区圈地范围较大,把周边许多农村区域也涵盖在内,大量的乡村人口未经职业和空间的转换,而只是因为所在地行政建制发生了变化,便一夜之间变成了市镇人口。这种人口数字上的城镇化使得人口城市化的任务非常繁重,无法保证产城融合目标的实现。

2. 新区住房入住率偏低,职住分离严重

新房入住率和职住比是判定新区产城融合的重要指标。按照国际通行惯例,商品房空置率5%~10%为合理区,10%~20%为危险区,20%以上为严重积压区。据2011年的调研数据,郑东新区的住宅入住率目前明显偏低,平均仅为50%多。在一些较为偏远的区域,入住率甚至只有1/3左右。正可谓"白天车水马龙,晚上灯火寥落",这也是我国一些城市新区被一些人指责为"鬼城"的主要原因。

职住比是指在新区上班人员与在新区居住人员的比例关系,有时也用住从比(居住和从业人员比例关系)表示。这一指标是反映新区产城融合或新区有机增长的主要指标。国际上产业城市较合理的职住比为50%~60%,但在我国一些城市,特别是经济欠发达的城市,在新区开发的早期阶段,为了让新区出形象、成规模,房地产开发一般情况下成为新区开发的先头部队或主力,产业和职能部门建设的速度往往滞后于房地产开发的速度,甚至带有某种不确定性,而房地产商受利益驱动又急于把房屋先预售出去,而购房者基于多种动机(投资、投机、移民、孩子入学等)而购置了早期开发的居于核心位置的房屋,到了产业和职能部门入住新区时,核心位置的房屋早已被售卖一空,房产价格也已被抬升几倍,真正在新区从业的人员只能往返于新老城区上下班,新区对老城区疏散的功能不但无法实现,还造成了大批钟摆式的流动人口,进一步加剧了城市的拥堵。

3. 入驻产业难达预期,产城互动不够

新区产业的布局本应结合城市的发展定位,规划设计产业入住门槛，保证产业核心竞争力的提升，但新区在政府急于出形象和出规模的意愿驱动下，往往在产业选择时急功近利、饥不择食，造成产业入住门槛偏低，缺乏核心竞争力。这达不到新区建设期盼的产业要求，更不要说和"母城"形成产业有机互动了。

4. 新老城区功能难以互补和融合，新区功能完善任务繁重

国内外城市发展的实践表明，未来的现代化的城市组团，其整体结构布局应是城市的核心，也即"母城"，以第三产业为主体，主要功能是智能、信息、流通、服务，产业属于轻型的，但是质量很高。外围的若干个卫星城，以第二产业为主，产业结构同样是多元的，主要功能是生产，但也并不排斥其他功能，它也有自己的第三产业。"母城"与卫星城之间的广袤空间，是第一产业。以"母城"为核心的现代化的城市组群的整个结构，非常类似原子结构。但对于我国新开发的城区而言，由于时间短、速度快、距离远等，新老城区功能衔接有限。以郑州为例，郑州老城区社会服务设施经过几十年建设，从布局到数量应该说相对比较合理，功能比较完善，但从郑州新区区位和规模上看，是一个和"母城"分离而规模相当的新城，其对"母城"资源的利用非常有限，新城实现相对独立和功能完善还需时日。

四　关于城市新区实现产城融合的对策与建议

1. 制定符合城市实际的产业引进和升级战略

城市新区作为 21 世纪每个城市伸向外围的战略制高点和与其他城市竞争博弈的拳头，其在实现城市产业重构和城市转型良性互动中扮演着重要角色。因此，大都市的新区理应率先走向节能、减排、降耗、环保、内涵式、集约化、可持续发展的模式，大力发展现代服务业，包括高科技研发、金融保险、国际物流、信息资讯、计算机服务、软件开发、文化教育、卫生保健、旅游餐饮、休闲娱乐、房地产业、社会公共服务等，并将"两高一资"（即高耗能、高污染、资源性）的"工业制造"（如钢铁、水泥、平板玻璃、造纸、纺织、汽车等）迁出这些特大

城市，做大服务业 GDP、压缩工业 GDP，用实际行动促进大都市经济发展方式转型、产业结构升级。例如，辽宁省本溪市是我国重要的钢铁城市，由于长期高强度开采，有色金属、煤炭等资源性产业已逐步枯竭衰退。近年，该市结合自身特点制定了新的结构调整战略，改变原来围绕本钢"以厂建城"的旧有城市发展格局，通过建设产业园区推进钢铁产业升级，大力发展生物医药新兴产业和旅游业，推进了城市的转型。

2. 加强新区社会化战略的规划与实施

我国大部分城市新区社会服务的功能欠账较多，因此今后较长时期内还要把社会事业建设作为提升城市功能的重要切入点。在这方面，应重点做好以下几项工作。第一，要高标准创新社会建设理念。城市新区社会事业发展既要强调均衡协调发展理念，又要按照新时期不同居民的现实需求创新社会建设理念。第二，要制定和完善城市新区社会服务功能行动纲领。国内城市可借鉴上海浦东新区和天津滨海新区的经验，制订城市新区社会发展计划，有步骤、有计划地完善新区的社会服务功能。社会服务涉及不同层次的人群，要注重针对性，从细微化服务入手，真正把我国城市新区打造成 21 世纪最适合人们生活居住的新型城市。第三，积极培育社会建设多元主体。政府、市场、社会是城市社会事业发展的不同主体，需要各方加强协同合作。一是要深入推进政府职能转变，除最基本的公共服务由政府负责提供外，更多地要通过政府购买等方式向社会（非政府组织、中介机构和私人部门）转移，而政府更多的是加强对公共服务的监督。二是要大力鼓励社会力量进入公共服务领域。有针对性地培育社会组织，大力扶持城市新区急需的社会组织，并健全其发展机制。在目前"小政府、大社会"的管理格局下，进一步推广"政社合作、政社互动"经验，通过优惠政策，吸引社会资本举办各类公共服务。第四，要完善社会运作机制。良好的社会运作机制是社会事业持续有序发展的关键，城市新区要逐步形成"政府主导、社会参与、市场运作"的运作格局。为此，一是公共服务的提供要引入市场机制和企业管理模式，提倡政府、企业和社会组织共同负责提供公共服务。新区要主动从"政社合作互动"的本土化机制向政府、企业、市场和社会融合发展的国际化运行机制转变。二是要结合城市化的不同阶段，完善城乡一体化运作机制。新区发展过程中要加大对覆盖农村区域财政的投入力度，以统筹均衡发展为原则，完善在社会事业上的城乡一体化运作机制，从而加强社会事业资源的均衡配置，提高全区居民公共服务的可及性。

浦东新区为了实现产城融合，曾把着力点放在社会事业建设方面，其发展经历了"策划启动阶段"、"功能开发与提升阶段"及"体制创新与内涵建设阶段"三个阶段。在策划启动阶段（1990～1994年），成立专门的社会建设与管理机构——社会发展局，编制社会事业发展及形态布局的相关规划，加大社会事业投资力度，拓宽社会投资来源，建立社会事业资源配置市场，促进社会发展产业化、市场化，成立社区服务协会，编制社会规划；在功能开发与提升阶段（1995～2004年），制定浦东新区社会发展"九五"计划和2010年远景目标纲要，注重并强化社会事业和社会保障体系建设，加强城乡社区管理、社区建设和社区服务，全面启动社会组织和社工队伍建设；在体制创新与内涵建设阶段（2005年以后），积极构建均衡、高效、优质的城乡基本公共服务体系，继续优化政策环境，大力培育社会组织，深化社区管理体制机制的改革与创新，深化社会工作职业化、专业化建设等。

3. 强化新区有机成长和功能用地的适度混合使用

根据城市有机生长的概念，就新城内部地域来讲，就是要保持各种城市功能之间的平衡，使城市新区具有健康的城市肌理和空间成长秩序，即实现城市功能的自立化和城市空间环境的生态化。美国社会学建筑师克里斯托弗·亚历山大说，城市是包容生活的容器，能为其内在复合交错的生活服务。城市不是徒有其形的物质实体，而是人类生活的载体，并为人的不同活动提供各类适宜的场所。这些场所不是别的，而是城市的空间。传统城市规划受《雅典宪章》影响过于强调用地功能分区,《雅典宪章》提出的居住、工作、游憩、交通四种功能被误解为每一种功能都需要有特定严格划分的空间领域,以致城市各项用地空间的割裂。当然,为了保证新区城市功能的优化,可以按照上述功能分类进行组织,但对每一块建设用地应从多种用途来考虑,在保证各种功能用地主导地位的同时,可以兼顾其他功能的有机融合,并具有适应多种可能变化的弹性,即规划用地要具有一定的兼容性。

4. 构建体系化的新区城市公共等级服务网络

长期以来,我国新区主要是工业园区,从我国工业开发先导型新城的规划与实践来看,大多数新城均规划建设有一定规模的生活服务设施,这在一定程度上满足了新城居民和企业的需求。但是,不少新城的公共服务等级网络不成体系,有的规划范围内仅有一级服务中心,中间等级的生活服务设施缺失,很难为整个城市新区的生产、生活提供便利完善的服务,特别是在工业区范围内,公共服务设施的量少且布局分散不成体系的问题很普遍,阻碍了城市用地功能的多样化与集约化开发。由此提示我们在当前许多城市新区的建设过程中,应当有意识地强化公共服务等级网络体系的建设,将配套齐全的公共设施按不同等级和服务范围进行布局,如商业设施不仅要服务于整个城市的中心,而且各个功能小区(如居住区)中也应配置次一级中心或更低一级的商业网点;公园绿地也应按不同等级进行布局以满足不同层次的需求。

五 产城融合发展案例

西安高新区提出在"十三五"时期,要顺应世界科技园区发展趋势,推进产城融合协调发展,加强城市建设,完善公共服务,提升城市管理水平,创新社会治理,积极构建人口规模适度、交通绿色便捷、信息网络全覆盖、适宜各类人才栖息的"高品质均等化"公共服务体系,树立西安高新区"高标准、国际化"的公共服务品牌新形象,努力建设现代高新、幸福高新、美丽高新、和谐高新,积极打造产城融合示范区。

（一）优化空间布局，建设现代高新

1. 高效集约利用土地

按照"控制增量、盘活存量、有序开发、高效利用"的原则，健全用地控制标准，盘活土地存量，强化土地监管，推进土地集约高效利用。建立健全促进土地节约集约利用控制标准体系，优化土地资源配置。提高土地投资、产出强度，实现土地利用效益最大化。严格执行土地利用法律法规，按照产业类别制定固定资产投资强度、单位面积产出值、容积率等指标，提高土地利用门槛。有效盘活现有土地资源，防止和减少土地低效利用和闲置。完善开发区建设用地节约集约利用评价，加强建设用地全程监管及执法督察。

探索土地弹性出让机制。根据不同产业的生命周期、企业规模，科学调整项目用地出让年限，推行多元化土地租赁、代建厂房等方式。创新土地出让模式。区别不同产业用地特点，出台支持战略性新兴产业用地政策，区别性选择出让方式。着力盘活存量闲置土地。建立工业用地的收回、回购、转让和退出机制，盘回后的土地重新挂牌出让，加快建设用地的周转效率。提高已出让土地利用效益。积极实行在原有土地上实施工业企业改、扩建，对分期、改、扩建项目实行规划控制，先期或原有土地使用达不到建设规划审批指标的不再新增用地。加强土地利用评估。建立健全开发区用地效益和土地管理绩效评价指标体系，定期开展高新区土地节约集约利用评估，利用评价指标体系的研究结果指导土地管理和招商项目评估。加强合同监管。对约定的固定资产投资总额、单位面积投资强度、工程开竣工时间、容积率、建筑密度等，推行实时跟踪控制和竣工复核验收制度，加大对违约责任的追究力度。推广多层标准厂房应用。加快推广标准厂房等集约用地新模式，对投资总额小、用地少、科技含量高、产出效率高、易于标准化生产的中小企业，统一引入工业园区的标准厂房。促进土地立体开发。严格执行《工业项目建设用地控制指标》，鼓励工业用地推行立体绿化，控制新入区企业绿地比率，加大建筑密度，提高土地利用率。提高土地产出率。通过推进

产业结构升级调整，提高企业的产值和产出效益，推进产业高层次化和用地高效化。

2. 完善基础设施配套

按照"两代两城五区八园"的空间布局，超前谋划西安高新区基础设施拓展区布局规划，加强统筹协调，全面对接行政区与高新区的道路交通、公共市政等基础设施建设，构建紧密衔接、融合贯通、高效利用的基础设施体系，全面提高基础设施建设水平，为高新区经济持续发展提供高标准的基础设施服务支撑。扩大开放领域，支持社会资本参与投资建设基础设施，推广 PPP 等新型建设运营模式，深化投融资体制改革，确保社会资本"看得见、进得来、留得住"。

建立适度超前的现代化交通体系。加快完善以高速路、快速路、主干路为主骨架，公共交通、微循环路网、慢行系统为辅，停车设施同步建设，智能交通综合管理的现代化综合立体交通体系。超前布局与地铁3 号线、地铁 6 号线的路网和交通衔接。完善路网结构。加快推进高新区主干路与绕城高速、西太公路以及西咸大环线的连接，确保高新区融入大西安高速网络。加快推进拓展区纬二十二路等 14 条主干路和 15 条次干路，软件新城天谷七路等 5 条主干路以及 12 条次干路建设；打通科技七路等断头路，完成鱼化区 21 条次干路的修建，在"十三五"末，形成完善的园区道路网络，新建城市道路293.7 公里。布局发展交通经济。围绕新西安南站、地铁 3 号线、地铁 6 号线以及西咸南环线等省市综合大型交通设施，积极布局发展"地铁经济""环线经济"，促进沿线城市商圈开发，优化沿线城市功能，引导城市空间布局调整，有效增强区域经济竞争力和辐射力。提升物流与货运设施，构建与高新区产业布局和交通特点相匹配的现代物流交通体系，提升区域物流基础设施建设、保障和管理水平。

完善市政体系建设。完善高新区给排水、供热、电力、照明以及供水、污水处理等市政设施体系，推进新建道路综合地下综合管廊同步建设，建成区结合旧城更新、道路改造统筹安排地下综合管廊建设，加快実施市政设施管线入廊工程。提升区域整体市政设施服务理念，以"道路标识牌、产业企业标识牌、街区服务标识牌"三牌网络，打造"现代化、多语言、体验感强烈"的城市道路网络语言系统。鼓励社会资本以 PPP 模式等投资建设基础设施，建成覆盖全区的新能源汽车充电基础设施。

3. 建设低碳科技新城

以绿色新常态为引领，通过提升园林绿化水平、促进节能减排、加强废物安全处理，推进绿色低碳新城建设。以"规划见绿"为核心，打造高新区生态走廊，加大园林绿化建设和管护投资力度，积极推广公共建筑垂直绿化，策划和实施水资源保护重大项目，推进"海绵城市"建设，全面提升高新区绿化水平。全面贯彻节能减排发展理念，引导园区企业采用新技术、新工艺、节能减排措施，强化清洁能源技术创新与推广应用，推广新型建筑节能技术和节能材料，积极推进新能源汽车广泛应用，实施"高新区百兆光伏计划"，大力推广分布式光伏发电。争取国家级碳排放交易试点平台落户高新区，开辟绿色通道，争取国家政策、资金支持。强化废物污染防治，加快推行排污许可证制度，全面推行清洁生产和循环经济模式，全面推广生活垃圾分类处理，实现固体废弃物的安全、有效、再利用的综合处置模式。发展循环经济，构筑循环产业体系、推动生产末端副产品资源化。积极推进高新区生态工业示范园建设，争取通过国家验收。

建成高新区公共数据库，同步建设物联网、云计算、地理空间三大基础设施，实现城市运行系统各项关键信息的全面感知、分析、整合，从而对民生、环保、公共安全、城市服务、经济社会活动等进行实时交流和智能响应，率先建成西部智慧城市。以智慧城市为基础，打破空间鸿沟和信息壁垒，实现创新信息流、知识流的开放共享，为建成国际第三代知识共享型科技园区奠定基础。

通过完善智慧园区管理平台，建设公共基础数据库，提高信息基础设施水平，促进大数据平台运营，推进软件园国家智慧城市试点工程，逐步实现智慧城市建设目标。继续推进经济建设管理、城市运行管理、政务事务管理以及地理信息服务、统一视频等平台建设，推动高新区视频网、公安网、交警网的多网融合，完善高新区大数据基本构架。加快云端设施、终端设施建设，推进三网融合，建立覆盖全园区、功能先进的宽带城域网络，建设具有世界先进水平的城市信息高速公路。加快政务公共数据资源开放应用，鼓励社会主体对政务数据资源进行增值业务开发，开发多样化的智慧型民生服务，推进数据云端公共运营服务体系共享。争取国家西部超级计算中心落户高新区，推进软件园"国家智慧城市"试点建设，快速推开试点建成成果，鼓励社会资本建设新型智慧城市。

（二）提升城市管理，建设美丽高新

以园林绿化、城管执法、公共交通、智慧化管理与精细化管理为主体内容，建设美丽高新。

1. 提高园林绿化品质

制定科学合理的城市园林总体规划，扩大园林绿地规模。着力推进建成区绿化提升工程和街角改造工程，充分利用零星土地，建造街角绿地、街头小景、小广场、小公园、体育健身设施、公厕等，推进和引导楼宇立体绿化和企业厂区绿化，出精品、出亮点，确保一街多景、一园多品，改善城市市容市貌，增加城市绿地，为市民提供健身、休闲场所，改善高新区生活居住环境。完善园林绿化的养护和管理标准，加强服务外包和管理协作，实行动态智能监管模式。按照"海绵城市"建设指南和规划要求，完善城市绿地、道路、水系的体系建设。

在全区开展环保意识与环保知识普及活动。扎实开展环保宣传教育工作，构建多层次、多形式、多渠道的全民教育培训机制，将环保教育纳入学校科普教育内容体系，定期组织开展社区主导的环保教育"进小区、进学校、进企业"的全方位宣传模式。

2. 优化公共交通秩序

推动"公交都市"创建工作。科学系统规划公共交通发展的空间，加快大型立体公交枢纽建设，增强区域公交接驳能力，优化立体化交通换乘条件，提高公交路网密度，让城市公共交通成为市民出行的首选。科学设计公交路线、站点，优化交通组织，加大停车位建设公共投入，缓解高新路、科技路、唐延路等核心区的交通拥堵现状。实施定制公交的"企业直通车"计划，推进"专车"等新型出租模式在高新区内的应用，有效缓解入驻企业乘车难问题和新建区交通不便的现状。优先发展新能源交通方式，规划建设公共自行车专用道和安全步行道，增加公共自行车及自行车场站数量，完善相应交通标示并整理公布路线，提倡"公交＋自行车＋步行"的慢行方式，鼓励绿色、低碳出行。

3. **完善智慧管理模式**

完善"智慧高新"体系。积极推进大数据资源整合，实施"织网工程"，打破信息孤岛。完善高新区城市管理、公共应急、社会治理综合数字指挥平台。加强城市管理、社会管理主要职能部门日常管理的物联数据采集，为区域安全运行和突发事件应急处置，提供统一、安全、及时的信息传输通道，全面实现社会事务和城市管理的智能化。

鼓励社会资本参与，建设数字化社区，在社区居委会、物业和居民自治委员会的共同推动下，建立并完善网上物业服务、门户网站、社区交流、电子商务等服务子系统，实现社区管理与服务的高效便捷。

提高城市管理市民投诉处置率。鼓励社会资本参与，实施信息化基础设施提升改造工程，推动园区的信息化建设，提高互联网普及率，加快实现全区无线网络全覆盖。

重点建设智慧交通，"疏""建"并举，推广车联网，普及车载电子传感装置，实现信息互联互通，从而对车、人、物、路、位置等进行有效的智能监控、调度和管理。

推广"互联网＋"计划，发展分享经济。在交通出行、物流快递、保障性住房分配与商品房租赁等领域，充分利用互联网技术，实现各类资源分享，提高利用效率。

4. 推进城市精细管理

高标准规划建设公共基础配套设施。结合高新区外籍人口较多的特点，规划建设达到国际标准的指路标志、候车亭等道路公共设施。加强城市管理重点领域的专项整治工作，改善城市交通秩序，提升城管执法水平，提高市容环境品质，推进城市美化、亮化、绿化工程。推进城市精细化管理，实现网格化、标准化、智慧化，充分发挥城市管理数字指挥平台的积极作用，整合资源，运用信息化手段，层层健全和落实管理责任，形成严格管理、严格监督、严格执法的高效管理系统，提高城市管理水平。扎实推进各项城市精细化管理工作，深入解决城市管理的热点难点问题，持续加强精神文明建设，巩固高新区在西安创建全国文明城市工作中的引领作用。

加强执法队伍和规章制度建设，提升城管执法人员的办案能力和综合素质，不断提高综合执法水平；推进标准化执法和人性化执法，不断探索源头性治理方案；不断研究执法难点、热点问题，改革、改进执法方式，建立行之有效的综合执法新模式；加强正面宣传，树立城管执法新形象。

（三）完善公共服务，共享幸福高新

以基础教育、医疗卫生、劳动社保、住房保障、人才培养与引进、公共文化体育建设为主要内容，建设幸福高新、人文高新。

1. 推进教育提质扩容

结合人口数量与结构变化，进一步完善教育规划布局，科学设计学校布点。新建、改建、扩建一批学校和幼儿园，增加投入，改善办学条件，提升学校配套软件与硬件，构建全面教育体系。合理整合教育资源，促进民办学校与公办学校的协调发展。推进教育均衡发展，统筹城乡教育资源，在建设经费、师资配置、设施配套等方面加大投入，保障人人享有公平的教育权利。提高教育质量，推动人才培养方式的转变。健全完善义务教育经费保障机制，创新学校建设模式。推进教师人事制度改革，努力提升教师职业素养和职业水平，建设一批名师工作室。探索教育生态体系建设，构建学生、学校、家长、社区、企业和社会的和谐发展路径。加强国际交流与合作，建设好国际学校，确保外籍人士子女在高新区接受优质国际教育。支持和规范民办教育发展，鼓励社会力量和民间资本提供多样化教育服务。推进与产业发展相适应的职业教育、成人教育、国际教育等各层次教育资源，提升高新区整体教育水平。

2. 改善基本医疗卫生

合理调整医院机构布局，优化医疗资源配置，大力引进三甲以上医院入驻高新区，推进西安国际医学中心、西安国际康复医学中心等项目建设。促进医疗资源向基层流动，强化服务协同，实现资源共享，推进社区卫生医疗服务建设，改善辖区医疗资源结构，建成区实现社区卫生服务中心、社区卫生服务站全覆盖，打造"15分钟健康圈"。全力推进"三甲医院+社区卫生服务中心+社区卫生服务站"的三级医疗创新服务平台，推进社区卫生医疗和大型医院的"双向转诊"和"绿色通道"，着力解决企业职工、辖区居民看病难问题。完善疾病防控、卫生监督、传染病防治、慢性病防治、突发公共卫生应急、急救医疗等公共卫生服务体系，加强妇幼保健体系建设。搭建居民健康档案和患者电子病历数据管理中心，实施"家庭医生""远程诊疗"计划，推进预防、保健、治疗一体化服务。

3. 健全劳动社保体系

推动劳动就业保障制度建设，完善推广人才就业信息服务平台，促进大中专毕业生、失地农民等群体的就业创业工作，为有劳动能力的残疾人推荐就业机会。全力推进高新区和谐劳动关系园区建设，加强劳动监察、劳动争议仲裁队伍建设，提升劳动纠纷调解化解能力。推进社区劳动保障机构建设，构建立体多层次劳动保障服务体系，延伸劳动保障服务触角。

完善"综合柜员制"经办模式，着力提升高新区社会保险经办信息化、数字化水平，构建线上线下全方位的社会保险服务体系。

积极扩大社会保险覆盖面，扎实落实各项社会保险惠民政策。继续扩大定点医疗保险机构网点分布，推进大病进医院、小病在社区；引导社会力量参与养老服务事业，加快以居家养老为基础、社区服务为依托、机构养老为补充的养老服务体系建设，探索"医养结合"的新型养老服务模式；适时开展残疾人社会保障和服务体系。鼓励社会组织和公民参与慈善公益事业。

4. 提高住房保障能力

逐步完善高新区的住房保障体系，健全保障性住房的建设、分配、运营和管理机制，持续加强保障房建设公共投入，促进保障性住房项目建设运营的专业化和市场化；完善高新区公租房信息管理系统建设，加强信息公开，严把资格审核，实施动态监控，形成住房保障的长效管理机制。

结合高新区企业结构与员工结构，适时增加保障性住房对企业员工的定额分配，最大限度地为企业提供多样化服务。

5. 加大文体投入力度

加快公共文化基础设施规划建设，推进省图书馆新馆项目建设及高新区科技馆、美术馆、文化艺术中心、大剧院、体育馆等公共文化体育场地、设施的规划建设，建设一批社区文化站、图书室、科技室，形成"大馆加小站"的文化服务平台。以政策引领整合文化服务资源，吸引社会力量参与，活跃文化市场。大力发展文化社团、协会和组织，兴办多层次、多类别的文化活动。提供公共文化服务目录，实施基层特色文化品牌建设项目，丰富优秀公共文化产品供给，开展优秀文化作品、高雅艺术进校园、进社区、进企业。推进公共文化的数字化建设，推进数字图书馆、博物馆、美术馆和公共电子阅读屏等项目的建设，构建新型高新区公共数字文化服务网络。

加快体育健身设施与场所的规划布局，充分利用公园、绿地、广场、学校等公共场所建设街头体育健身广场。加强对体育设施的维护更新，提高体育设施的使用效率。倡导健康生活方式，提升高新区民众的科学健身素养，加强青少年体育锻炼，发展老年人体育，成立体育协会、健身俱乐部等社会组织，开展经常性的体育活动，举办竞技比赛赛事。着力推进全民健身运动，开展符合高新区企业特点的体育健身活动，推进高新区社区体育健身站（点）规范化建设，组织开展形式多样的企事业单位及社区体育健身活动。建立高新区社会体育指导员组织体系，为高新区民众健身服务。

倡导人文精神，树立人文情怀。以社区、校园、企业为载体，推广多样化的公益性活动与人文讲坛，传播公益精神与公共意识。

（四）创新社会治理，打造和谐高新

以公共安全管理、社会稳定、城乡统筹、舆论引导、依法治理等为主要内容，建设和谐高新、法治高新。

1. 创新社会治理模式

转变政府职能，扩大社会组织作用，发挥社区组织作用，创新社会治理格局，健全基层社会治理体系。理顺社会事业管理各部门的关系、政府与社区的关系，建立高新区"社区中心"基层管理模式，创新高新区扁平化管理方式，加强社区中心、社区服务站、社区居委会的基层服务平台建设，将属于社区自治范围内的居民活动组织权、居民公共事务与公益事业决策管理权、社区居委会自由资产管理权等下放到社区居委会，将管理和服务的关口前移到社区。完善多渠道社区投入机制，形成投资主体多元化格局。大力发展民间组织，引导社会力量参与社区服务。完善社区基础设施建设，全面落实与日常生活服务、社区福利、社区养老、社区卫生、文化体育等密切相关的公共设施。加强社区人员队伍建设，增加社区工作者的培训投入，提高其综合素质。以区内各企事业单位为依托，建立企事业单位社会事务联络人制度，实现社会事业的顺利推进。积极推进示范社区创建活动。

完善志愿者注册制度、培训制度，与各大高校和公共部门展开合作，成立志愿者队伍。以专业化服务组织为载体，提供形式多样、满足群众需求的各类服务。

推进基层组织管理全覆盖，加快网格化、标准化、智慧化、社会化的社区"四化"建设。集成服务、下沉职能，合理划分辖区网格，将城市管理、社会治理、公共服务等内容全部嵌入网格，将服务延伸到网格，问题化解在网格。解决好服务企事业单位和居民的"最后一公里"问题，营造"十分钟社区服务圈"。

完善社区党建联席会议制度，推动社区议事协商和共治机制建设，健全社区、物业公司、业委会、驻地单位和社会组织"五位一体"的共同治理联盟。

促进产业园区和城市社区的融合互动，实现产业管理、行政管理、社会管理和社区服务的有机融合。

2. 加强公共安全管理

强化基层治安管理，严厉打击各类违法犯罪，提高反恐防暴工作水平，维护社会和谐稳定。深入推进"家门口派出所"和派出所警务站工作，继续完善基层巡防工作机制；进一步扩大"天网工程"覆盖范围，健全24小时巡查管控机制；深入开展治安重点地区、重点场所排查整治工作。提升社会治安防控能力水平，建立专业部门与社会力量相结合的立体化社会治安防控体系，形成警力与各种社会治安辅助力量联动机制，整体提高治安防控科技含量，加强社会治安综合治理。

健全应急预案体系，强化应急演练，加强监测预警体系建设，加强应急队伍体系建设，完善应急物资储备体系，完善社区、企业、楼宇等基层单位的应急体系建设，加强应急平台体系建设，强化科普宣教，增强公众自救互救能力。全面落实安全生产责任，完善隐患排查治理体系。配合开展食品药品安全监督管理工作，大力推进食品安全工程，落实建设食品安全示范城市的各项要求，建立完善的食药安全社会共治机制。加强环境安全监管。做好交通组织和管理，严厉查处交通违法行为，强化运输企业交通安全检查。

3. 拓宽民意表达渠道

建立民情工作平台，畅通民意表达渠道。充分利用网络、报纸、热线电话、短信、微信、信访、社区、反馈等渠道，通过座谈会、听证会、研讨会等方式广泛收集民意，强化民意表达和参与政务决策的制度保障，深入走访群众，问计于民，问效于民，问需于民，解决实际问题。完善信访工作机制，健全利益表达、利益协调、利益保护机制，引导群众依法行使权利、表达诉求、解决纠纷。

4. 推动城乡统筹发展

积极推进以人为本的统筹发展，在城镇化建设过程中，推进城乡基础设施与公共事业均等化，促进完善被征地农民的社会保障，推动改善农民的生产生活条件，帮助其融入城市。坚持"共建共赢共享"的总体目标和辐射带动、扶贫帮困的具体要求，不断强化与合作共建区经济社会协调发展的关联关系，延伸产业和服务链条，推动共建区经济社会发展。

5. 加强舆论引导宣传

健全社会舆情引导机制，传播正能量。紧紧围绕建设世界一流科技园区、建设国家自主创新示范区的战略定位，加强宣传报道。围绕重点板块、重点项目，加强与国内外主流媒体的合作。实施高新区"大宣传战略"，加强与网络媒体合作，充分发挥互联网平台的作用，不断配置优势资源，扩大宣传效果。不断加强《开发区导报》的发行工作，积极推进专业化运作。

6. 推进法治高新建设

推进自主创新示范区立法，推动高新区行政体制改革，根据经济社会发展需要，适时承接相应管理权限，厘清管理边界。推进政府职能转变，调整、合并职责，优化行政资源，简政放权，构建权责对等的基层治理平台，创新园区管理机制。全面推进政务公开，深化行政审批制度改革，推行政府权力清单和责任清单。

加强政务服务平台和社区服务平台建设。落实负面清单制度，依法履行政府市场监管职责，维护公开公平的市场规则。建立健全知识产权保护体系，加强法律服务工作，加强诚信体系建设，建立信用动态过程评价机制。严格执行生态环境保护等法律法规，落实"治污降霾·保卫蓝天"行动计划。

推动完善高新区司法体系，推进法、检两院建设。公检法等部门进一步理顺管理权限、管理边界，加强区内公检法部门的协同联动机制，加强劳动仲裁、经济仲裁、涉外仲裁，为高新区经济发展营造良好的司法环境。

加大普法力度，使人人遵法、守法、懂法、用法。按照谁执法谁普法的工作原则，开展普法教育，提高公职人员的法治意识与观念，健全机关学法制度，增强依法行政的意识，完善依法决策机制，完善和规范行政执法工作，落实执法标准化工作，提高依法行政能力。实现"职能科学、权责法定、执法严明、公开公正、廉洁高效、守法诚信"的法治政府建设目标。

第三节　城市群体系

城市群体系是在一定区域范围内，以中心城市为核心，各种不同性质、规模和类型的城市相互联系、相互作用的城市群体组织，是一定地域范围内，相互关联、起各种职能作用的不同等级城镇的空间布局总况。城市群体系是经济区的基本骨骼系统，是城市带动区域最有效的组织形式。在"一带一路"倡议背景下，随着高铁的逐步开通，"丝绸之路经济带城市群"体系呼之欲出，城市之间空间经济联系格局也将发生明显转变。

一　丝绸之路经济带城市群

（一）丝绸之路经济带城市群的地理界定

在习总书记 2013 年 9 月访问哈萨克斯坦时提出"丝绸之路经济带"概念之前，已经有国际关系研究领域的学者以及地理学者对"丝绸之路经济带"的意义和城市群发展进行了相关的分析与探讨。

这些研究成果要么以陕西西安以西的陇海—兰新铁路沿线城市为研究对象，要么以以西安为起点的古丝绸之路沿线城市为研究对象。总之，研究视野均聚焦在西北五省范围之内。习总书记提出的"丝绸之路经济带"概念，不仅意欲开发、开放西北门户，更希冀以此带动整个西部落后地区的全面发展。因此，将重庆以及四川纳入"丝绸之路经济带"，并作为带动西南地区经济发展的重要辐射中心，更能客观地体现"丝绸之路经济带"建设对我国深入贯彻实施新一轮西部大开发的重要性，同时也将"丝绸之路经济带"倡议提升到一个新的高度。

　　作为本节的研究对象，"丝绸之路经济带"城市群包括了表 8 – 1 所显示的 32 个地市。

表 8 – 1　丝绸之路经济带城市群

省份	地市
陕西	西安、宝鸡、渭南、铜川、安康、汉中
甘肃	天水、定西、兰州、武威、张掖、嘉峪关、酒泉
新疆	乌鲁木齐、克拉玛依、昌吉、喀什、和田、吐鲁番、阿勒泰、哈密、塔城
青海	西宁
宁夏	银川、吴忠、固原
四川	成都、广元、绵阳、德阳、南充
重庆	重庆

（二）城市群发展现状

　　丝绸之路经济带城市群不仅涵盖了我国西部地区重要的核心城市——重庆、成都、西安、兰州、乌鲁木齐，更涉及了我国西部地区的绝大部分城市，这一东西长 4000 公里、南北宽 2000 公里的城市群区域占据我国国土面积的半壁江山，截至 2013 年末该城市群共拥有人口 12234.8 万人，GDP 增加值达到 49030.4 亿元，分别占所涉省份总量的 58.49% 和 65.89%（见表 8 – 2）。

表 8 - 2 丝绸之路经济带城市群发展现状

单位：万人，亿元

省份	城市	常住人口总量	GDP	省份	城市	常住人口总量	GDP
陕西	西安	858.8	4884.1	青海	西宁	226.8	978.5
	宝鸡	374.5	1545.9	新疆	乌鲁木齐	346.0	2400.0
	渭南	533.2	1349.0		克拉玛依	37.9	853.5
	铜川	84.3	322.0		昌吉	160.4	940.0
	安康	310.0	604.6		喀什	415.1	517.3
	汉中	386.2	881.7		哈密	60.8	334.1
甘肃	天水	370	456.3		阿勒泰	67.1	208.8
	定西	277.1	252.2		塔城	87.0	426.3
	兰州	364.2	1776.3		吐鲁番	64.3	267.2
	武威	181.0	381.2		和田	215.5	171.0
	张掖	121.1	336.9	重庆	重庆	2970.0	12656.7
	嘉峪关	23.4	269.1	四川	成都	1429.8	9108.9
	酒泉	110.8	642.7		广元	310.2	518.8
宁夏	银川	208.3	1273.5		绵阳	204.6	1455.1
	吴忠	131.2	312.1		德阳	392.0	1395
	固原	154.2	183.0		南充	759.0	1328.6

二 空间经济联系

（一）经验积累

空间经济联系的定量研究长期以来是城市地理学、城市经济学和区域经济学领域的重要研究内容。1920 年代的美国经济学家阿兰·扬（Allyn Young）[①]，提出距离—迁移更精确的模型；赖利（W. J. Reilly）引入牛顿引力模型提出零售引力定律，随着区域科学及计量地理学的迅速发展，该模型被广泛引用来研究距离衰减规律和空间相互作用。如弗里德曼（Friedmann）[②]、

----

① Allyn A. Young, "Increasing Returns and Economic Progressing," *The Economic Journal*, Vol. 38. No. 152 （Dcc. , 1928）, pp. 527 – 542.

② Friedmann J. R. , "Urbanization, Planning and National Development," *Sage：Beverly Hills*, 1973, pp. 68 – 70.

斯科特（Scott）、梅里宁（Meining）等在城市联系与城市规模、功能、等级、体系的形成和发展之间的关系研究方面，取得一系列重要成果。国外学者在该领域实现了理论的发展和定量分析方法的突破，给国内对城市空间经济联系研究以重要启示。

我国学者早在 1980 年代开始关注城市经济联系研究，真正引入西方已有的数学模型和定量分析方法是在 1990 年代。我国城市地理学家周一星通过对中国各省份之间对外贸易空间交流的定量分析探讨了我国对外经济联系的空间格局。此后，城市地理学者李国平[①]、陈彦光[②]、朱英明[③]、邓春玉[④]、赵雪雁[⑤]、韩增林[⑥]等分别采用城市流强度分析、中心地指数、地缘经济关系理论等定量分析方法对珠三角、沪宁杭、皖江城市带、辽宁沿海城市带等区域多个城市空间经济联系和城市外向服务功能进行了分析研究，积累了丰富的研究经验。

（二）计算方法

万有引力告诉我们，两物体之间引力的大小与二者质量之积成正比，与距离平方成反比。如果把城市作为抽象的"物体"，城市之间亦存"吸引力"，即经济联系。与万有引力类似，这种经济联系与两城市经济体量的大小成正比，同时随着两者距离的增加而降低，即具有距离衰减性。借鉴万有引力公式，引力模型中城市之间的相互作用强度如公式（1）所示。

$$F_{ij} = k \frac{\sqrt{p_i v_i} \times \sqrt{p_j v_j}}{d_{ij}^2} \qquad (1)$$

① 李国平：《深圳与珠江三角洲区域经济联系的测度及分析》，《经济地理》2001 年第 1 期。
② 陈彦光、刘继生：《基于引力模型的城市空间互相关和功率谱分析——引力模型的理论证明、函数推广及应用实例》，《地理研究》2002 年第 6 期。
③ 朱英明、于念文：《沪宁杭城市密集区城市流研究》，《城市规划汇刊》2002 年第 1 期。
④ 邓春玉：《城市群际空间经济联系与地缘经济关系匹配分析——以珠三角建设全国重要经济中心为例》，《地域研究与开发》2009 年第 8 期。
⑤ 赵雪雁等：《皖江城市带城市经济联系与中心城市辐射范围分析》，《经济地理》2011 年第 2 期。
⑥ 韩增林、郭建科、杨大海：《辽宁沿海经济带与东北腹地城市流空间联系及互动策略》，《经济地理》2011 年第 5 期。

其中，F_{ij} 即为 i、j 之间的经济联系强度指标；v_i、v_j 是 i 城市和 j 城市的年度国民生产总值；P_i、P_j 是 i 城市和 j 城市的总人口；d_{ij} 是两城市之间的距离；k 是调节系数。

同时，本节引入电磁力学中的场强概念，引入城市空间经济联系"场强"指标，用以衡量两城市之间空间经济联系"势能"强度。如公式（2）所示。

$$C = F_{ij}/D_{ij} \qquad (2)$$

（三）指标选取

随着公路、铁路以及航空等交通的发展，直线距离在衡量两城市间经济联系时已经失去了解释力，因此，学者多采用交通距离，如公路距离、铁路距离来衡量。随着交通条件的不断改善，空间距离依然不能足以表达城市之间的真实"距离"，交通时间的长短更能反映城市之间的经济联系的通达性。因此，在公式（1）中，用城市之间的最短交通时间来指代 d_{ij}，当城市之间具备通航条件时，以 0.8 作为交通时间的矫正系数。

在场强计算过程中，因场强代表了主要城市基于空间距离而对周边城市产生的辐射带动作用，因此在场强计算公式（2）中，D_{ij} 以两城市之间的交通距离指代，以公里为单位。

（四）数据来源与处理

"丝绸之路经济带"涉及了来自陕西、甘肃、宁夏、青海、新疆、重庆以及四川的 32 个城市，本节数据主要来源于 2013 年的陕西省统计年鉴、重庆市统计年鉴、四川省统计年鉴、甘肃省统计年鉴、宁夏回族自治区统计年鉴、青海省统计年鉴、新疆维吾尔自治区统计年鉴以及各地市 2013 年国民经济和社会发展统计公报。

三 "丝绸之路经济带"的交通革命

（一）高铁时代即将到来

我国西部铁路建设历史可以追溯到 1950 年代，全长 1759 公里的陇海铁路最早于 1905 年动工，1952 年建成。1958 年，中国第一条电气化铁路宝成铁路建成通车，这条全长 669 公里的我国第一条电气化铁路线是沟通中国西北与西南的第一条铁路干线。1962 年，中国甘肃省兰州市至新疆乌鲁木齐的兰新铁路建成通车，这条全长 1903 公里的铁路是中华人民共和国成立后修建的最长的铁路干线。由此贯穿中国东、中、西部的陇海—兰新线成为我国最主要的铁路干线。随后，随着我国国民经济整体实力的不断提升和西部大开发政策的逐步实施，西部地区的铁路建设不断持续，以陇海—兰新线为主动脉的铁路网络不断延伸、扩展、提升，越来越多的铁轨开始铺设在面积广袤而人烟稀少的西部土地上。受传统铁路车速的限制，交通不便仍然是制约中国西部偏远地区社会经济发展的重要因素。

然而，这一情况即将随着高铁时代的到来而改变。根据我国的高速铁路建设规划，未来 5 年之内，丝绸之路经济带城市群主要城市将实现高速铁路的全面联通。其中，设计时速 350 公里的西宝高铁于 2013 年 12 月正式通车。宝鸡至兰州客运专线于 2012 年 10 月 19 日正式开工建设，专线自宝鸡南站引出，经天水、秦安、通渭、定西、榆中，至兰州西站，设计速度为每小时 250 公里，按照计划于 2017 年 7 月建成通车。世界上一次性建设里程最长的高速铁路——兰新高铁正在建设过程中，兰新高铁自兰州西站引出，经青海西宁，甘肃张掖、酒泉，新疆哈密、吐鲁番，进入乌鲁木齐站，线路全长 1776 公里，设计时速为 200 公里，最高时速为 250 公里。本线路的开通将在新疆、甘肃、青海三省份之间形成一条新的大能力快速铁路运输通道，大大高于现有的新疆铁路的列车速度。西安到成都的西成客运专线于 2012 年 10 月 27 日开工，线路自西安北站引出，向西南方向途经汉中、广元、绵阳、德阳接入成都东站，于 2017 年底竣工通车。西成客运专线建成后，与徐兰、大西、成渝、成贵等客运专线相衔接，设计时速为 250 公里。经过多年的论证，兰渝铁路已经开工建设，线路从甘肃陇南进入四川，经青川、广元、元坝、苍溪、阆中、南部、南充，在合川接遂渝铁路的合川站进入重庆，设计时速为 250 公里；该线路是连接我国西北与西南的重要铁路干线，建成后，重庆与兰州的铁路运输距离将由现在的 1466 公里缩短至 820 公里，从兰州到重庆的运费将降低 1/3，时间缩短 2/3，将极大地提高西南地区与西北地区之间的物资流动能力。

（二）高铁引发的交通变革

西宝高铁、宝兰客运专线、兰新高铁、西成客运专线、兰渝铁路等一批高速铁路的建设将使"丝绸之路经济带"主要城市之间的交通时间缩短 2/3 之多，从而引发"丝绸之路经济带"的一场交通变革。具体而言，西安至兰州、乌鲁木齐、成都、重庆的交通时间将从 8、26、15、11 小时分别缩短至 3、12、3、5 小时，兰州至乌鲁木齐、重庆、成都的交通时间将从 18、19、23 小时分别缩短至 9、6.5、5 小时，重庆、成都至乌鲁木齐的交通时间将从 45、47 小时缩短至 15.5、15 小时。交通时间的大幅度缩短将极大地促进城市之间人力、物力、资金的交流与互动，从而引发城市之间空间经济联系的巨大演变（见图 8 − 1）。

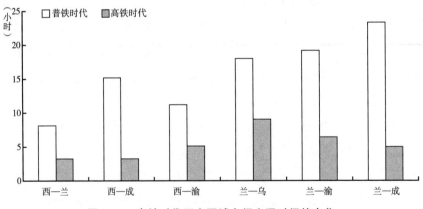

图 8 − 1　高铁时代下主要城市间交通时间的变化

四　丝绸之路经济带城市群空间经济联系格局的演变

（一）空间经济联系强度格局演变

1. 核心城市空间经济联系演变

核心城市是"丝绸之路经济带"上的重要节点，核心城市之间的空间经济联系也最能体现城市群经济流的强弱。在当前普铁时期，由于核心城市之间距离较远，通行时间较长，除距离相对较近的重庆与成都之间经济联系强度较大之外，城市空间经济联系强度普遍较小，如表8-3所示。在未来高铁时代，高铁开通能大大缩短城市之间的通行时间，城市经济联系强度将有大幅度提高。通过对比表8-4与表8-3可知，高铁时代，核心城市之间的经济联系强度将成倍增加，尤其是较为边远的乌鲁木齐与兰州，与西安、成都、重庆之间的经济联系将更为密切。由此可见，高铁的开通将极大地促进核心城市之间的经济联系，增强"丝绸之路经济带"经济流的强度。

表8-3 普铁时代核心城市空间经济联系矩阵

	西安	兰州	乌鲁木齐	成都	重庆
西安	0	—			
兰州	40	0	—		
乌鲁木齐	4	4	0	—	
成都	51	9	3	0	—
重庆	162	21	4	8643	0

表8-4 高铁时代核心城市空间经济联系矩阵

	西安	兰州	乌鲁木齐	成都	重庆
西安	0	—			
兰州	286	0	—		
乌鲁木齐	20	14	0	—	
成都	1283	181	23	0	—
重庆	785	182	36	34572	0

2. 核心城市与主要城市之间经济联系强度演变

（1）普铁时代

在当前普铁时代，"丝绸之路经济带"上核心城市与其他主要城市之间的经济联系强度表现出明显的距离相关性，具体如表8-5所示。关中—天水经济区范围内的宝鸡、渭南、铜川、天水以及陕西汉中、安康，甘肃定西与西安的经济联系最为密切，分别为1558、1737、337、

146、75、222、34，且明显高于这些城市与其他核心城市之间的经济联系强度。甘肃境内的武威、张掖、嘉峪关、酒泉以及宁夏的吴忠、固原等城市因交通不便，与经济带上核心城市之间的经济联系明显较弱，强度数值均在30以下，通过这些城市与核心城市之间联系强度的对比，可知这些城市与兰州、西安之间的联系强度高于成都和重庆。新疆境内的克拉玛依、昌吉、喀什、和田、吐鲁番、阿勒泰、哈密、塔城，除了昌吉因距离乌鲁木齐较近而与之经济联系强度高于500以外，其他城市与核心城市之间的经济联系普遍较弱，强度数值均低于30，且与其他核心城市相比，与乌鲁木齐之间的经济联系强度相对较高。四川境内的广元因距离重庆较近，交通方便，与重庆之间的经济联系强度较强，为154，高于与成都的58；德阳、绵阳、南充因距离成都较近，社会经济发展处于整个经济带上较高水平，与成都之间的经济联系较为密切，强度数值分别为492、2669、906。

表 8−5　普铁时代核心城市与其他城市之间经济联系强度值

	西安	兰州	乌鲁木齐	成都	重庆
宝鸡	1558	12	1	12	39
渭南	1737	8	1	12	31
铜川	337	2	0	2	7
安康	222	3	1	32	16
汉中	75	3	1	33	16
天水	146	21	1	8	20
定西	34	13	0	3	6
武威	4	23	1	2	3
张掖	2	6	1	1	2
嘉峪关	1	2	1	1	1
酒泉	3	4	5	2	4
银川	8	10	1	3	8
吴忠	6	2	0	1	3
固原	7	5	0	2	3
西宁	15	66	1	7	10
克拉玛依	1	0	5	0	1

	西安	兰州	乌鲁木齐	成都	重庆
昌吉	2	1	553	1	3
喀什	1	1	10	1	2
哈密	1	1	8	1	1
阿勒泰	0	0	0	0	0
塔城	1	0	3	0	1
吐鲁番	0	0	21	0	1
和田	0	0	0	0	0
广元	8	1	4	58	154
绵阳	6	1	0	492	52
德阳	7	1	0	2669	14
南充	32	3	1	906	96

通过上述分析可以看出，由于"丝绸之路经济带"所跨区域范围太大，城市之间距离较远、交通不便成为影响城市之间经济联系的重要障碍，主要城市仅与距离较近的核心城市联系较为密切，与其他城市之间的关系较为松散。

（2）高铁时代

对比表 8-6 与表 8-5 数据可以发现，高铁时代核心城市与主要城市之间的经济联系强度均有不同程度的增强。陕西宝鸡、渭南、铜川、安康以及甘肃天水与西安之间的经济联系强度依然高于其他核心城市，而汉中和甘肃定西与西安之间的经济联系强度虽然与普铁时代相比有所增强，但是受西安辐射影响不再是最大的。其中，汉中因与重庆之间的交通更加便利，它们之间的经济联系强度便趋向西安；定西也因兰新高铁的开通，与兰州之间的交通时间由 4 个小时缩短为 1 个小时，从而与兰州产生较西安更为紧密的经济联系。这种情况将同样发生在嘉峪关，因兰新高铁的开通，嘉峪关到乌鲁木齐的交通时间由 11 个小时缩短为 4 个小时，届时，嘉峪关与乌鲁木齐之间的经济联系将超过兰州。宁夏银川、吴忠、固原也因西部高铁的开通，不再与西安之间的经济联系最为紧密，与重庆之间的经济联系也将超越西安。位于兰新高铁沿线的昌吉、哈密、吐鲁番与乌鲁木齐之间的经济联系依然最为紧密，且有明显增强趋势。同时，四川广元因西成客运专线的开通，与成都之间的交通联系较重庆更为方便，较之普铁时代的重庆，与成都产生更为紧密的经济联系。而绵阳、德阳、南充也均因西成客运专线的开通，与成都之间的经济联系更为紧密。

表 8－6　高铁时代核心城市与其他城市之间经济联系强度值

	西安	兰州	乌鲁木齐	成都	重庆
宝鸡	6233	153	6	172	130
渭南	6948	56	5	250	172
铜川	337	8	1	37	28
安康	887	14	2	62	106
汉中	299	13	3	527	224
天水	329	129	6	93	109
定西	87	213	3	27	33
武威	34	211	4	19	29
张掖	14	13	9	6	10
嘉峪关	5	4	7	4	6
酒泉	17	13	24	14	19
银川	8	10	1	3	14
吴忠	6	2	0	1	7
固原	7	5	0	2	7
西宁	60	66	1	7	10
克拉玛依	2	1	5	2	3
昌吉	7	5	553	9	14
喀什	4	2	10	5	8
哈密	4	1	203	2	3
阿勒泰	0	0	0	1	1
塔城	1	1	3	2	3
吐鲁番	3	2	747	4	6
和田	0	0	0	1	1
广元	155	36	3	643	201
绵阳	179	27	3	1969	209
德阳	193	29	3	10675	224
南充	229	22	3	906	96

通过上述分析可以得出，在即将不久的西部高铁时代，核心城市与其他主要城市的经济联系更为密切，同时经济带城市之间经济联系格局也将发生变化。普铁时代，西安因其地理区位优势，对西北地区具有不可撼动的辐射带动作用，然而，随着高铁的开通，西北地区与西南地区交通更加便利，西北城市与成都、重庆之间的交往将更加密切，经济联系将逐渐增强。在这种情况下，西安在西北地区的核心带动地位势必将有所削弱。

（二）空间经济联系场强格局演变

通过对"丝绸之路经济带"核心城市与其他主要城市之间场强的计算，根据场强数值大小，分别得出普铁时代和高铁时代背景下各核心城市在其他主要城市之间的场强分布，如表8-7所示。对比普铁时代与高铁时代核心城市西安、兰州、乌鲁木齐、成都、重庆在其他主要城市之间的场强分布变化，可以明显地看出在高铁时代背景下，核心城市对其他城市的场强作用大幅度增加，所能辐射的城市地域范围更加广阔。西安在高铁时代不仅继续保持对宝鸡、渭南、铜川、安康、汉中、天水的辐射影响力，对西南地区的广元、绵阳、德阳、南充的场强作用也进入一个新的台阶；兰州除了继续对定西、西宁保持较强辐射带动作用外，对宝鸡、天水、武威的场强作用也有所提升；因高铁的开通，乌鲁木齐除了对昌吉、吐鲁番的辐射带动力大幅度提升外，对哈密和酒泉的辐射影响力也有所增加；西南重镇成都和重庆的辐射范围除了普铁时代的广元、绵阳、德阳、南充外，在高铁时代更囊括了关中—天水经济区的宝鸡、渭南、天水以及陕南地区的汉中、安康，同时对铜川、定西的辐射作用也有所提升。总体来看，未来高铁时代各个核心城市的辐射范围均有所扩张，核心城市对其他城市的带动作用将大大增强，尤其高铁时代将打破西南与西北的交通障碍，成都与重庆对西北地区的辐射带动作用将明显提升。

表 8 – 7　"丝绸之路经济带"核心城市在主要城市之间的场强分布

时代	普铁时代		高铁时代	
C 值范围	$C > 100$	$30 < C < 100$	$C > 100$	$30 < C < 100$
西安	宝鸡、渭南、铜川、安康、汉中、天水	定西、南充	宝鸡、渭南、铜川、安康、汉中、天水、定西、广元、绵阳、德阳、南充	西宁、武威
兰州	定西、西宁	天水、武威	定西、西宁、宝鸡、天水、武威	渭南、张掖、广元
乌鲁木齐	昌吉、吐鲁番		昌吉、哈密、吐鲁番	酒泉
成都	广元、绵阳、德阳、南充	汉中	广元、绵阳、德阳、南充、宝鸡、渭南、汉中、天水	铜川、安康、定西
重庆	广元、绵阳、南充	宝鸡、渭南、安康	广元、绵阳、德阳、南充、宝鸡、渭南、安康、汉中、天水	铜川、定西

五　结论与启示

（一）结论与讨论

1. 结论

通过引入引力模型，测算了普铁时代与高铁时代背景下"丝绸之路经济带"城市之间空间经济联系强度与场强，分析认为高铁的开通对于西部地区经济带动意义尤为重大，这不仅仅是一场交通的变革，更是促进城市经济联系，带动区域经济快速发展的一场革命。首先，高铁时代核心城市西安、兰州、乌鲁木齐、成都、重庆之间的经济联系强度将明显增强，这意味着"丝绸之路经济带"将不再停留在概念意义上，而将成为一条真正在城市群带动下，经济联系更为密切、要素交流更加畅通的发展轴带。其次，高铁开通将改变"丝绸之路经济带"城市经济联系格局，主要城市与各个核心城市之间的经济联系强度格局将发生变化，核心城市对其他城市的辐射带动力的大小受行政区划以及距离因素的影响将减小，从而形成多个跨省域城市组团。最后，西北和西南地区通过突破交通壁垒，加强要素流通，从而必将强化成都、重庆与西北城市之间的经济联系，从而削弱西安在西北地区的辐射带动力。

2. 讨论

本节在计算高铁时代城市之间空间经济联系强度时，仍然以当前城市人口与经济规模计算，而现实情况是未来城市人口与经济规模必将发生变化，因此，高铁时代城市空间经济联系强度未来仍有可变性。本节从高速铁路建设的视角论证了城市群内部城市之间空间经济联系强度演变，事实上高速铁路对城市群内产业区域转移、区域空间结构演变以及区域旅游资源整合开发都具有重要的影响意义，有关这方面的问题仍需进一步研究。

（二）启示意义

1. 跨省合作面临新的机遇

多条高速铁路的开通势必会加强"丝绸之路经济带"城市之间的经济联系，为"丝绸之路经济带"跨省合作带来前所未有的发展机遇。长期以来，西部地区因交通不便，城市之间的关系较为松散，西部地区的城市群所发挥的城市聚集效应也难以和东部沿海城市群相提并论。高铁时代的到来将改变这一现状，加强城市之间的经济联系，最大限度地发挥城市群的聚集效应，带动区域社会经济更好更快发展。

2. 城市经济实力最具战略定位"话语权"

在政策红利的驱使下，各省对自身在"丝绸之路经济带"建设中都有相应的战略定位，然而均缺乏对整个经济带未来发展的统筹考虑。当前区域竞争日益激烈，经济实力才是各城市战略定位的绝对话语权，没有足够强大的经济力量，带动周边区域乃至整个经济带的发展更无从谈起。通过研究报告的分析，重庆、成都在整个"丝绸之路经济带"中拥有最强的经济实力，尽管目前来看对西北地区的辐射作用小于西安，但是随着高铁时代的到来，西南与西北交通壁垒的克服，重庆、成都与西北城市的辐射带动作用将逐渐增强。西安既然将自身定位为

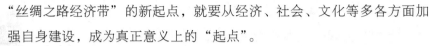
"丝绸之路经济带"的新起点，就要从经济、社会、文化等多各方面加强自身建设，成为真正意义上的"起点"。

3. 认识到非省会城市发展的重要性

城市群是由不同等级规模的城市和区域组合起来的城市集合体，城市的规模分布一般遵循位序规模法则。而西北各省区城市首位度普遍较高，即非省会城市经济发展远远落后于省会城市，这和西部地区城市经济发展的低水平是分不开的。没有次一级城市社会经济发展的支撑，城市群的集合效应难以发挥，更无法实现整个区域的全面发展。因此，在丝绸之路经济带城市群重要核心城市得全省之优势全力发展的同时，更要重视非省会城市的发展。

　　本书是我从事城市经济与空间研究工作多年以来的梳理与总结，书稿围绕城市空间，从理论分析到实践案例，探讨了城市空间巨系统中经济发展、遗存保护、空间优化等多个问题。城市空间研究领域未知课题瀚如星海，本书内容所涉不尽全面，许多问题仍需要更加深入细致的分析，本书不足之处，请各位同仁批评指正！

　　书稿形成之际，感谢陕西省社会科学院经济研究所裴成荣所长，她兢兢业业、严谨的工作作风是我的榜样，感谢她对我的科研工作做出了细心的指导。感谢吴刚副所长，他以身作则、持之以恒的科研与生活态度，始终激励着我。感谢曹林、刘晓惠、张馨、周宾等经济所的同仁们，在与他们科研合作过程中，让我学到坚韧、不懈以及对科研事业的热爱，这些品质足以让我将来走的更远。感谢陕西省社会科学院"陕西人文社科文库资助"项目对本书出版的支持。

2018 年 9 月

图书在版编目（CIP）数据

城市空间巨系统 / 冉淑青著. -- 北京：社会科学
文献出版社，2018.10
ISBN 978 - 7 - 5201 - 3120 - 9

Ⅰ.①城… Ⅱ.①冉… Ⅲ.①城市空间 - 研究 - 中国
Ⅳ.①TU984.2

中国版本图书馆 CIP 数据核字（2018）第 161703 号

城市空间巨系统

著　　者 / 冉淑青

出 版 人 / 谢寿光
项目统筹 / 陈　颖
责任编辑 / 陈　颖　张　娇

出　　版 / 社会科学文献出版社·皮书出版分社（010）59367127
　　　　　　地址：北京市北三环中路甲 29 号院华龙大厦　邮编：100029
　　　　　　网址：www.ssap.com.cn
发　　行 / 市场营销中心（010）59367081　59367018
印　　装 / 天津千鹤文化传播有限公司

规　　格 / 开本：787mm × 1092mm　1/16
　　　　　　印张：19　字数：275 千字
版　　次 / 2018 年 10 月第 1 版　2018 年 10 月第 1 次印刷
书　　号 / ISBN 978 - 7 - 5201 - 3120 - 9
定　　价 / 89.00 元

本书如有印装质量问题，请与读者服务中心（010 - 59367028）联系